目にやさしい大活字

EVERNOTE®「超」知的生産術

KURASHITA TADANORI
倉下忠憲

C&R研究所

はじめに

あなたは、付加価値の高い情報発信をしていますか？
情報はたくさん集めたけれども、それだけで終わっていませんか？

昔に比べれば、新しいアイデアを生み出していく行為——知的生産は遙かに容易になりました。情報はネットを使って簡単に検索するだけで収集でき、Googleのさまざまなサービスに代表されるような高機能なクラウドサービスが生産活動を手助けしてくれます。アウトプットもブログやtwitterなどのソーシャルメディアを介して、これまでとは比較にならないほどの多くの人に読んでもらうことが可能になりました。

このように、ネットのサービスを活用することにより、個人が情報発信をしていくことのハードルが大きく下がってきたことは間違いありません。

しかし、一方で、情報が大量に押し寄せるために「情報に押し流されてしまったり」、便利なツールが溢れかえっているにもかかわらず「使い方がよくわからなかったり」、身近にソーシャルメディアがあっても「何を情報発信すればよいのかわからない」という人は多いのではないでしょうか。

本書は、こんな方々のために、クラウドサービスの1つである「**Evernote**」を中心にした知的生産の方法を解説しています。

Evernoteは、昨年（2010年）、もっとも日本で話題となったクラウドサービスの1つです。**Evernote**は、テキストデータはもちろん、画像データや**PDF**などのデータをネット上のデータベースに取り込んで、膨大な「知のデータベース」を作成することができます。また、強力な検索機能を備えているので、データの取り出しも自由自在です。さらに、**Evernote**のクライアントソフトは、PCやスマートフォンなど、幅広いハードウェアに対応しているので、自宅や事務所だけでなく、外出先でも同じようにデータの取り込みや取り出しを行うことができます。

このような便利さと、活用度の自由さが評判になり、今では全世界で500万以上のユーザーがいるといわれています。

Evernoteを知的生産に役立てるには、どうすればいいのでしょうか。

知的生産の基本は、実をいうと昔から変わっていません。昔からある知的生産の基本技術を**Evernote**の運用に活かすことができれば、「知のデータベース」の本領が発揮され、その可能性を縦横無尽に広げることができます。

本書では、その知的生産の方法を**Evernote**の運用に活かすノウハウを1つ1つ解説していきます。また、知的生産を行っていく上で、**Evernote**を補佐するさまざまなクラウドサービスも紹介していきます。

ネットが発達した時代では、付加価値ある情報を生み出せる人を中心に社会が動いていくことでしょう。そして、情報発信する個人が注目されるようになります。検索すれば見つかる情報をいくら持っていても、評価されることはありません。ネットと知識比べしても勝てるわけはないのです。

自分の頭を使い、オリジナルなアイデアを考え、それを外に向けて発信できる人が価値ある存在になり、単に情報をインプットしているだけの人に競争力はなくなります。

これはやや大げさな話に聞こえるかもしれません。しかし、現実にソーシャルメディアを使い、情報発信を継続的に行いながら、自分自身の価値を高めている人はすでに存在しているのです。

２０１１年１月

倉下忠憲

CONTENTS

目次

CHAPTER 1

あなたの知的生産はEvernoteで「超」加速する

CHAPTER 2 Evernoteを新時代のスクラップ・ブックにする

CHAPTER 3

Evernoteを多元式メモ帳として使う

CHAPTER 4 Evernoteで自分だけの整理法を確立する

CHAPTER 5
Evernoteを発想のツールとして使いこなす

CHAPTER 6 クラウドツールでアウトプットを強化する

CHAPTER 7 セルフ・マネジメントとライフログ

CHAPTER-1

あなたの知的生産は
Evernoteで「超」加速する

LIFE HACK 01

効率的な情報アウトプットのために「情報を扱う技術」を身に付ける

ビジネスパーソンとしての情報アウトプットの意味

組織に属しているかどうかはともかくとして、現代のビジネスパーソンは何かしらの情報のアウトプットを求められます。代表例としてはこんな感じでしょうか。

- 仕事で新企画やアイデアを出さなければならない
- 個人のブランディングのためにブログなどでスムーズな情報発信を行いたい

前者は、多くのビジネスパーソンには日常的に求められていることであり、後者はいわゆる「セルフ・ブランディング」と呼ばれるものですが、独立して仕事をしている人や近い将来に独立したい人にとっても重要なアウトプットとなります。

ビジネスパーソンにとって、これらの作業は効率よく、できるだけ時間をかけず

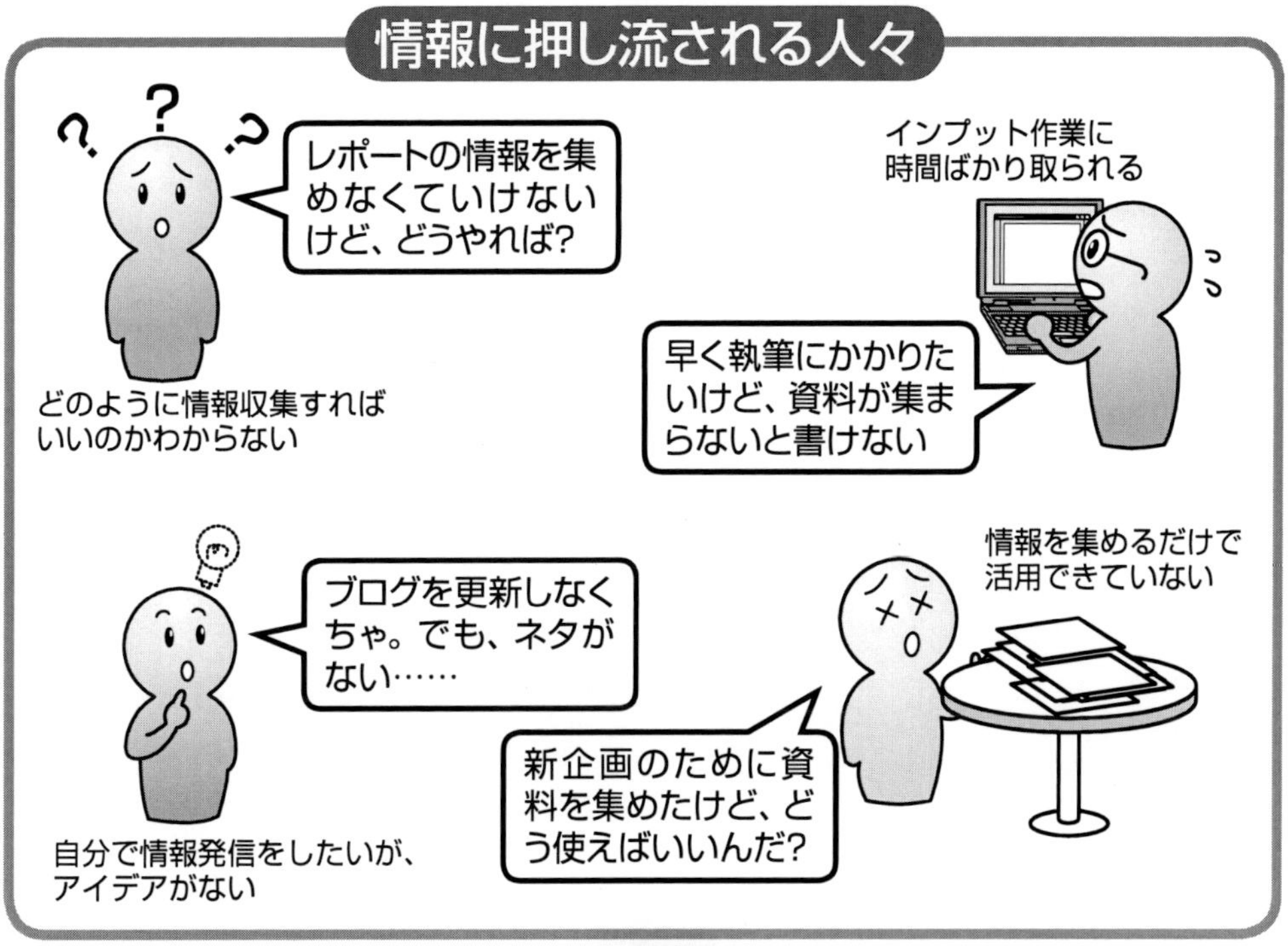
情報に押し流される人々
レポートの情報を集めなくていけないけど、どうやれば?
どのように情報収集すればいいのかわからない
インプット作業に時間ばかり取られる
早く執筆にかかりたいけど、資料が集まらないと書けない
ブログを更新しなくちゃ。でも、ネタがない……
自分で情報発信をしたいが、アイデアがない
情報を集めるだけで活用できていない
新企画のために資料を集めたけど、どう使えばいいんだ?

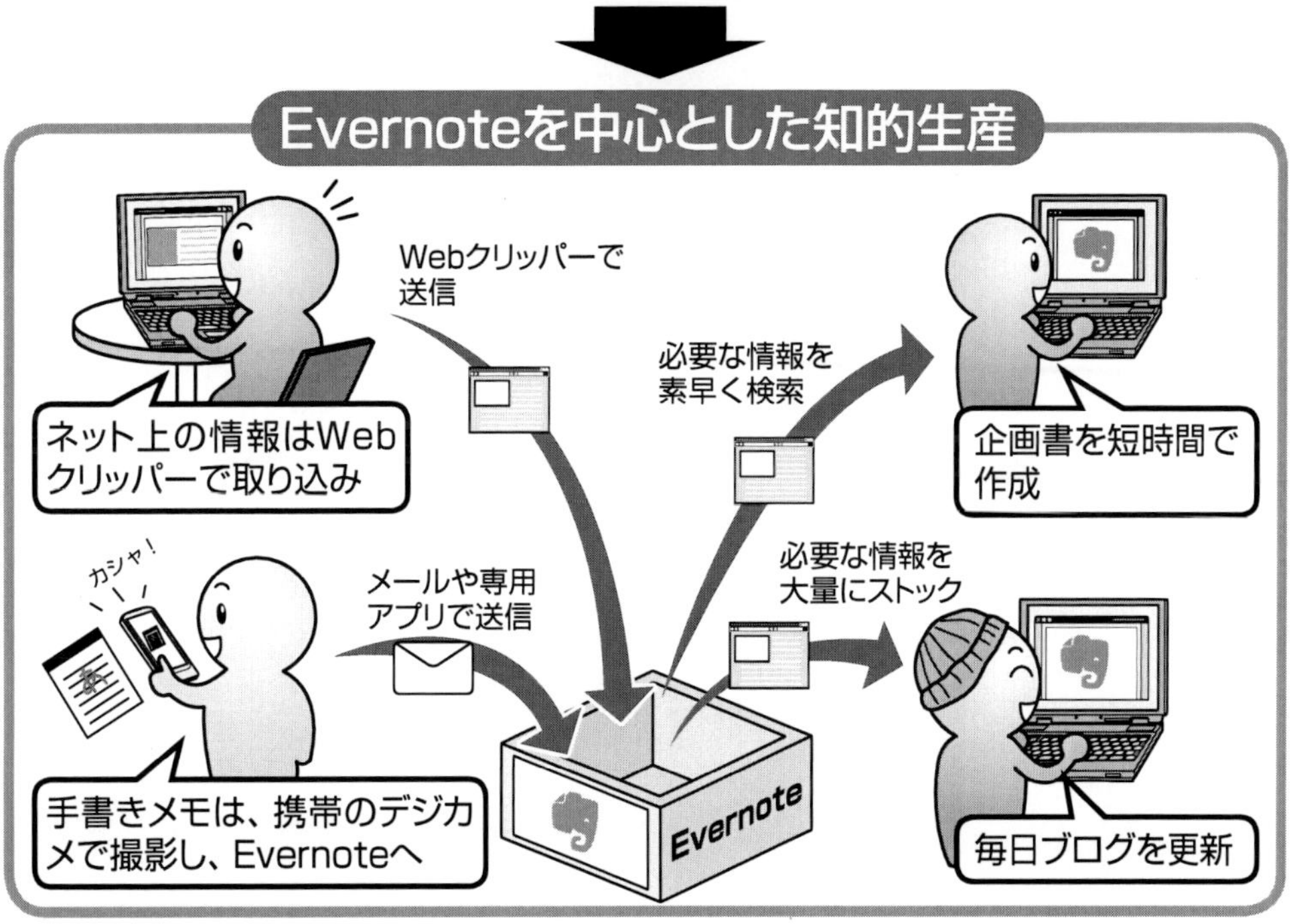
Evernoteを中心とした知的生産
Webクリッパーで送信
ネット上の情報はWebクリッパーで取り込み
必要な情報を素早く検索
企画書を短時間で作成
カシャ!
メールや専用アプリで送信
必要な情報を大量にストック
Evernote
手書きメモは、携帯のデジカメで撮影し、Evernoteへ
毎日ブログを更新

に質の高いものを出していくことが求められます。

情報に押し流されないための環境を作り上げる

これらのアウトプットは、考えたその場ですぐに質の高いものができるわけではありません。最初は、1つや2つのよいアウトプットが出せたとしても、よいアウトプットを継続的に行うのであれば、普段からアイデアの元になる情報の収集と分析が必要となります。

現代では情報の利便性が昔とは比較にならないぐらいに高まっています。その反面、多すぎる情報に押し流されている人も増えています。情報を収集しているときに、「情報に押し流されている」と感じたことはないでしょうか。「情報に押し流される」とは次のような状況です。

- どのように情報収集すればいいかわからない
- インプット作業に時間ばかり取られてる

●情報を集めるだけで、活用できていない
●自分で情報発信をしたいが、アイデアがない

この状況から抜け出すためには、「情報を扱う技術」を身に付ける必要があります。さらに、それを支えるための環境作りも重要です。

本書のテーマは、「効率よく、できるだけ時間をかけずに情報収集を行い、継続的に情報のアウトプットをできる」環境を、**Evernote**を中心としたクラウドツールを使って作ることにあります。

LIFE HACK 02

「知的生産の技術」とアイデアを生み出す原理

「情報を扱うセオリー」となる「知的生産の技術」

「情報を扱う技術」として有名なのが、「知的生産の技術」という言葉です。40年以上も前に発売された梅棹忠夫氏の同名の著書『知的生産の技術』（岩波書店）から生まれた言葉ですが、その後も、多くの人々によってさまざまな「知的生産の技術」が開発されています。こういった技術には、情報とどのように接すればよいのか、どのように情報を扱えばよいのか、というエッセンスが詰め込まれています。

知的生産の技術とは、「新しい情報を作り出す」ための技術です。梅棹忠夫氏は、次のように定義しています。

知的生産というのは、頭を働かせて、なにかあたらしいことがら――情報――を、ひとにわかるかたちで提出することなのだ

この技術は、現代では特に重要です。検索すればいくらでも情報が見つけられる時代では、単に知識を持っているだけでは価値が生まれません。自分の頭を使って、新しい情報をアウトプットしていくことで、初めて価値を生み出せます。

この知的生産の工程には、次の４つのステップがあります。

❶インプット（情報収集）
❷情報整理
❸発想・思考
❹アウトプット（書き出し）

この工程に沿って、**Evernote**を中心としたクラウドツールを駆使し、情報の流れをコントロールしていくことが、クラウド時代の知的生産の技術です。本書は、この

工程を１つひとつ章単位にチェックしていきます。

アイデアを生み出す2つの原理

ジェームズ・Ｗ・アレンの名著『アイデアのつくり方』（阪急コミュニケーションズ）には、アイデアに関する２つの原理が紹介されています。本書のアイデアの発想術もこれにならっていくことにします。

アイデアとは既存の要素の新しい組み合わせ以外の何ものでもない

この原理に従えば、物作りにおける「素材」が、知的生産での「情報」にあたります。モノ作りはいくつかの原材料を加工して、１つの製品を作り出します。知的生産も同様に既存の情報を組み合わせて行います。その組み合わせ方が新しいものが「アイデア」として認知されるわけです。

既存の情報の手持ちが多ければ、生まれる新しい組み合わせのバリエーションも増えます。だから多くの「情報」を集める必要があるわけです。そういう意味で、知的生産における情報収集は素材集めといえます。

新しい組み合わせを作り出す才能は物事の関連性をみつけだす才能によって高められる

この原理は、「アイデアを作り出す能力は鍛えることができる」ことを意味しています。ある瞬間に見た情報の活用法がわからなかったとしても、後になれば新しい使い方が見えてくることもあります。

物事の関連性をみつけだす才能である「発想力」が鍛えられれば、過去に流していった情報もアイデアを生み出す素材になります。忘れっぽい脳の記憶は、その素材置き場として適切ではありません。「大して重要ではない」と考えた情報はすぐに忘れてしまうものです。

知的生産を効果的に行うには、「非常に忘れっぽい」「覚えるのが苦手」「記憶が曖昧」「思い出したいときに思い出せない」といった、「脳の制約」を超えられる素材の置き場所が必要です。必要な情報を放り込んでおいて、必要なときにいつでも参照できる環境があれば、いままで接してきたすべての情報を活用しながら、知的生産を進めていくことができます。

LIFE HACK 03

Evernoteが「知的生産」に役立つ理由

膨大な情報の「置き場所」を作る

「効率よく、できるだけ時間をかけずに情報収集を行い、継続的に情報のアウトプットができる」ための環境作りの最初の一歩は、大量の情報の「置き場」を確保することから始まります。

情報の「置き場所」として、昔から使われてきたツールが「スクラップ・ブック」です。これは、新聞や雑誌の切り抜きを保存していく大きめのノートで、一定のテーマや自分の関心に応じて記事を収集・分類し、アウトプットにつなげる試みといえます。しかし、最近ではウェブ上から新聞記事を参照できるようになったことから、実際に「スクラップ・ブック」を作っている人は少なくなってしまったようです。

私も実際にやってみたのでわかるのですが、切り抜きや貼り込みに相当の時間を使います。また、前もって情報の検索システムについて考えておかないと、後から情報を探し出すのが非常に難しくなるという欠点もあります。

本書では、「スクラップ・ブック」の代わりに「**Evernote**」を使います。クラウドベースのデータベースシステムである**Evernote**であれば、前述の「スクラップ・ブック」が持つさまざまな問題をスマートに解決してくれます。

Evernoteとは

Evernoteを一言でいえば「幅広い種

◉Evernoteのウェブページ

EvernoteのＵＲＬ ▶http://www.evernote.com/about/intl/jp/

類の保存データ形式に対応したデータベースをクラウドで提供するサービス」で、テキストデータはもちろん、画像データや**PDF**などのデータを一括して管理することができます。

Evernoteが目指すのは人間の「第二の脳」になることです。「人間の脳が不得意としている記憶機能を肩代わりする」という思想でサービスが運営されています。

クラウドに興味を持っている人であれば、すでに自分のアカウントを持っているかもしれません。しかし、**Evernote**のウェブサイトには、使い方の指針が提示されていないので、「ど

◉Evernoteの画面

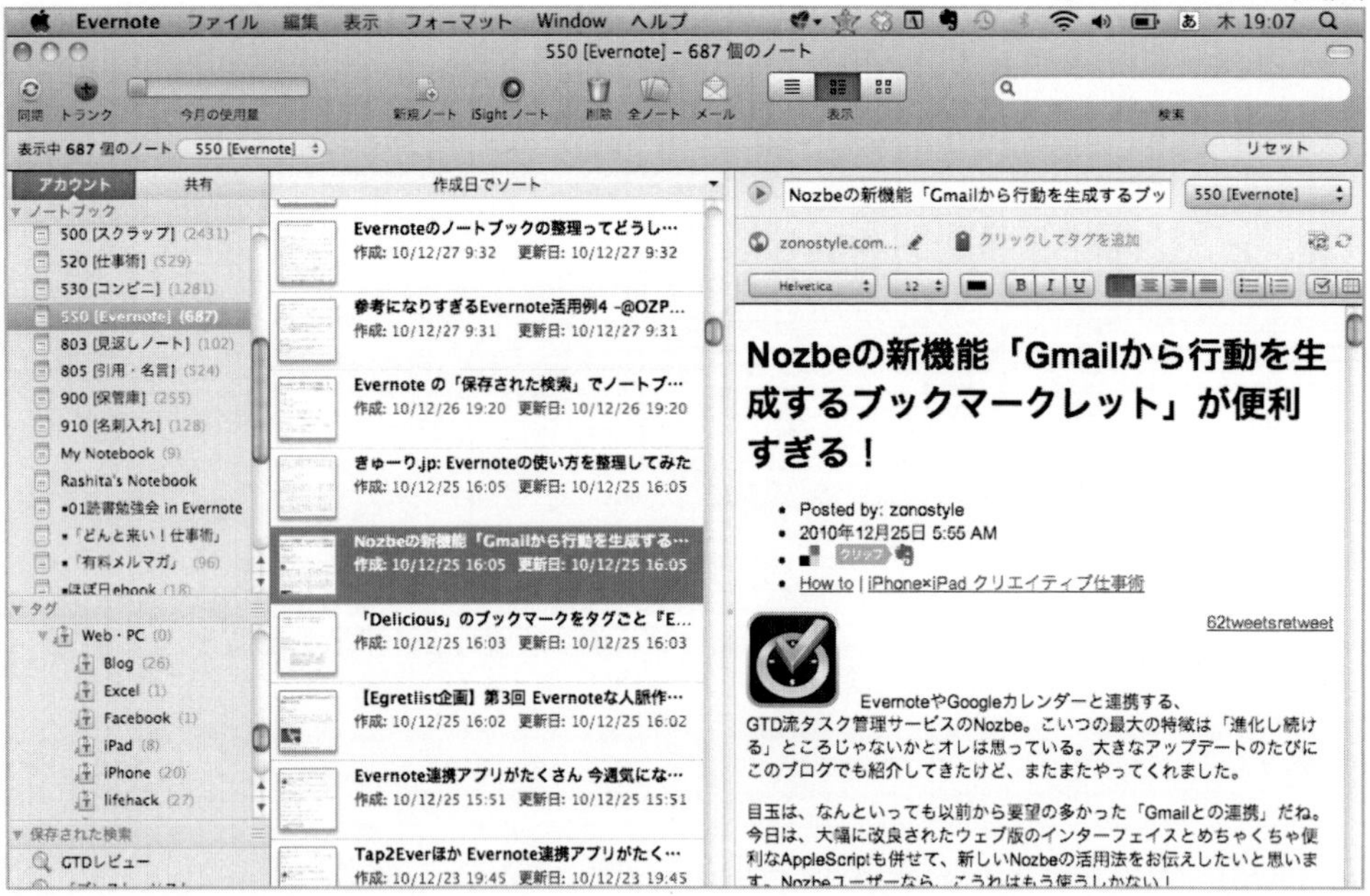

う使えばよいのか」と悩む人も多いようです。

本書で紹介するのは、知的生産における「自分専用のデータベース」としての**Evernote**の使い方です。さまざまな場所に散らばりがちな情報を一元管理し、普通なら残しておかないような情報も残していく。そういった情報の蓄積によって、徐々に自分が必要な情報がすべて入っている「自分データベース」が出来上がります。

自分が必要な情報が一カ所に集まっていて、望めばそこからいつでも必要な情報が引き出せる状況を想像してみてください。そのようなデータベースがあれば、自分の持っている情報を最大限に活用できるようになるのではないでしょうか。

Evernoteの特長

Evernoteには、強力、かつ魅力ある機能がいくつもありますが、代表的なものをいくつか列挙してみると次のようになります。

● 情報をインプットする流れを構築するのが簡単

- さまざまな種類の情報を入れることができる
- 複数のOSに対応していて機器を意識しなくてもよい
- 「ノートブック」と「タグ」の柔軟な分類と強力な検索

それぞれ少し見ていくことにします。

情報をインプットする流れを構築するのが簡単

Evernoteには、情報を取り込む手段が数多く備えられています。インプットの方法の選択肢が多いので、いろいろな場面で「**Evernote**に情報を送る形を作りやすい」のです。代表的なものは次の3つとなります。

Webクリッパーによるウェブページの取り込み

「**Web**クリッパー」とは、ウェブブラウザのボタンをクリックするだけで、表示されているウェブページを**Evernote**に送ることができる機能です。情報の多くはインターネット経由で探すことが多いため、この機能は大変に便利です。

「Webクリッパー」は、Evernoteをインストールしたときに、WindowsではInternet Explorer、MacではSafaliにその機能が自動的に追加されます。

これ以外のウェブブラウザでは、Firefoxではアドオン、GoogleChoromeではエクステンションとして同様の機能が提供されているので、ダウンロードすれば同様に使うことができます。

メール送信によるメモの作成

Evernoteのアカウントを取得すると、メールアドレスが割り当てられます。このメールアドレスにメールを送ると、1件のメールに付き1つのノートとして保存されます。使用するのは普通のインターネットメールなので、PCはもちろん、スマートフォンを含む携帯電話からもEvernoteのノートが作成できます。ちなみに、メールに画像を添付すれば画像付きのノートが作成されます。

「メール投稿」機能には、2つの使い方があります。1つはノート作成におけるEvernoteクライアントの代換手段です。メールを使うことにより、Evernoteクライアントがない携帯電話や、Evernoteクライアントをインストールしていない／できないPCを、ノートを作成する仕組みに組み込むことができます。

もう1つがフィード情報を取り込む方法です。さまざまなネット上の情報をメールで送ってくれるサービスを利用して、自動的に必要な情報を収集することができます。詳細については第3章で解説します。

他のアプリケーションとのAPI連携

Evernoteは**API**というプログラムを動かすためのプログラムを公開しており、**Evernote**と連携するアプリケーションがいくつも作られています。**iPhone**アプリケーションでも「**Evernote**に送る」という機能がもともと付いている場合もありますし、書類をスキャンするドキュメント・スキャナの中にも標準で**Evernote**に送る機能が付いている製品もあります。

この3つの機能を知っておけば、新しく入った情報や手持ちの情報を**Evernote**に送る仕組みを簡単に構築することができます。

さまざまな種類の情報を入れることができる

Evernoteは無料の通常アカウントと有料のプレミアムアカウントでは、保存できるファイルの形式が異なっています。しかし無料でもテキスト（文字情報）、画像ファイル、**PDF**ファイルを保存できます。これで日常の情報の大半はフォローすることができるでしょう。また「画像＋テキスト」「**PDF**とリッチテキスト」というような複数の要素を持ったノートも簡単に作成することができます。

テキストと画像を同様に扱うことができることで、デジタルデータとアナログデータを一元管理することができます。もちろんアナログデータはそのままでは取り込めないため、スキャナやデジカメを使ってデジタルデータに変換する手順を踏む必要がありますが、**Evernote**と他の機器を使えばそれらはかなりスムーズに行えるようになります。

複数のOSに対応していて機器を意識しなくてもよい

Windows、**Mac OS X**、**iOS**、**Android**など、かなりの数のＯＳに対応したクライア

ントアプリケーションが用意されています。

また、**Evernote**のクライアントアプリケーションがインストールされていなくても、ウェブブラウザを使って自分のノートにアクセスすることができ、一通りの操作を行うことができます。

つまり、ＰＣとネットにつながる環境さえあれば、自分の手持ちの情報すべてにアクセスできるようになります。さらにスマートフォンを組み合わせれば、どこからでも情報を入れたり、引き出すことができます。こういった「いつでも」「どこでも」の環境を作れば、手持ちの時間を有効に活用できるようになります。

「ノートブック」と「タグ」の柔軟な分類と強力な検索

Evernoteからノートを探す場合は、自分で指定できる「ノートブック」と「タグ」を使って検索することができます。それ以外にもノートのタイトルや内容の全文検索もできますし、画像ファイル内の文字を認識して検索結果として表示する機能もあります（画像ファイル内の文字検索は現在日本語対応が進められている）。

それ以外の検索の要素も複数あり、それらを組み合わせて使うこともできます。

Evernoteの代表的な特長

さまざまなデータを扱える

無料のアカウントでも、テキスト、画像、PDFの形式のデータを保存できる。スキャナやデジカメさえ使えば、アナログデータもデジタルデータも残しておける。

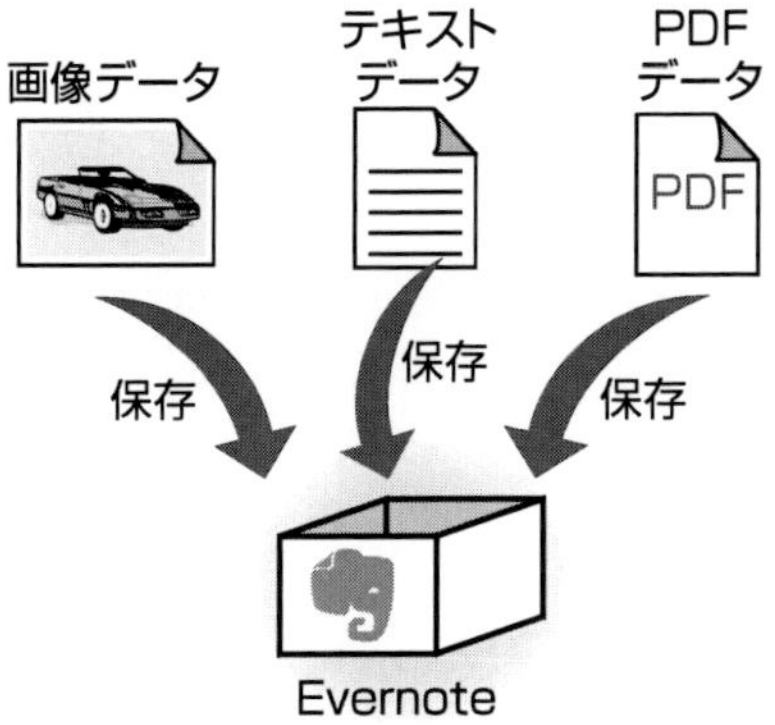

入力手段が豊富

ウェブページをワンタッチで取り込んだり、メールで情報を送って保存したりできる。スマートフォンやドキュメントスキャナの中には、「Evernoteに送る」機能が付いているものもある。

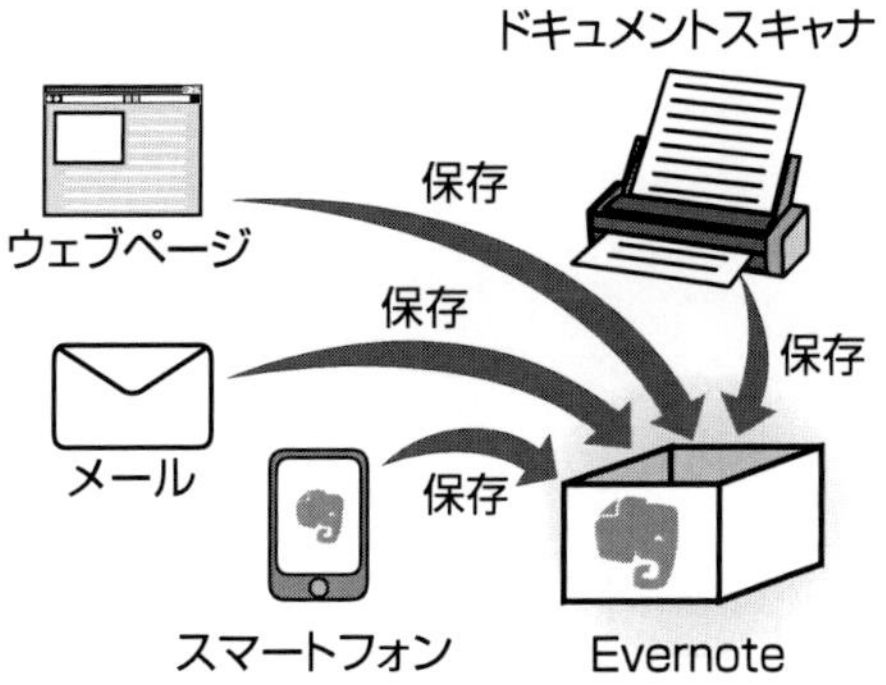

さまざまなOSに対応

さまざまなOS用にクライアントソフトが用意されており、どの機種からでも同じように利用できる。

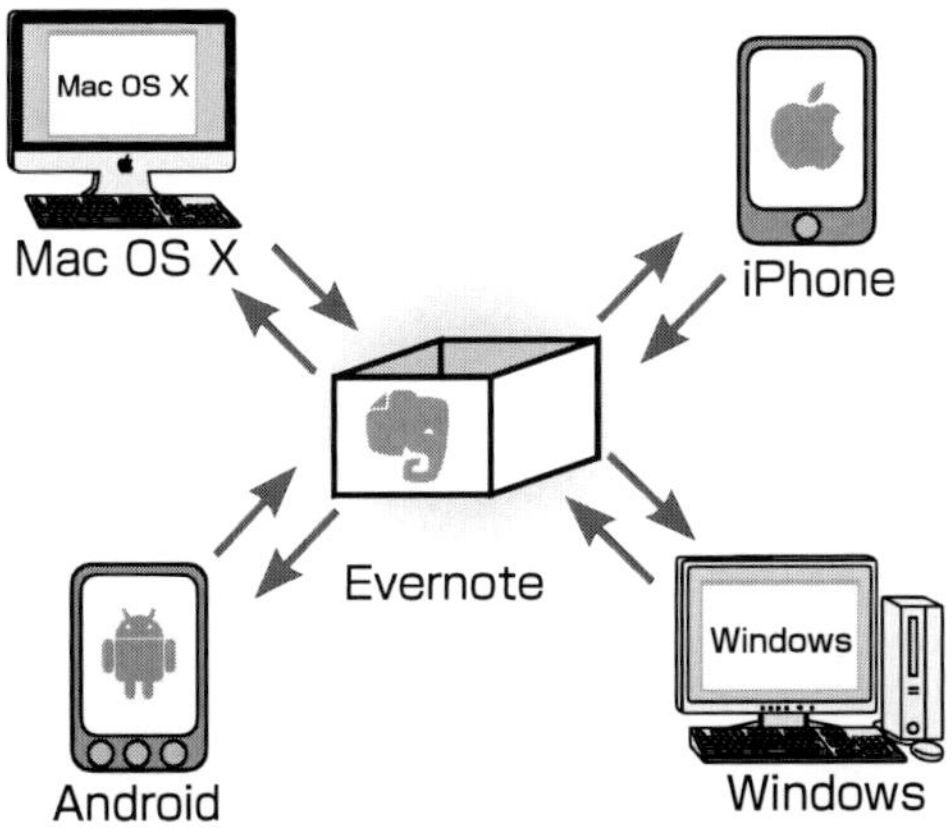

情報の分類と検索が容易

「ノートブック」「タグ」などを使って簡単に分類ができる上、タイトルや内容で検索することもできるので、情報をすばやく探し出すことができる。

LIFE HACK 04

さまざまなクラウドサービスでEvernoteを補完する

Evernoteの機能不足を他のクラウドサービスで補う

さまざまな特徴を持つEvernoteは情報の集約先として強力な存在です。もちろん、本当にすべての「データ」をEvernoteだけで管理するには難しい部分もあります。そのあたりの苦手な部分を他のクラウドツールで補っていこうというのが、「クラウドベース」の発想です。

クラウドベースの中心は、「大量の情報を保存できる」「多様な情報をさまざまな経路からインプットできる」「検索によってそれらを引き出せる」といった特徴をもつEvernoteです。Evernoteは使い込んでいけばいくほど、「自分データベース」へと成長します。そして、Evernoteが苦手な部分については、それが得意なクラウドサービスを自分の好みで選択します。

さまざまなクラウドツールを組み合わせて、データをクラウド上に預け、好きなときにそれらの情報を取り出すことができれば、効率的に作業を進めていけるようになるでしょう。

クラウドツールを使うメリット

こういったクラウドツールを使いこなす人々といえば「ノマドワーカー」が思い浮かびます。ノマドあるいはノマドワーキングは佐々木俊尚氏が『仕事するのにオフィスはいらない』（光文社）の中で紹介しています（ノマドとは遊牧民を指す言葉です）。

遊牧民がラクダという砂漠で最強の乗り物を駆り、オアシスからオアシスへと移動しながら生活しているように、狭苦しいオフィスを出て、さまざまな場所を移動しながら働いている人たちです。

また『「どこでもオフィス」仕事術　効率・集中・アイデアを生む「ノマドワーキング」実践法』（中谷健一著、ダイヤモンド社）で「ロケーションフリー」という考え方が紹介されています。「働く場所」「所属や肩書き」に縛られない働き方というのがノマドワーカーということです。つまり「オフィスに縛られない」というのは、単純に物理的場所としてのオフィスを必要としないというばかりでなく、「会社」という組織に必要以上に依存しないという風に捉えることもできます。

実際、この原稿を書いている私もかなり「ノマドワーキング」を実践しています。集中したいときは、**MacBook Air**を持っておなじみのカフェに移動します。日常的な作業から切り離された空間で集中して作業を行うことや、あるいは隙間時間にアイデアを出して原稿に活用することなどは、時間効率（時間の質）をあげる行為だといえるでしょう。

自分の好みの場所で仕事をしたり、あるいは隙間時間を活用して作業を進めたりする上では、インターネットにつながる環境さえあれば、「場所と機材を選ばない」クラウドツールは非常に有用です。サービスの種類も、ファイル同期、タスク管理、スケジュール管理、ドロー系アプリケーション、写真管理など日常的に使用するものは、ほぼ揃っています。

実際に、私も数多くのクラウドツールを使用しています。詳細については、第6章と第7章で解説していますが、名前を上げると次のようになります。

- Googleドキュメント(ドキュメント作成)
- Mind Meister(マインドマップ作成)
- Cacoo(ドロー系アプリケーション)
- Gmail(メールクライアント)
- Dropbox(ファイル同期)
- Googleカレンダー(スケジュール管理)
- Googleタスク(タスク管理)
- Nozbe(タスク管理)
- Remember The Milk(日課管理)

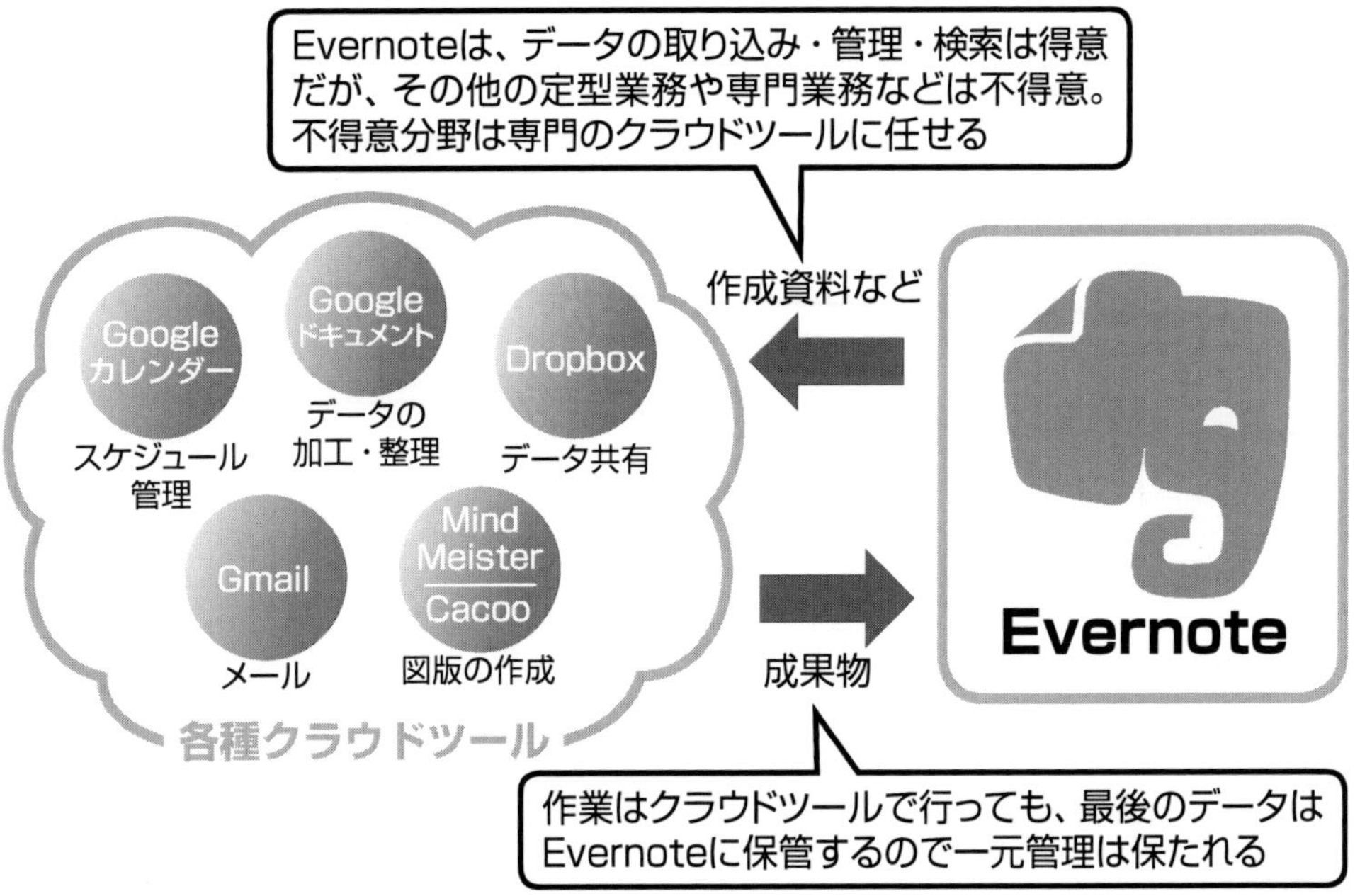

これらのクラウドツールと**Evernote**を使うことによって、私も「ノマドワーキング」の実践が可能になっているのです。

クラウドツールには、もう1つ良いところがあります。使い始めるときの敷居が低い点です。クラウドツールの多くは、無料でサービスを利用することができますし、PCの前に座っているだけで申し込みも完了して、すぐに利用できます。

ユーザーとしては、労することなく複数の同様のサービスを試用してみて、最も自分の仕事にあうサービスを選択することができます。現在、私が使用しているクラウドサービスも、そのようにして絞り込まれていったものなのです。

多様なツール群から最適解を求める

情報を集めて、付加価値のある情報へと加工していく行為は単純作業ではありません。頭脳労働ともいえますし、あるいは知識労働ともいえます。ドラッカー教授は知識労働者の仕事のやり方を統一させることは困難である、と指摘しています。

好みのツールを組み合わせられるクラウドツールは、まさに知識労働者向けのサービスです。

本書で情報の保存場所として中心に置いている**Evernote**も、もし同じ感覚で扱える別のサービスが出てくればそれを使ってもよいと思います。しかし、現状では**Evernote**に並ぶサービスが存在しないので、クラウド上で情報を管理するデータベースとしては**Evernote**が唯一の選択肢です。

クラウドツールを組み合わせて使っていくこと、つまりクラウドベースを作ることに正解はありません。あるいは終わりもありません。自分の使いやすいものを選んで、常に最適な状況を模索するという行為もまたクラウドベース作りの一環です。

LIFE HACK 05

知的生産のためのシステム構築の流れ

データベース設置からの次の一歩

本書では、先に述べた、「効率よく、できるだけ時間をかけずに情報収集を行い、継続的に情報のアウトプットをできる」環境を作るために、ツールとして、**Evernote**を中心としたクラウドツールを使い、運用法として「知的生産の技術」と「アイデアのつくり方」の書籍をベースにします。具体的には次のような構成で解説を行います。

まず情報の置き場所として**Evernote**をセッティングすれば、次は情報収集（インプット）になります。資料を集めるスクラップ・ブックとしての**Evernote**の使い方は第2章で、メモ帳としての使い方は第3章で紹介します。

Evernoteに情報が集まるようになれば、次に必要になるのはその整理法です。これは第4章で紹介します。アナログ式のツールでは実行しにくいEvernote独特の「整理しすぎない整理法」についての考え方を紹介します。

集まった情報を使っての発想法は第5章で紹介します。紹介する発想法自体は珍しいモノではありません。KJ法やメタ・ノートという既存の発想法をいかにEvernoteと連携させるのかと、その考え方がカギです。

第6章では、Evernoteと連携させるクラウドツールと、これからのソーシャル時代でのアウトプットが持つ意味、セルフ・ブランディングについて紹介します。

最後の第7章は知的生産から一歩離れ、行動やモチベーションを管理するセルフ・マネジメントとクラウドツールについて簡単に紹介します。それらのデータをまとめて保存することで、Evernoteは情報を入れておく倉庫から、ライフログを含む「自分データベース」へと変化していきます。

Column

知的生産の技術

本書の着想のスタートになったのが『知的生産の技術』という本です。1969年に岩波新書から発売された本で、著者は梅棹忠夫氏。知的生産に興味を持ったことのある人ならば、すでに読んでいる人も多いでしょう。

パソコンの前のワープロ専用機、さらにその前のタイプライターが使われていた時代に書かれた本ですが、現代でも充分に通用する「情報を扱うための技術」が紹介されています。「手帳」「ノート」「カード」といった知的生産ツールの活用法や、整理、読書や文章の書き方にまで触れらています。

すでに何回も読み直していますが、それでも毎回読むたびに何かしらの示唆を得ることができる本です。

この本で紹介されている「情報カード」を使ったカード・システムが私のEvernoteの運用法の中核になっています。それ以外の運用法についても、いくつかの知的生産の古典とも呼べる本から自分なりに引き出し、組み合わせて、今の形を構築しています。第1章で紹介した、「アイデアとは既存の要素の新しい組み合わせ以外の何ものでもない」というのは、こういった情報整理の運用法にも通じる言葉です。

この『知的生産の技術』以外にも、知的生産に関する技術が紹介された本がたくさん出版されています。本書を読み終えて、もしこの分野に興味を持ったら、巻末の参考文献にのせてある本をチェックしてみてください。

CHAPTER-2

Evernoteを新時代のスクラップ・ブックにする

LIFE HACK 06

収集すべき知的生産に必要な情報

情報洪水に流されない情報収集の仕組みを作る

知的生産のスタートは、「素材集め」、つまり情報収集からです。

現代では、情報を管理するための仕組みを作っておかないと、あっという間に「情報洪水」に押し流されてしまいます。これは「時間不足」という知的生産にとっては致命的な問題を引き起こします。この問題はインプットする前の環境作りで対抗していく必要があります。

また、デジタル情報とアナログ情報が混在する状況は、情報の一元管理を難しくします。逆にいえば、これらの情報を総合的に管理することができれば、今での時代では存在しなかった知的生産ツールとして**Evernote**を使っていける、ともいえます。

本章は、まず集めるべき資料について考えてみます。そして、その情報を**Evernote**に蓄積していく方法について紹介します。

集めるべき情報は「資料」と「着想」

知的生産の素材となるものには2つの「情報」があります。1つは「資料」、もう1つが「着想」です。

「資料」は、「外部から提供されている情報。一般的に情報と呼ばれているもの」となります。

「着想」は、「自分の頭の中から出てきた思考や考え（アイデアの断片も含む）」となります。

「資料」は素材で、「着想」は組み合わせ方やその元になるもの、と捉えておけばよいでしょう。知的生産の倉庫に

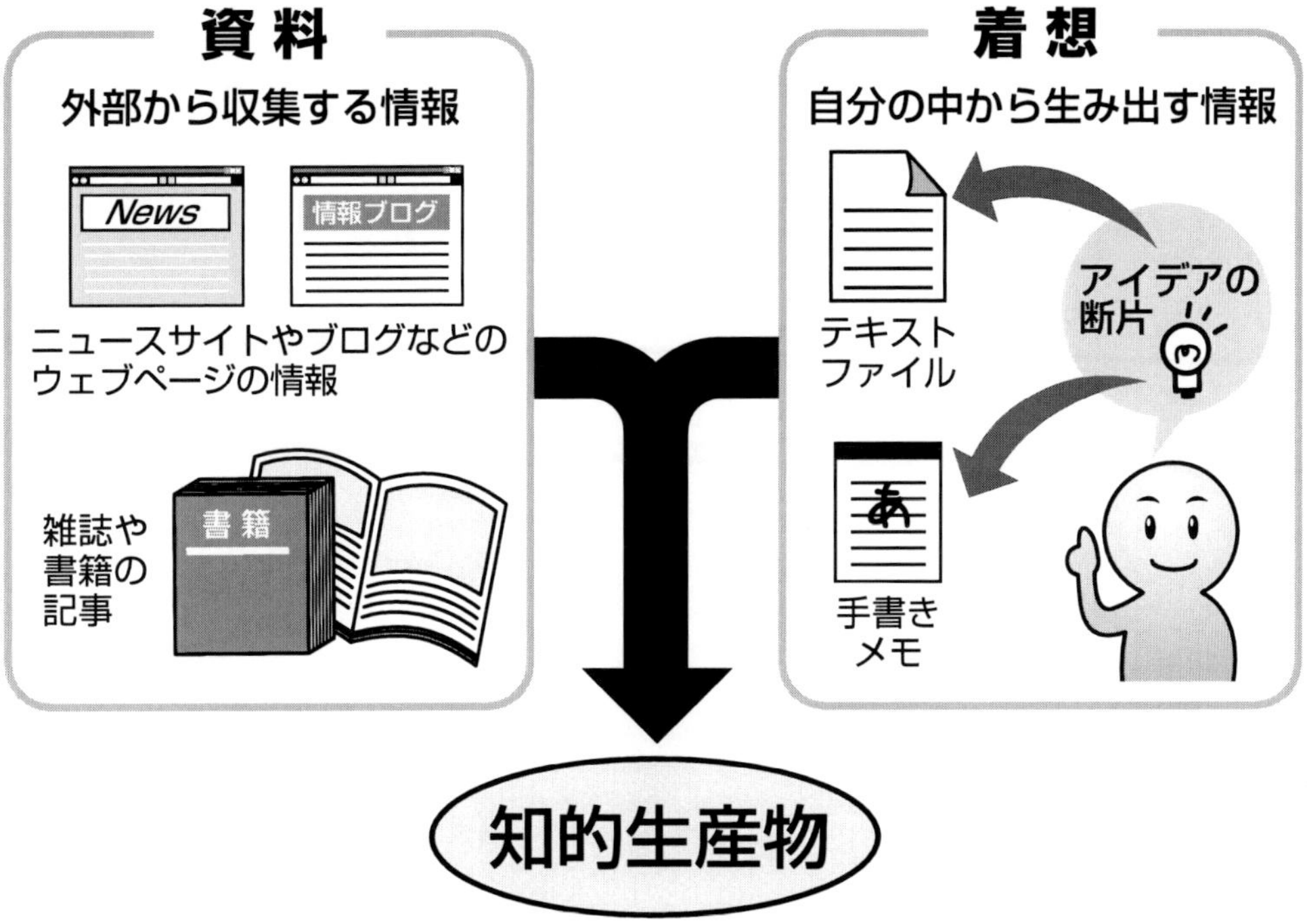

保存していくのは、この2種類の情報です。現実のモノで例えるならば、前者がスクラップ・ブック的な使い方。後者がメモ帳的な使い方といえます。

本章では「資料」の収集について解説し、次章で「着想」の収集について解説します。

知的生産のための資料は「専門資料」と「一般資料」に分けられる

「資料」には、大きく分けて2つの種類があります。1つが「専門資料」で、もう1つが「一般資料」です。集めるべき資料についても、第1章で紹介した『アイデアのつくり方』から引用してみます。

> 広告のアイデアは、製品と消費者に関する特殊知識と、人生とこの世の種々さまざまな出来事についての一般的知識との新しい組み合わせから生まれてくるものなのである。

特殊知識と一般的知識の組み合わせで成功した例を1つ挙げておきましょう。2010年に大ヒットしたビジネス小説の『もし高校野球の女子マネージャがドラッカーの「マネジメント」を読んだら』（岩崎夏海著、ダイヤモンド社、通称『もしドラ』）です。これも、「特殊知識」と「一般知識」の組み合わせによって作り出されています。

- **特殊知識……ドラッカーの「マネジメント」**
- **一般知識……青春小説、ライトノベル**

ドラッカーが提唱した「マネジメント」という知識は有用で、日本の経営者の中でも支持している人がたくさんいます。その一方で、「難しそう」という印象が強く、一般的なビジネスパーソンからは距離を置かれてしまっている感じがありました。

そのエッセンスを青春小説やライトノベル的な形で提示することで、多くの人が関心を持ち、あの大ヒットにつながったわけです。

出版業界では本が売れなくなっているという話がありますが、実際は携帯小説やマンガやライトノベルなど、市場が活発な分野はたくさんあります。そこにドラッカーを結び合わせたことで生まれた作品が『もしドラ』というわけです。

本書では、特殊知識ための資料を「専門資料」、一般的知識のための資料を「一般資料」と呼ぶことにします。その業界や専門分野独自の情報が含まれている「専門資料」と、日常的なあるいは世間的な「一般資料」の2種類の資料が収集対象です。

これらの資料にはデジタル情報もアナログ情報も存在していますが、**Evernote**はそういった区別をする必要はありません。それぞれのインプットスタイルは後述しますが、基本的に専門資料はしっかりと押さえておき、一般な知識である一般資料は広く浅くフォローしていくことになります。

LIFE HACK 07

デジタル情報を効率的に収集する

デジタル情報収集の問題点は「時間」を浪費してしまうこと

知的生産の素材となる資料には「専門資料」と「一般資料」がある、ということが明らかになれば、あとはその情報をいかに収集するかです。

Evernoteにインプットするまでの方法、つまり情報をどこから入手し、どのようにそれらを**Evernote**に送るのかについて考える必要があります。

まずは現代で大きな割合を占めるウェブ情報・デジタル情報のインプットから紹介してみたいと思います。

情報収集という行為は10年前に比べて飛躍的に楽になりました。さまざまな質と種類の情報がネット上に存在しています。ブラウザの検索窓にキーワードを入力すれば、知りたい情報に関する検索結果が即座に返ってきます。

さらに、最近ではソーシャルメディアの登場で、検索しなくても面白そうな情報を見つけることができます。情報の入手という点では、これまでとは比較にならないぐらい便利な状況になっています。

しかし、一方で便利さからくる弊害も生じています。それは「時間」の浪費です。気になっている情報のリンクを辿っていたらいつの間にか時間が過ぎていた、という経験は誰しもあるはずです。あるいは**Twitter**でつぶやいている間に作業時間が終わってしまう、なんてこともよくある話です。

知的生産において素材となる情報をたくさん持っておくのは悪いことではありません。大量の情報を蓄えていても、**Evernote**であれば必要なものを見つけ出すことができるからです。しかしながら、「情報集め」ばかりに時間を使ってしまい、実際の生産活動であるアイデアを考えたり、文章化してまとめたりすることができなくなってしまっては本末転倒です。

「読む」ことばかりで「作る」ことをしなければ、知的生産ではなく「知的消費」にすぎません。簡単に情報が手に入る環境だからこそ、効率のよい情報収集を行い、意識的な時間のセーブをしておかないと、あっという間に時間を使ってしまいます。

デジタル情報収集のキモは「フィルタリング」にあり

デジタル情報（ネット情報を含む）の収集におけるポイントは、「フィルタ」を活用することです。情報を選別するフィルタを使用して必要な情報だけを収集できればインプット時間の効率化につながります。

ウェブからの情報は、水道の蛇口のようなイメージです。蛇口を開くと大量の水が流れ出るように、ウェブの世界では、ニュース、ブログの記事、**Twitter**のつぶやき、など新しい情報が際限なく生まれています。まさに情報の洪水です。こういった情報をただ追いかけていては、いくら時間があっても足りません。

かといってその蛇口を閉じてしまうのは不便です。情報の伝達速度や意見の多様性の面においても、マスメディアとは異なった情報源になり得るのがウェブからの情報です。多くの情報が無料である点も見逃せません。

情報過多の現代ではネット上の情報をうまく利用しながら、それに流されないための仕組みが必要です。その答えがフィルタリングになります。

流れ込んでくる大量の情報にフィルタを通して選別し、必要なものだけを収集する、これが「フィルタリング・インプット」の考え方です。フィルタの選別により、見る必要のない情報から自分を遠ざけることができます。

インプットを効率化し、アウトプットする時間を確保するためには、こうしたフィルタを使った情報の選別は欠かせません。どのようなフィルタを使うのが効果的かは、求める情報によっても異なります。代表的な例をいくつか紹介しましょう。

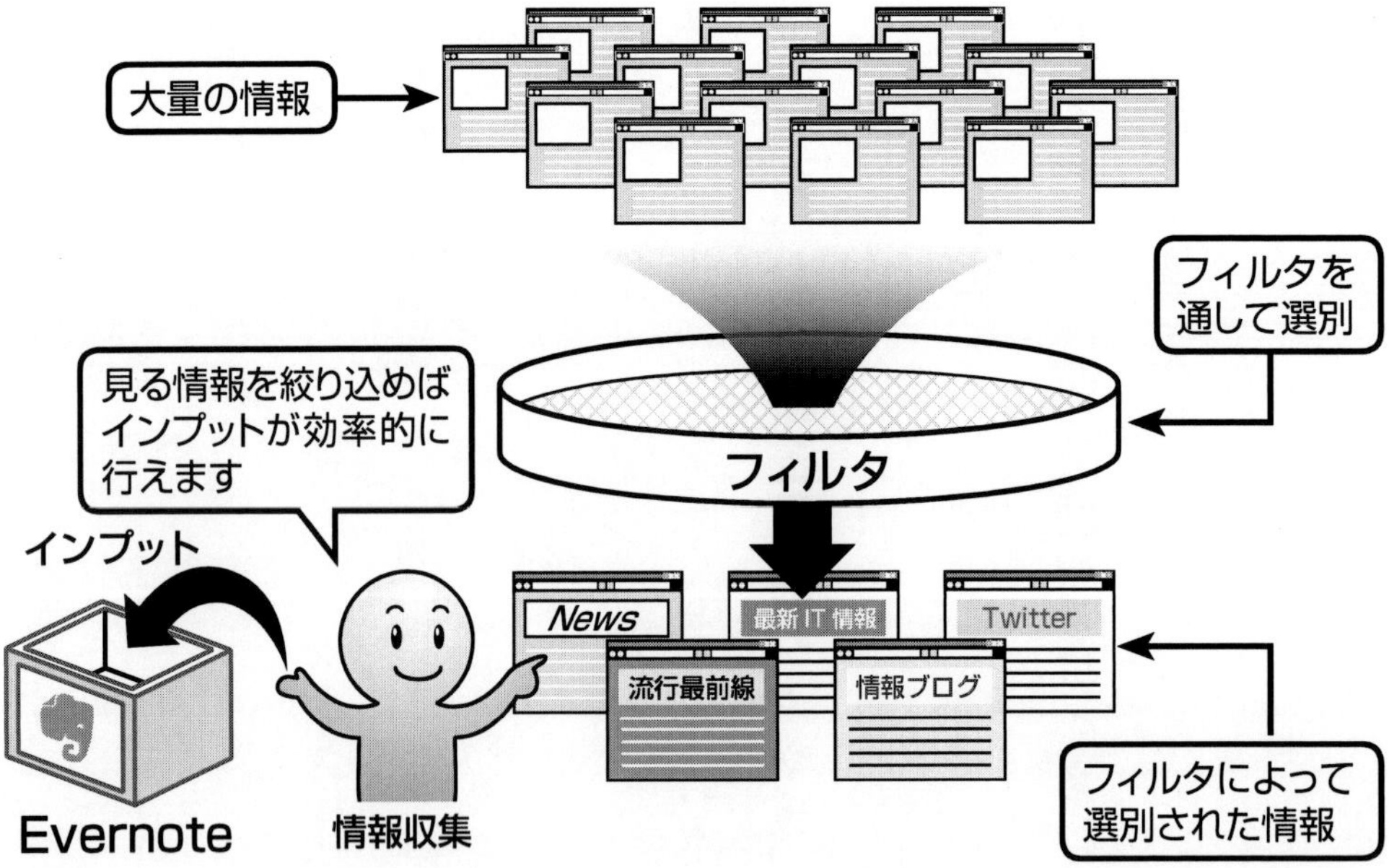

LIFE HACK 08

一般資料は「ランキング」でフィルタリングする

一般資料は大雑把なフィルタリングで「流行」を掴む

一般資料のフィルタは、「ランキング」を使うのが手っ取り早くて簡単です。「ランキング」によるフィルタで身近な例としては、小売店で見かける「当店売れ筋ナンバー1」や「人気商品」の売り文句があります。売れている商品というのは多くの人が選んでいるわけで、それなりに質を備えていることが予測でき、自分が店頭で購入する商品を選択するときの有力な情報となります。

これは多くの人の行動を「フィルタ」として使っているわけです。もちろん、このフィルタで100%の確率で質の高いものにたどり着けるわけではありませんが、まったく何も手がかりがない状態よりは、「当たり」の精度は高まります。

ネット上の情報、特に一般資料に対するフィルタとして「ランキング」は有効です。たとえば、「はてなブックマーク」(**http://b.hatena.ne.jp/**)や「あとで新聞」(**http://news.**

◉はてなブックマーク

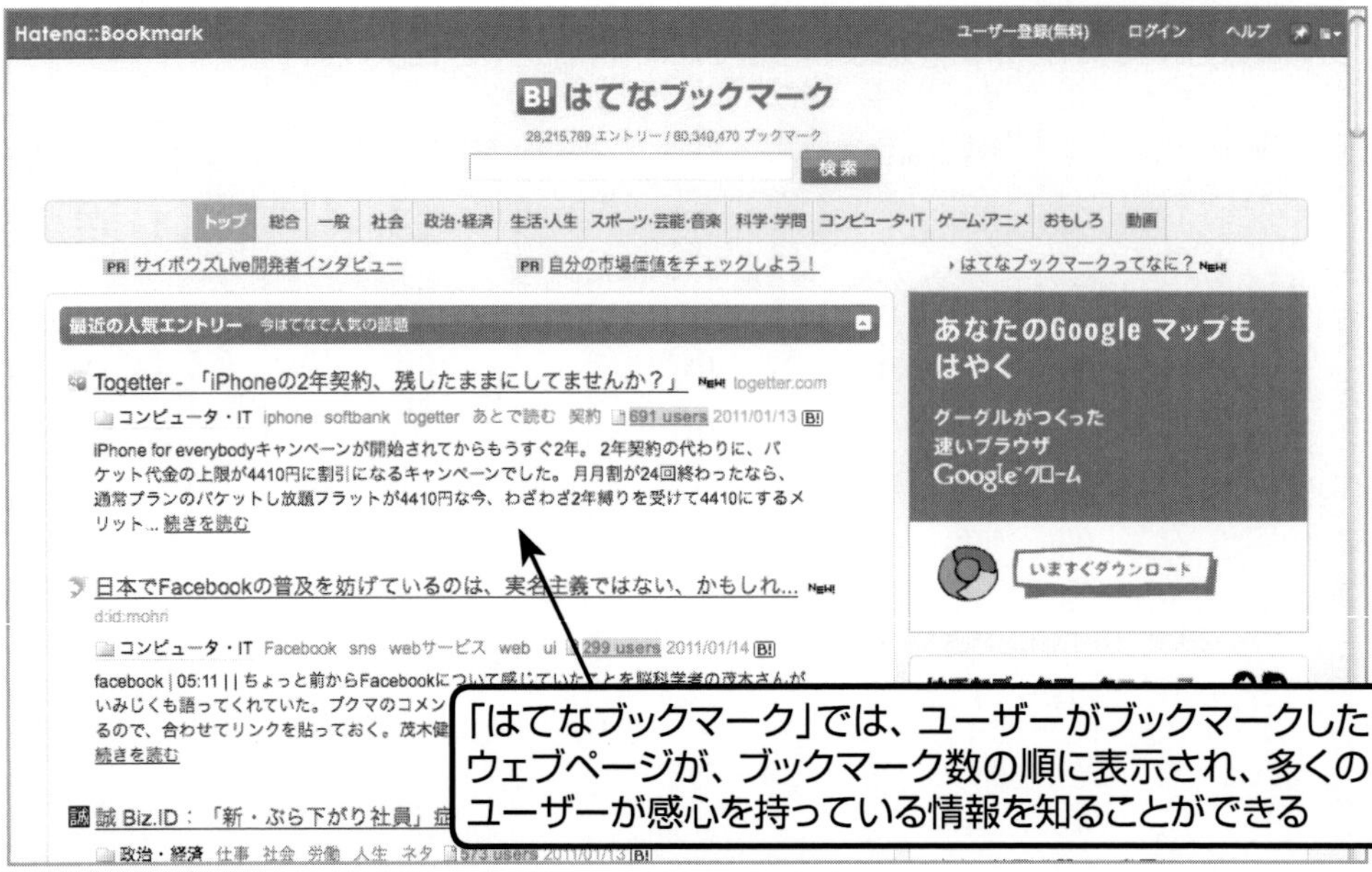

「はてなブックマーク」のＵＲＬ ▶ http://b.hatena.ne.jp/

◉あとで新聞

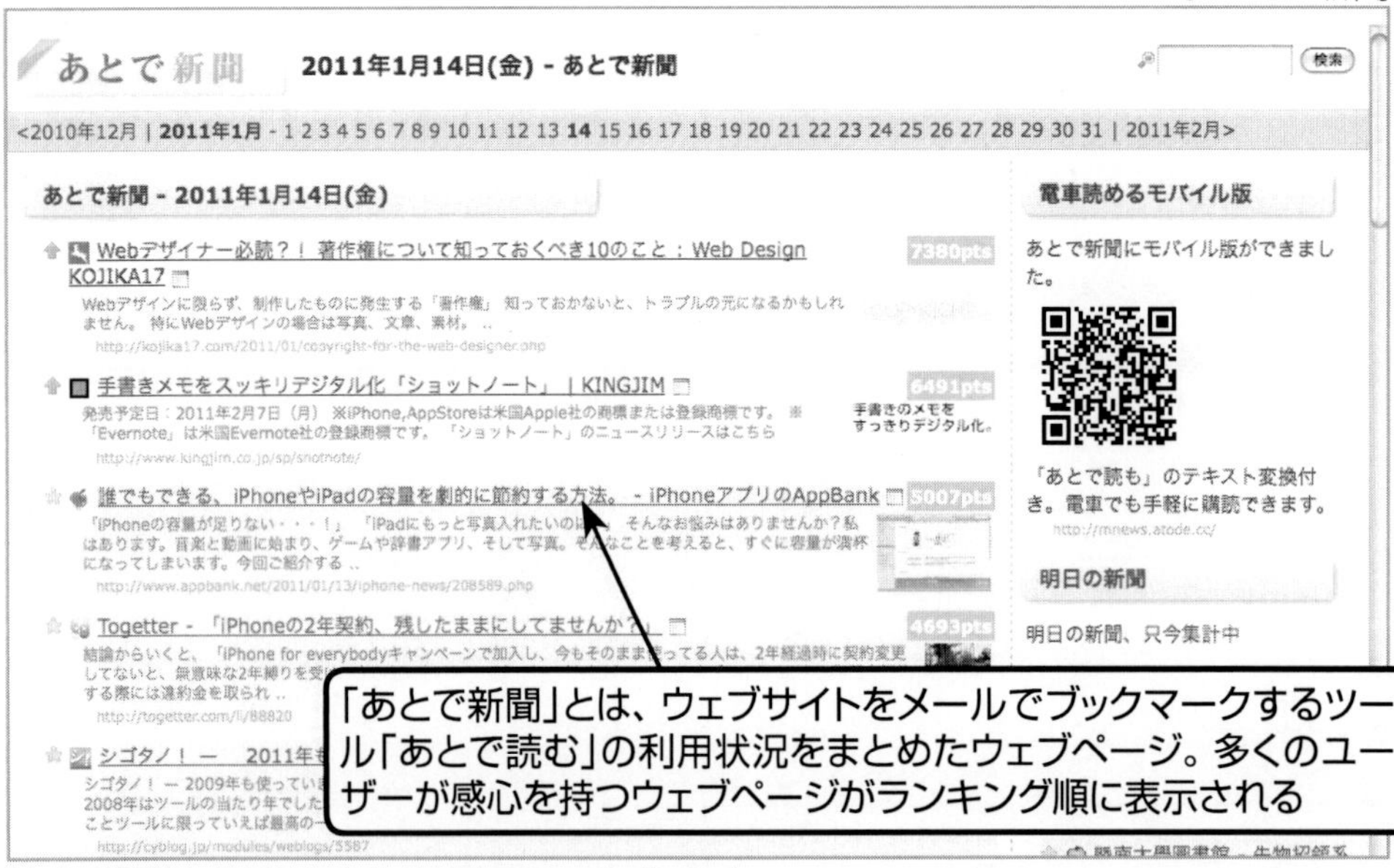

「あとで新聞」のＵＲＬ ▶ http://news.atode.cc/

atode.cc/）というサービスで上位に取り上げられている記事が、ウェブ上の「人気商品」ということになります。

同じような考え方で、**Twitter**の情報収集も効率化できます。**Twitter**上で流れてくる情報に1つ1つ反応するのではなく、「同じような情報を何度か見かけたら初めてチェックする」というやり方をしておけば、「ランキング」と似たようなフィルタをかけることができます。

一般資料に関しては、これぐらい大雑把なフィルタリングでほとんど問題はありません。これぐらいの労力でも「流行」ネタはほぼチェックできます。それぐらい「流行」ネタはあちらこちらで見かけます。とにかくこうした一般資料はその量がとても多いので、ざっくりと収集した方が効率的です。

「あちらこちらで見かける」ということは逆から見れば、情報そのものの希少価値がほとんどない、といえます。こういう情報を必要以上に追いかけるのは時間の浪費でしかありません。

興味ある分野の情報は「専門家」「達人」でフィルタリングする

「一般的ではないけれども、自分の専門とまではいかない」という、一般資料と専門資料の中間分野の情報もあります。そういった「興味ある分野」の情報収集に関しては「専門家」や「達人」をフィルタに使うのがベストです。

ウェブの世界には本当に多様な「専門家」が情報発信をしています。その道の権威ではなくても、詳しい「達人」を加えれば、その数は数え切れないほどでしょう。そういった人たちは、自分の専門分野の情報を大量に収集し、それらを選別した上で、自分の考えを付け加えたものをブログや**Twitter**を通じて情報発信をしています。

私に関していえば、仕事術では「シゴタノ！」というブログがそのフィルタの1つです。実は私もそのブログの寄稿者の一人ですが、他の方が書く記事はいつも参考にしています。

同様にウェブツールや、**iPhone**のアプリケーションなど、興味はあっても、すべてを1つ1つチェックしている時間がない分野に関しては、それぞれの分野で有名なブログを参照しています。

とにかく一般資料の収集に関しては、ざっくりとした収集で、できるだけ質のよい情報にアクセスできるような仕組みが重要です。

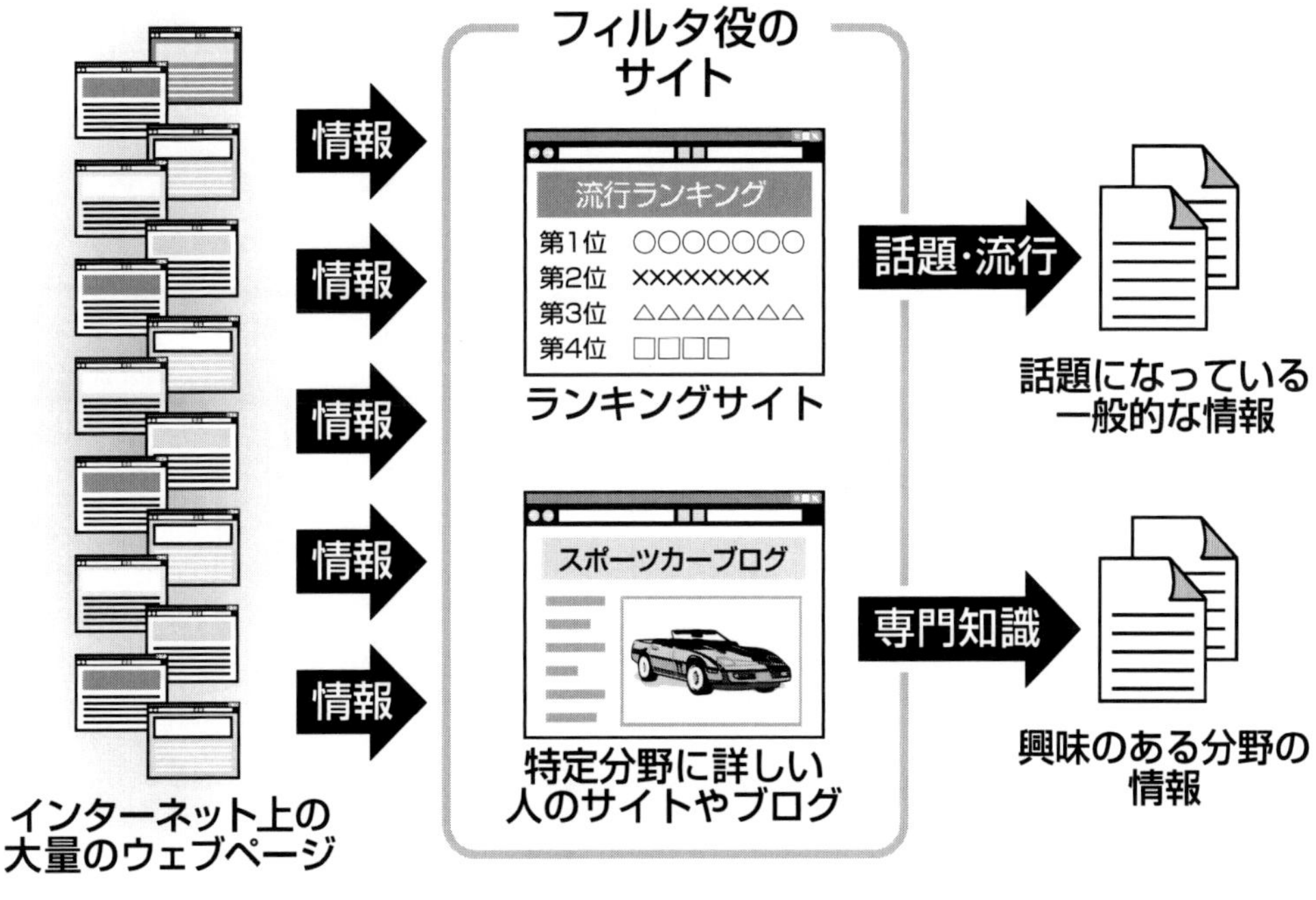

LIFE HACK 09

自分の専門資料は「Googleアラート」をフィルタに使う

専門資料はできるだけ「生」に近い情報を集める

自分の専門分野である専門資料の情報収集は、一般資料の収集とスタンスがまったく異なります。自分の専門分野に関して一般資料と同様の方法で収集をしても、知的生産の素材としてはあまり質的によいものには巡り会えません。

たとえば、誰かがフィルタリングした情報ばかりを収集していたら、その人がフィルタから外した情報には巡り会えません。もしかすると、その情報は、自分にとっては非常に重要かもしれないのです。できるだけ、情報源に近い「生」の情報を求めることが重要です。

51ページで、一般資料の収集をざっくりとした形で行った理由は、「自分の専門資料」の収集にできるだけ多くの時間を割り当てるためです。自分にとって必要度の低い情報はできるだけフィルタを使い時間をかけない。そして、空いた時間で自分の専門分野の情報を多く収集するというわけです。

「Googleアラート」で情報を集める

専門資料の情報収集には、「**Google**アラート」(**http://www.google.com/alerts?hl=ja**)というサービスを使うのが効果的です。

Googleアラートは、キーワードを登録しておくと、ブログやニュース記事でその単語が含まれるものが見つかったときに通知してくれるサービスです。莫大なブログやニュース記事から特定のキーワードが含まれるものを抽出してくれるという意味では、これもフィルタリングといえます。

たとえば、私は「**Evernote**」という単語を**Google**アラートに設定しています。こうしておけば、「**Evernote**社に関する情報」「関連するアプリケーション」「他の人の使い方」といった情報をいちいち探しに行かなくてもチェックできるようになります。最近ではアラートに引っかかる記事が増えてきているので、**Evernote**の普及度が上がっていることも副産物的にわかります。

これ以外にも、特定の商品、学問の分野、業界の動向、などの新しい情報に関してはGoogleアラートでかなりフォローできます。自分の専門分野の名前、あるいは気になる固有名詞などを登録しておけばよいでしょう。

◉Googleアラート

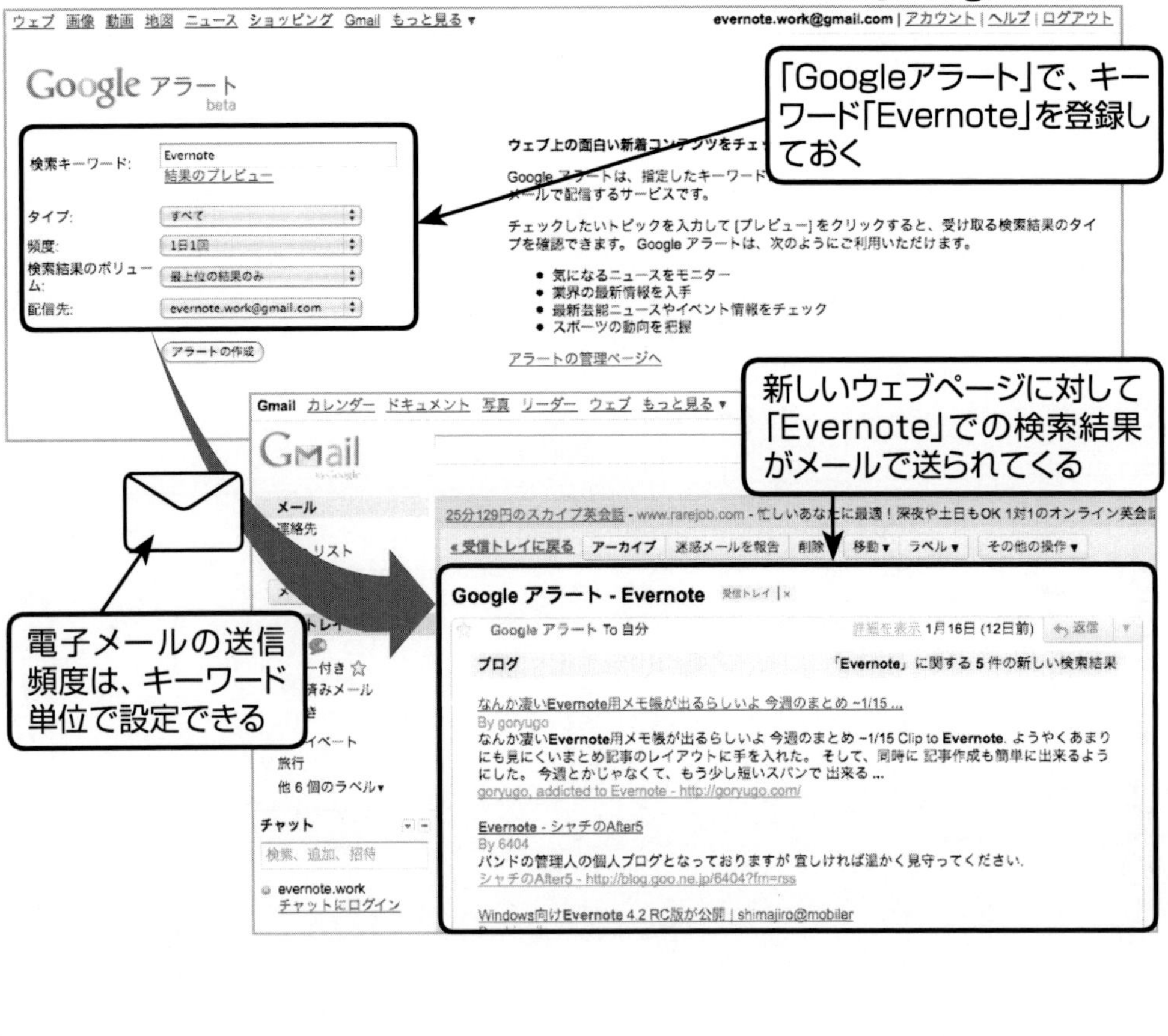

「Googleアラート」で、キーワード「Evernote」を登録しておく
新しいウェブページに対して「Evernote」での検索結果がメールで送られてくる
電子メールの送信頻度は、キーワード単位で設定できる

「Googleアラート」にキーワードを設定する

「Googleアラート」にキーワードを設定するには、次のような手順で行います。なお、事前にGoogleアカウントを取得して、Googleアカウントにログインしておく必要があります。

1 キーワードの登録

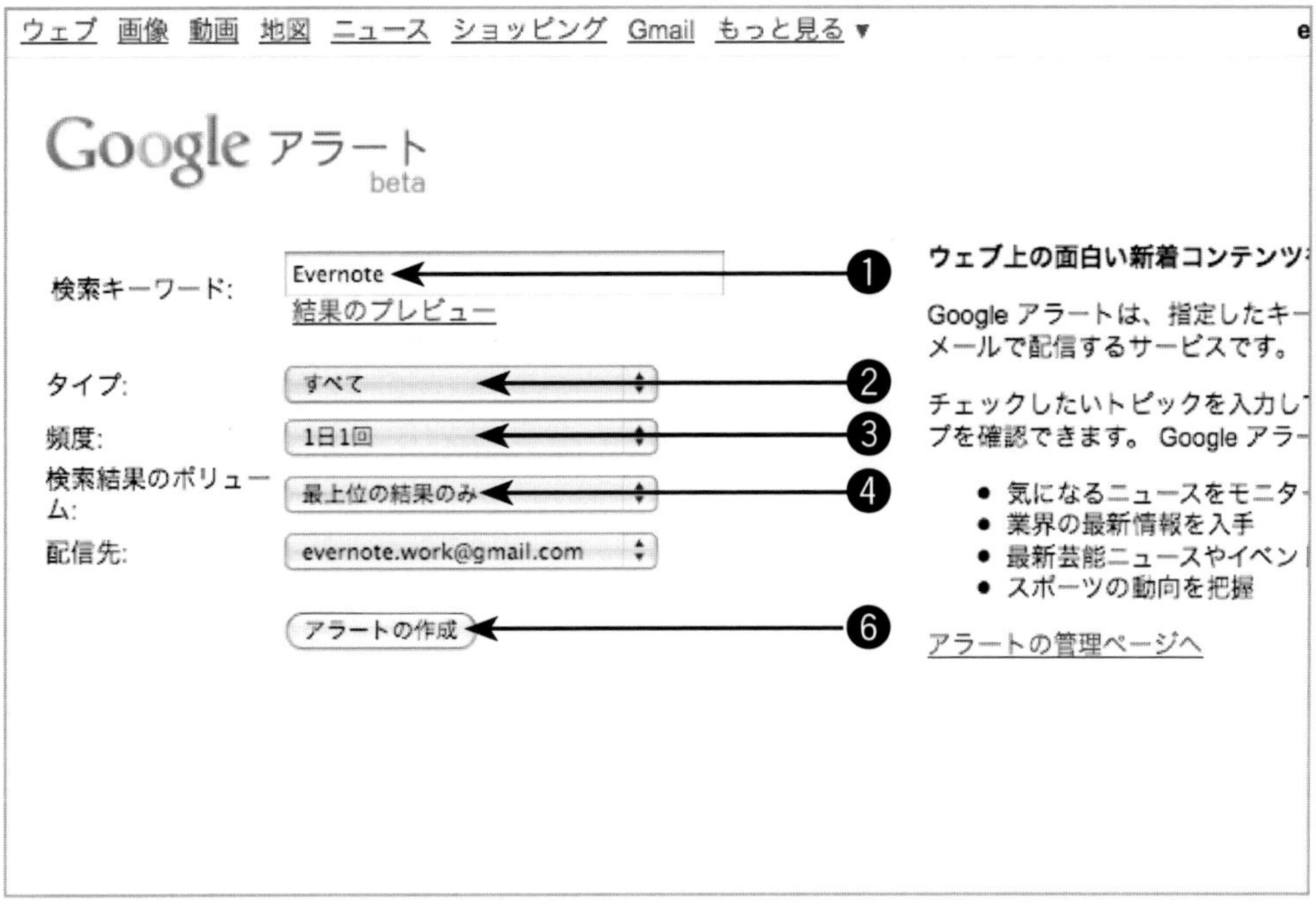

❶「Googleアラート」のページを表示して、[検索キーワード]にキーワードを入力します。
❷ 情報のタイプを指定します。「すべて」「ニュース」「ブログ」「リアルタイム」「ビデオ」「ディスカッション」から選択します。
❸ アラートの頻度を指定します。「1日1回」「その都度」「1週間に1回」から選択します。
❹ 検索結果のボリュームを指定します。「最上位の結果のみ」「すべて」から選択します。
❺ [アラートの作成] ボタンをクリックします。

2 キーワードの登録

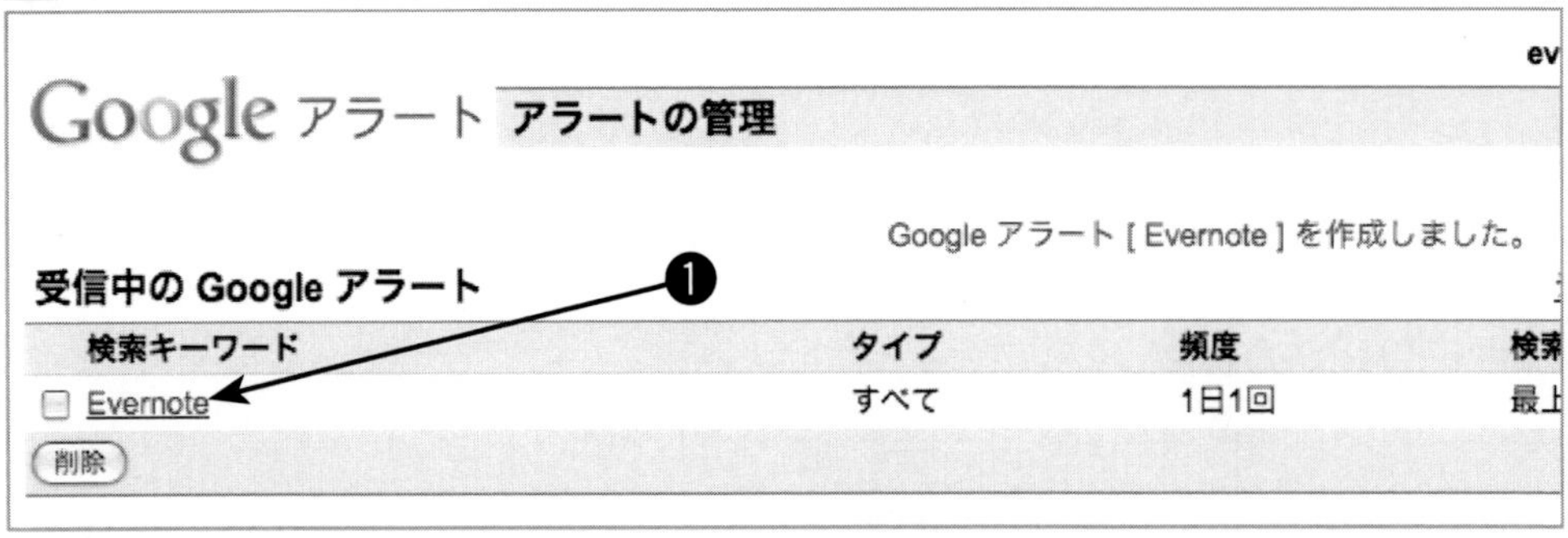

❶「Googleアラート」に検索キーワードが登録されます。Googleアラートのメールは、Googleアカウントに登録したメールアドレスに送信されます。

3 メールによる情報の受信

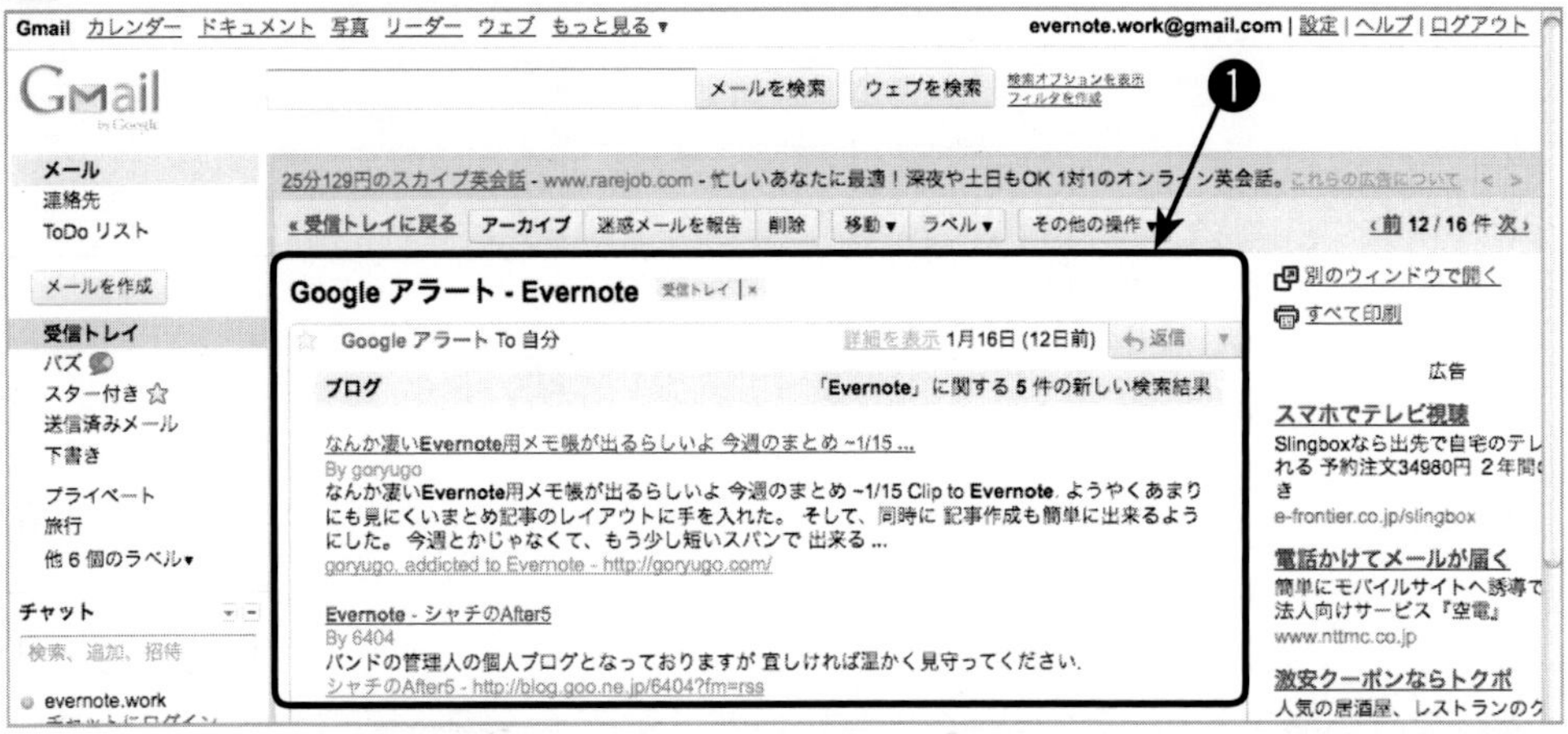

❶キーワードに関連するウェブページのURLが記載されたメールが、決まった時間に送信されてきます。

なお、Googleアカウントにログインしていない場合は、[検索キーワード]を入力した後に、[配信先]でメールアドレスを入力する必要があります。[アラートの作成]ボタンをクリックすると、入力したメールアドレスに[Googleアラート(ベータ版)確認メール]が送られます。メール内のリンクをクリックすると、登録が行われます。

LIFE HACK 10

日常の情報源をチェックする作業を効率化する

更新された情報のみをチェックする仕組みを作る

インプットする情報源が見つかったら、次は実際の情報のインプット作業となります。この部分も仕組み作りをしておくことで、時間の削減が実施できます。

面白いブログや有益な情報を発信しているブログ、あるいはウェブ上のニュースサイトなどを1つひとつチェックしていくのは、なかなか面倒で時間もかかります。特にブログなどは毎日更新されるとは限らず、ブログを見に行ったけれども更新されていなかった、ということも結構あります。

これらは小さい単位の時間の浪費ですが、インプットの量が多くなるとばかにできない問題になってきます。

「Googleリーダー」で情報ポートフォリオを作る

ブログやニュースサイトの更新を確認するには、「Googleリーダー」(http://www.google.com/reader/)を使用します。

多くのブログには、RSSと呼ばれる更新情報を知らせる仕組みが付いています。それを一括で管理できるのが「Googleリーダー」です。

読みたいブログが見つかったらそのブログのRSS情報をGoogleリーダーに登録しておくと、ブログが更新された場合に通知が飛んできます。また、記事の内容がRSSで全文配信されているような場合は、「Googleリーダー」から記事の内容を確認することもできます。

Googleリーダーを使えば、「ブログ」「ニュースサイ

◉Googleリーダー

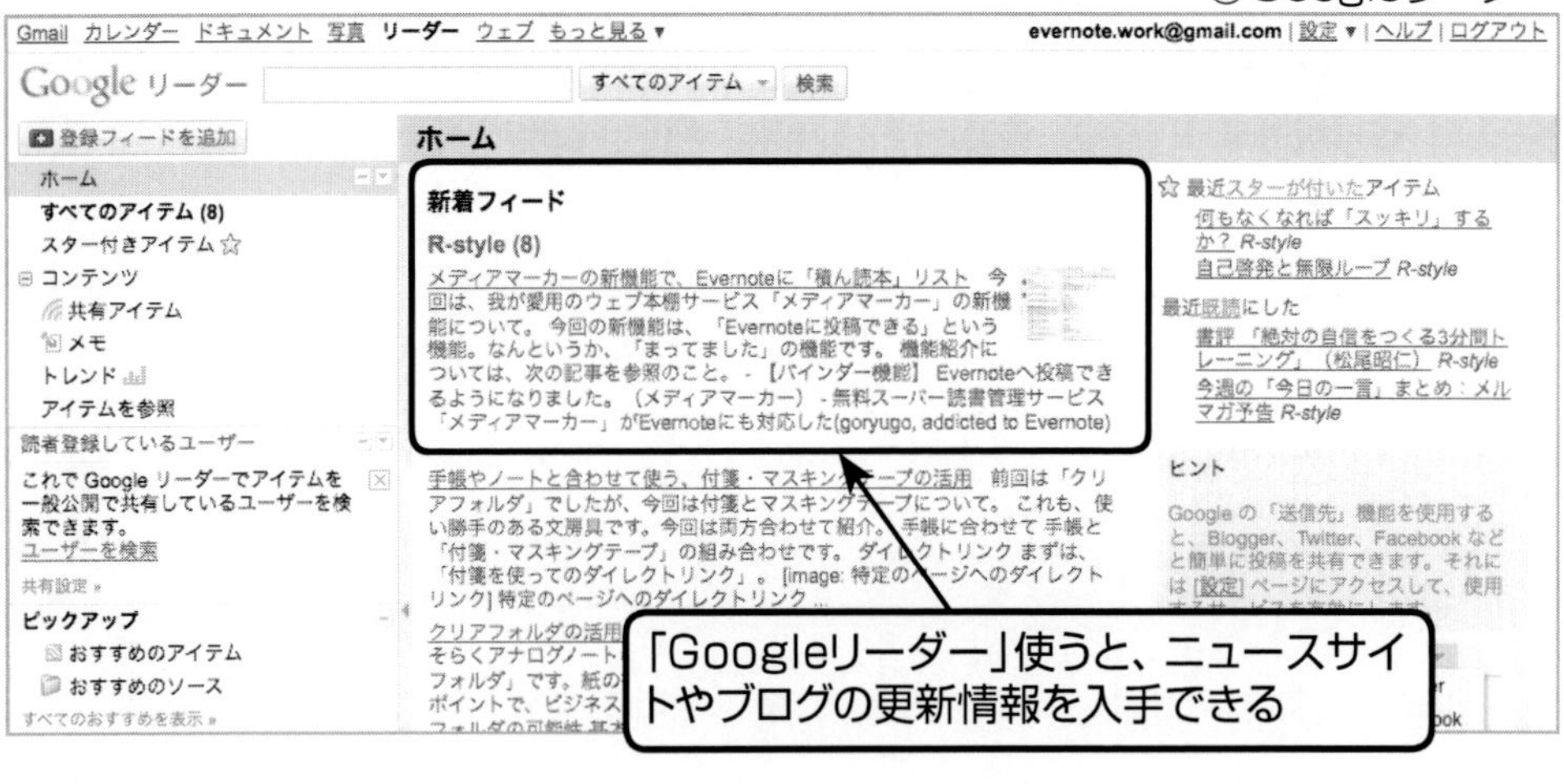
「Googleリーダー」使うと、ニュースサイトやブログの更新情報を入手できる

ト」「Twitterのつぶやき」「Googleアラート」という情報ソースが一元で管理できます。このような仕組みを作っておけば、情報を巡回する手間がなくなり、大幅に時間と手間を削減できます。

そういう意味で「Googleリーダー」は、自分だけの「情報ポートフォリオ」といえるかもしれません。あるいは自分用にカスタマイズされたウェブ新聞と考えられるかもしれません。

新聞は記者というフィルタを通して情報が提供されているのに対し、Googleリーダーを使った情報ポートフォリオは、ウェブ上に存在するさまざまな人々をフィルタにして、興味ある分野や知りたい情報を提供してくれるものになります。

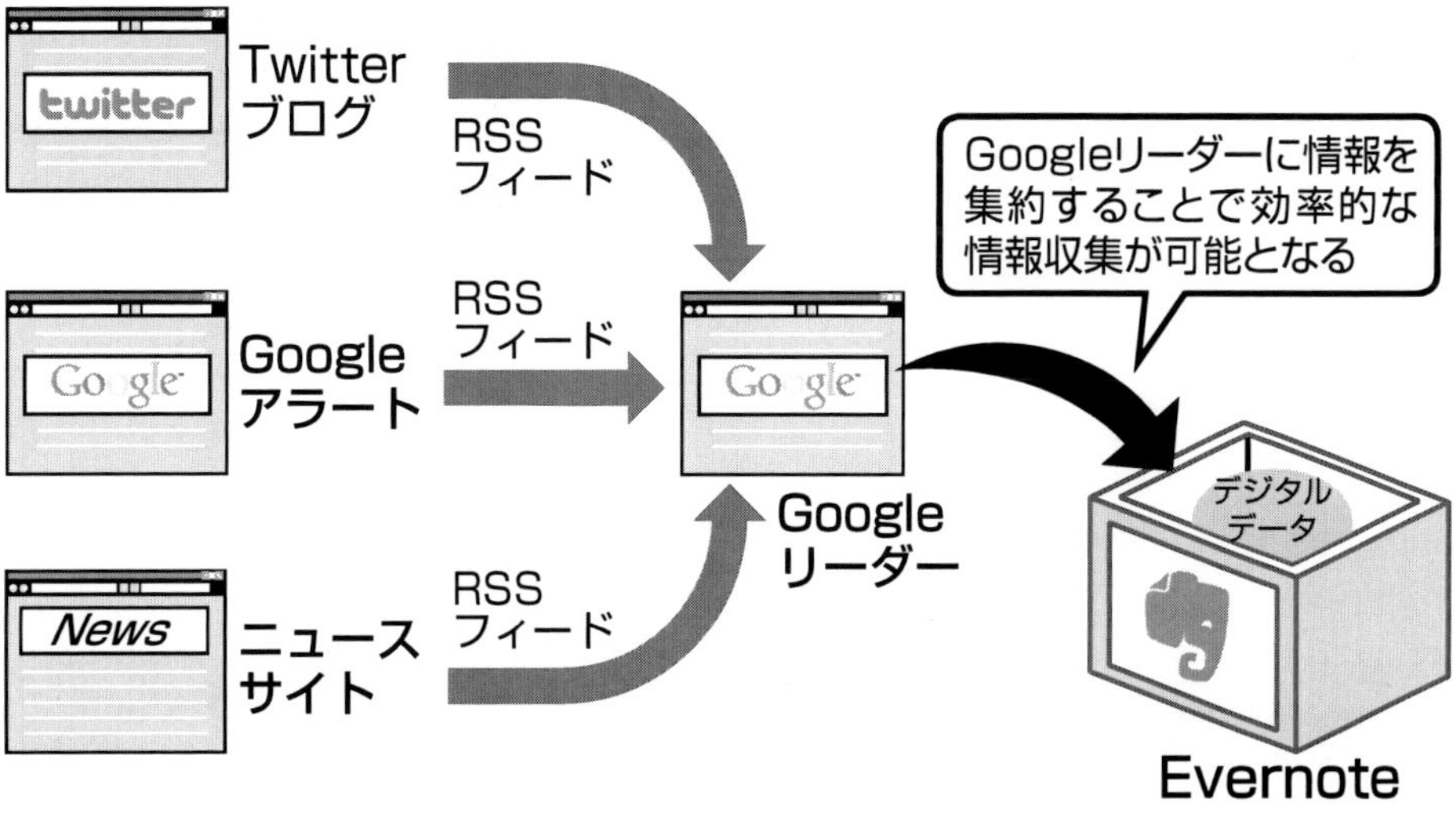

「Googleリーダー」を設定する

「Googleリーダー」を設定するには、次のような手順で行います。なお、事前にGoogleアカウントを取得し、ログインしておく必要があります。

1 登録フィードの追加

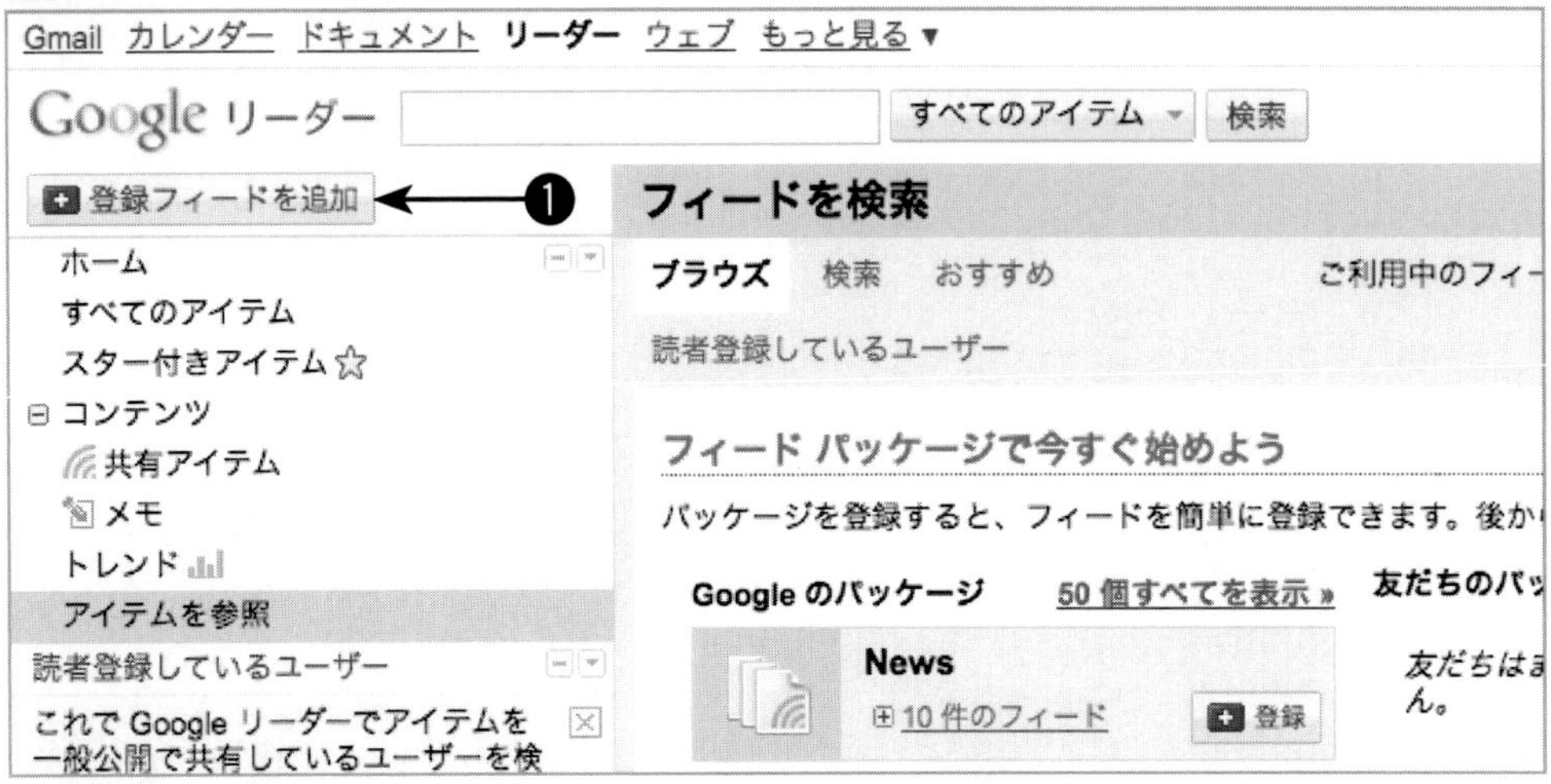

❶「Googleリーダー」のページを表示して、[登録フィードを追加] ボタンをクリックします。

2 フィードの検索

❶ 表示されたボックスに検索キーワードを入力します。
❷ [追加] ボタンをクリックします。

3 登録するフィードの選択

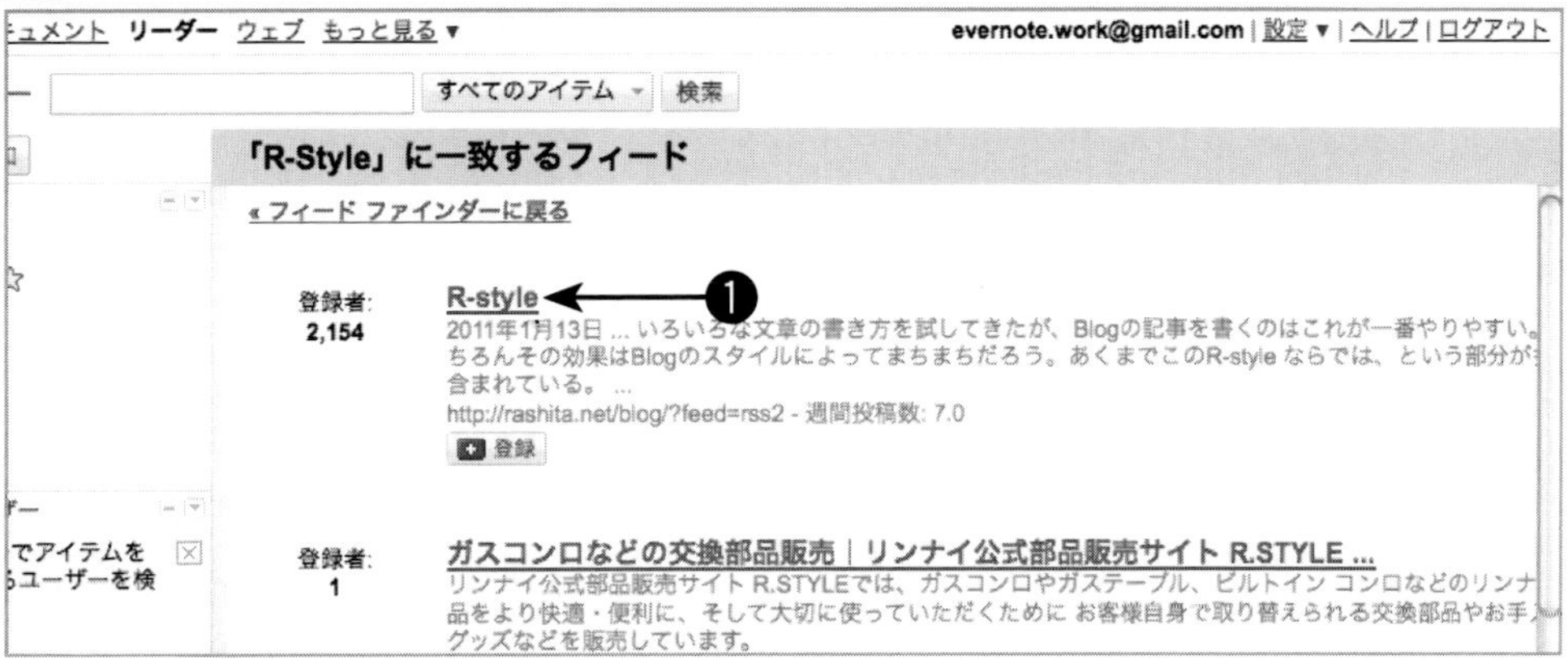
リーダー
ウェブ
もっと見る ▾
evernote.work@gmail.com | 設定 ▾ | ヘルプ | ログアウト
すべてのアイテム
検索
「R-Style」に一致するフィード
« フィード ファインダーに戻る
登録者:
2,154
R-style
❶
2011年1月13日 ... いろいろな文章の書き方を試してきたが、Blogの記事を書くのはこれが一番やりやすい。
ちろんその効果はBlogのスタイルによってまちまちだろう。あくまでこのR-style ならでは、という部分が
含まれている。 ...
http://rashita.net/blog/?feed=rss2 - 週間投稿数: 7.0
登録
登録者:
1
ガスコンロなどの交換部品販売｜リンナイ公式部品販売サイト R.STYLE ...
リンナイ公式部品販売サイト R.STYLEでは、ガスコンロやガステーブル、ビルトイン コンロなどのリンナ
品をより快適・便利に、そして大切に使っていただくために お客様自身で取り替えられる交換部品やお手入
グッズなどを販売しています。

❶ 検索結果の中から登録したいページをクリックします。

4 フィードの登録

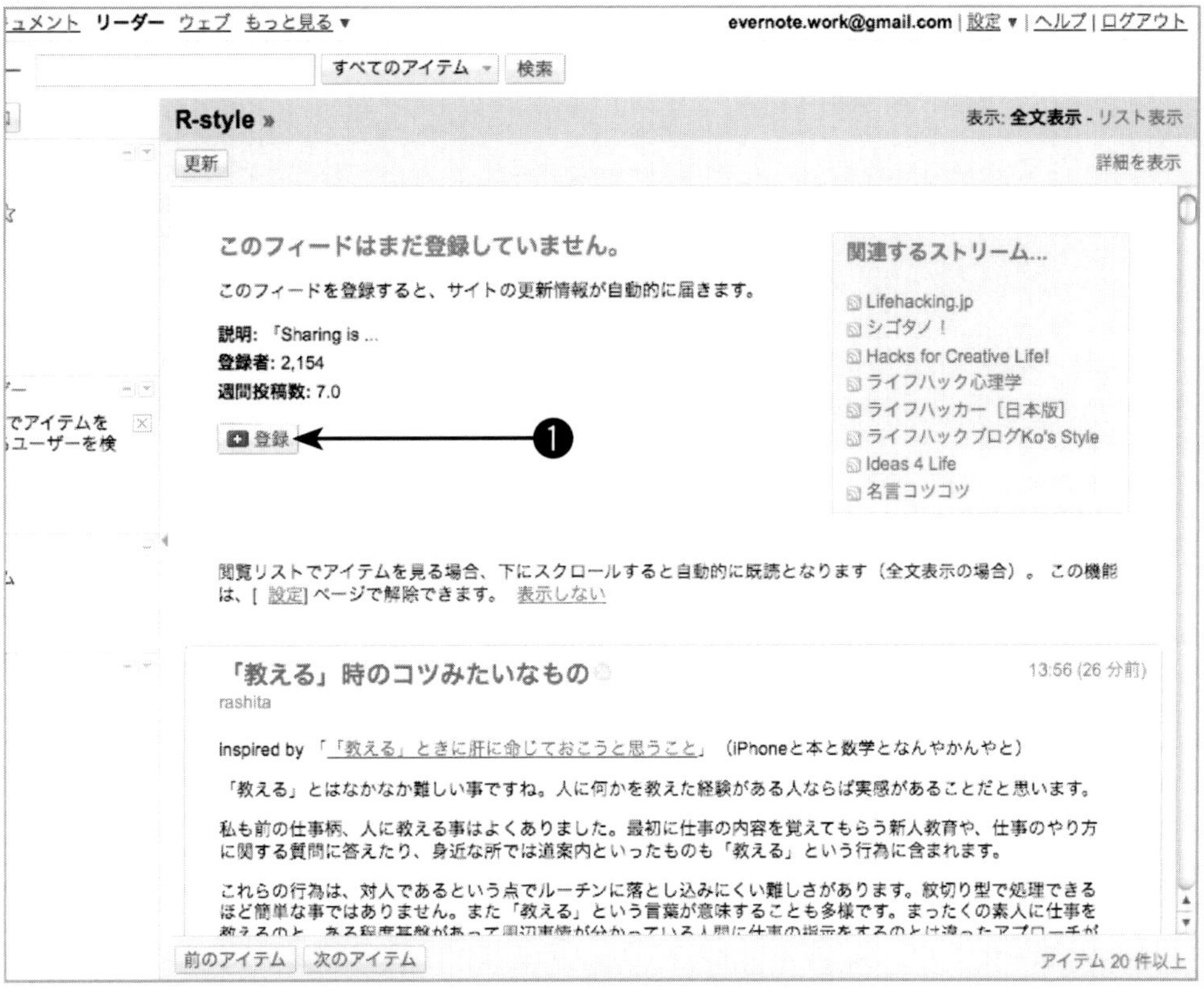
リーダー
ウェブ
もっと見る ▾
evernote.work@gmail.com | 設定 ▾ | ヘルプ | ログアウト
すべてのアイテム
検索
R-style »
表示: 全文表示 - リスト表示
更新
詳細を表示
このフィードはまだ登録していません。
このフィードを登録すると、サイトの更新情報が自動的に届きます。
説明: 「Sharing is ...
登録者: 2,154
週間投稿数: 7.0
登録
❶
関連するストリーム...
Lifehacking.jp
シゴタノ！
Hacks for Creative Life!
ライフハック心理学
ライフハッカー［日本版］
ライフハックブログKo's Style
Ideas 4 Life
名言コツコツ
閲覧リストでアイテムを見る場合、下にスクロールすると自動的に既読となります（全文表示の場合）。この機能は、[設定] ページで解除できます。 表示しない
「教える」時のコツみたいなもの
13:56 (26 分前)
rashita
inspired by 「「教える」ときに肝に命じておこうと思うこと」（iPhoneと本と数学となんやかんやと）
「教える」とはなかなか難しい事ですね。人に何かを教えた経験がある人ならば実感があることだと思います。
私も前の仕事柄、人に教える事はよくありました。最初に仕事の内容を覚えてもらう新人教育や、仕事のやり方に関する質問に答えたり、身近な所では道案内といったものも「教える」という行為に含まれます。
これらの行為は、対人であるという点でルーチンに落とし込みにくい難しさがあります。紋切り型で処理できるほど簡単な事ではありません。また「教える」という言葉が意味することも多様です。まったくの素人に仕事を
前のアイテム
次のアイテム
アイテム 20 件以上

❶ 選択したページのRSSフィードの内容が表示されるので、登録する場合は［登録］ボタンをクリックします。

5 フィードの表示

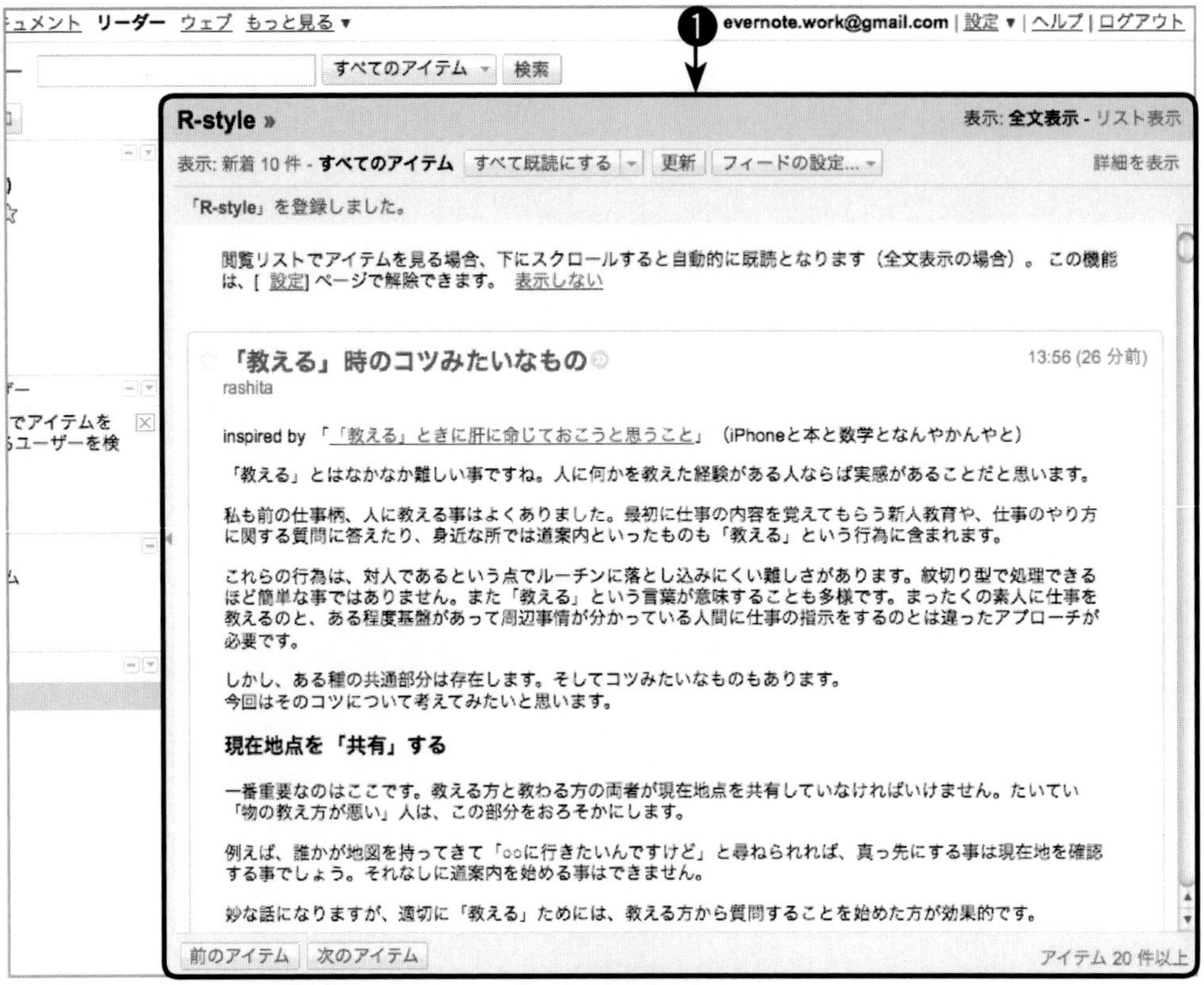

evernote.work@gmail.com | 設定 ▾ | ヘルプ | ログアウト
すべてのアイテム 検索
R-style »
表示: 全文表示 - リスト表示
表示: 新着 10 件 - すべてのアイテム すべて既読にする 更新 フィードの設定...
詳細を表示
「R-style」を登録しました。
閲覧リストでアイテムを見る場合、下にスクロールすると自動的に既読となります（全文表示の場合）。この機能は、[設定] ページで解除できます。 表示しない
「教える」時のコツみたいなもの
13:56 (26 分前)
rashita
inspired by 「「教える」ときに肝に命じておこうと思うこと」（iPhoneと本と数学となんやかんやと）
「教える」とはなかなか難しい事ですね。人に何かを教えた経験がある人ならば実感があることだと思います。
私も前の仕事柄、人に教える事はよくありました。最初に仕事の内容を覚えてもらう新人教育や、仕事のやり方に関する質問に答えたり、身近な所では道案内といったものも「教える」という行為に含まれます。
これらの行為は、対人であるという点でルーチンに落とし込みにくい難しさがあります。紋切り型で処理できるほど簡単な事ではありません。また「教える」という言葉が意味することも多様です。まったくの素人に仕事を教えるのと、ある程度基盤があって周辺事情が分かっている人間に仕事の指示をするのとは違ったアプローチが必要です。
しかし、ある種の共通部分は存在します。そしてコツみたいなものもあります。
今回はそのコツについて考えてみたいと思います。
現在地点を「共有」する
一番重要なのはここです。教える方と教わる方の両者が現在地点を共有していなければいけません。たいてい「物の教え方が悪い」人は、この部分をおろそかにします。
例えば、誰かが地図を持ってきて「○○に行きたいんですけど」と尋ねられれば、真っ先にする事は現在地を確認する事でしょう。それなしに道案内を始める事はできません。
妙な話になりますが、適切に「教える」ためには、教える方から質問することを始めた方が効果的です。
前のアイテム 次のアイテム
アイテム 20 件以上

❶ ウェブページがGoogleリーダーに登録されます。

フィードのチェックは1日1回に限定する

Googleリーダーには一定の間隔で更新情報が増えていきます。登録数を増やしていけばいくほど、飛んでくる更新情報の数も増えます。これは絶え間なく入ってくる電子メールの受信箱のようなもので、いちいちチェックしていてはキリがありません。Googleリーダーを使っていても、何時間ごとにチェックしていたのでは、自分から情報を探し回っているのと同じような時間の浪費を生み出してしまいます。

私の場合は、朝一番に「フィード」と呼ばれる更新情報のタイトルをざっくりとチェックして、気になるものに「スター」を付けていきます。すべてのチェックが終了したら、残りのフィードを「既読」扱いにします。このスターが付いたものが「今日のうちに読む分」となります。これ以降にGoogleリーダーに入ってきた情報は、次の日のチェックに回します。

こうしたチェックをさらに効率化するためにGoogleリーダーのフォルダ機能を使っています。これは登録したフィード情報を分けて表示させる機能です。これを重要度別に4段階に分けています。

News

時事系やＩＴ系の情報を発信しているニュースサイト。ざっと目を通すぐらい。

Imporant

仕事術やライフハック系のネタ、あるいは**Evernote**に関して積極的に情報発信しているサイト。できるだけ読むようにする。

sometime

その他の雑多なブログや**Goole**アラートなど。記事のタイトルだけ目を通して、気になるものは本文を読む。

Egosearch

自分の名前やブログのタイトル、出版物などの名前をセットした**Google**アラート。できるだけチェックする。

●RSSフィードを重要度別にフォルダ分けする

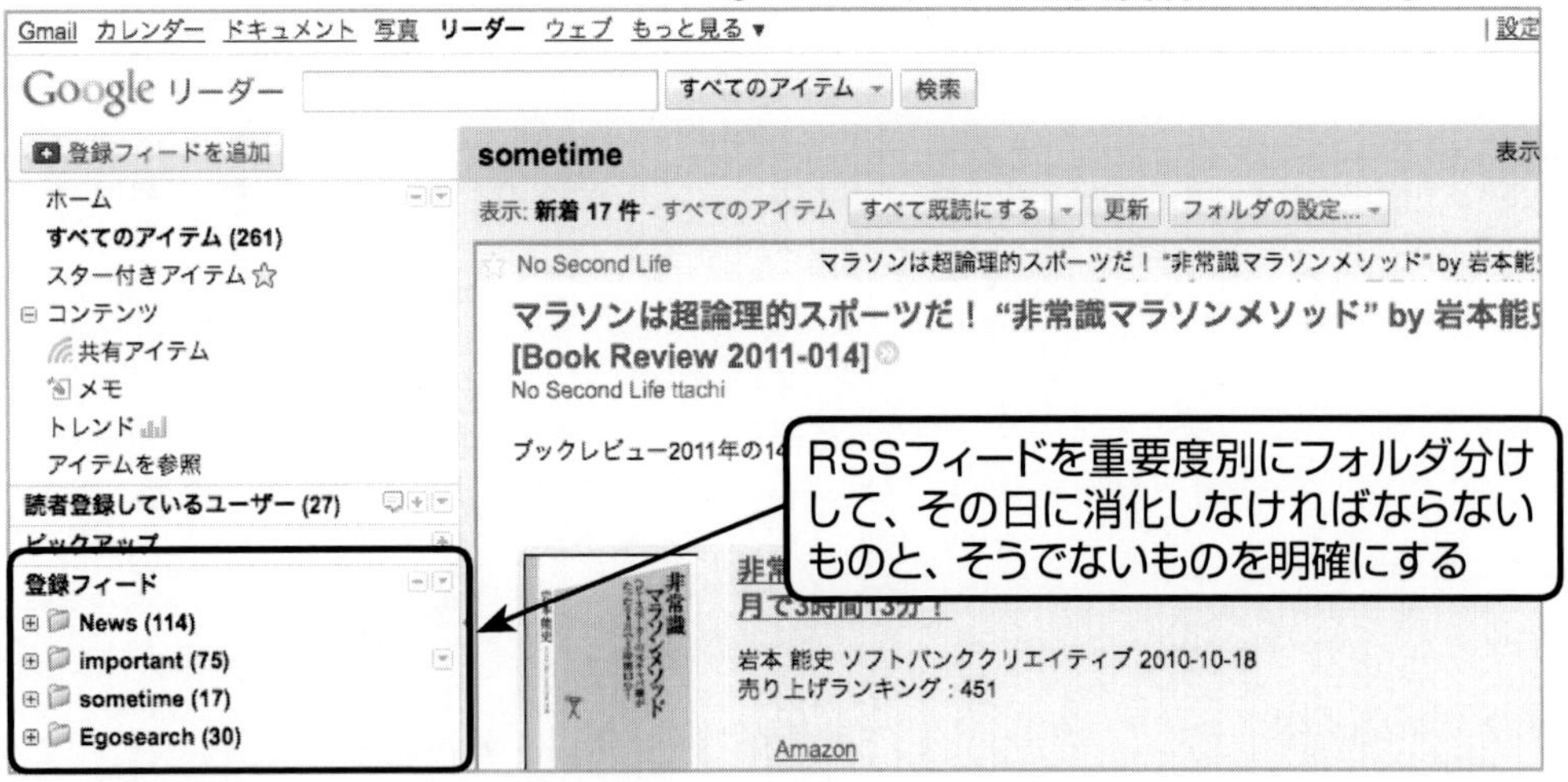

朝一番のチェックは重要度の高いものを優先して行い、低いものは流し読み、あるいは時間がないときはほとんど見ないこともあります。新聞でいえば第1面は読むけども、中のベタ記事は読まない、というのと同じスタイルです。

スターを付けて「今日の読む分」に指定したものも一気に全部は読みません。30分や1時間などその日のスケジュールの余裕を見て、「フィード消化時間」を自分で設定し、その中で読めるだけ読み進めます。読み切れない分は、その日のできた隙間時間で消化します。

「スター」を付ける

タイトルの行頭にある「☆」マークをクリックすると、その項目が「スター」付きとなります。画面左端の「スター付きアイテム」をクリックすると、「スター」付きの項目のみを表示することができます。

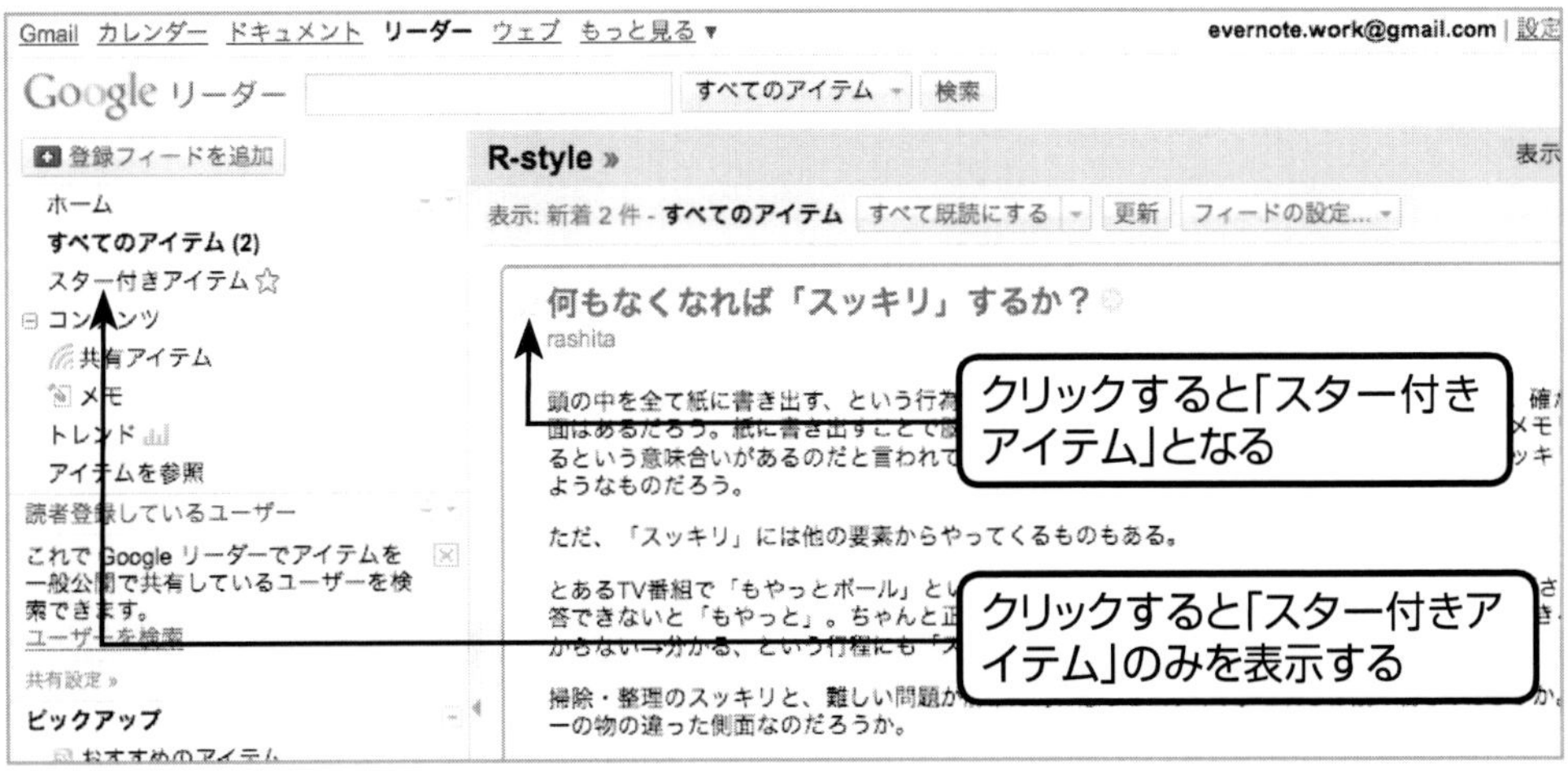

iPhoneでフィードをチェック

Googleリーダーは、**iPhone**などのスマートフォンからも確認することができます。朝の間に読み切れなかったものは、待ち合わせまでの間、PCの起動時間、移動中の信号待ちという隙間時間で読むことができます。アプリケーションは、ウェブブラウザのほか、専用のアプリケーションなども数多く用意されているので、好みのものを使えばよいでしょう

こうしたフィルタによる情報の選り分けや、フィード消化にかかる時間を制限することなどは、情報収集に時間を使いすぎない工夫です。手軽に情報を入手できてしまう時代には、こういった工夫で仕組み作りをしておかないと、すぐに情報に押し流されてしまいます。

●PCからみたGoogleリーダー

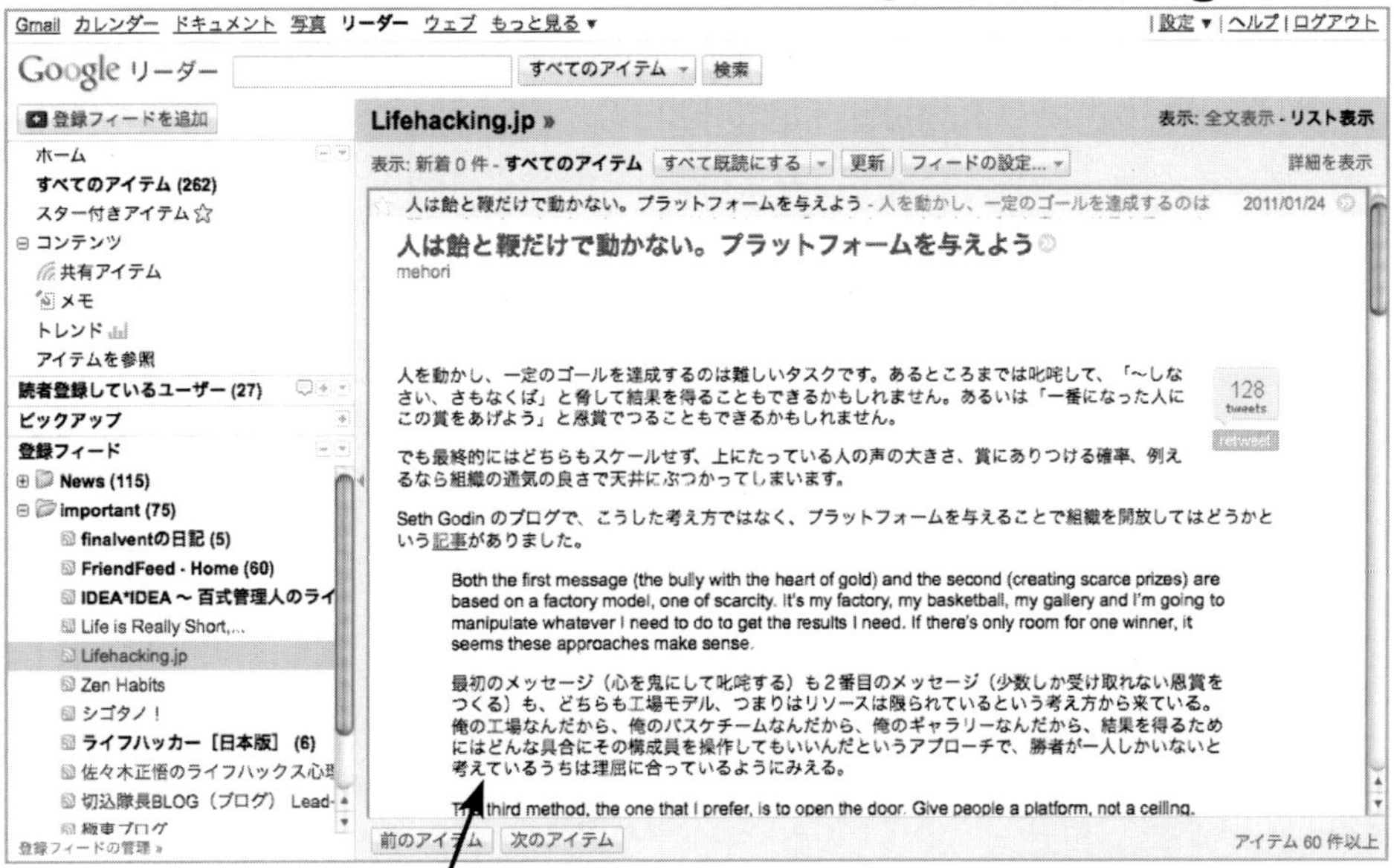

Googleリーダーと連携できるiPhoneアプリを使うと、PCと同様にGoogleリーダーのデータを見ることができる（右の画像は「RSS Flash g Lite」）

●RSS Flash g Lite

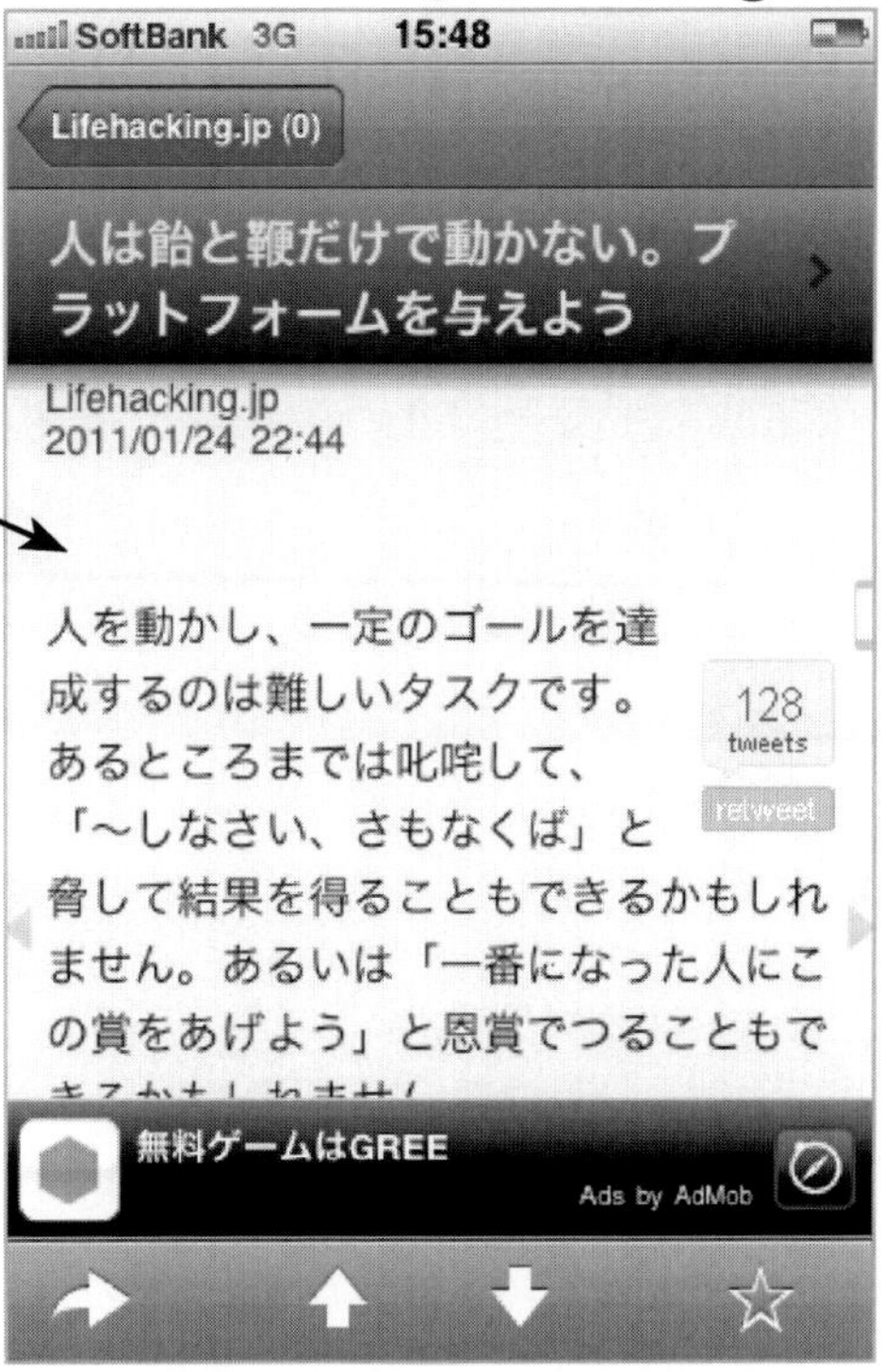

RSS Flash g Lite

対応機種：iPhone、iPod touch
iPad互換、iOS 4.0 以降
価格：無料
App Storeカテゴリ：ニュース
© 2009-2010 Naoto Koide

LIFE HACK 11

デジタル情報をEvernoteに送る仕組み作り

仕入れた情報はEvernoteへクリップする

「RSSリーダー」に集めた情報を読んだら、次はそれをEvernoteに送信します。Evernoteに保存するかどうかの判断基準は、明確なものを設けていません。まったく無価値と思った情報でなければ、とりあえず取り込んでいます。

Evernoteにデータがたまっても、紙の情報と違って、厚みが増したり、重量が増えることがありません。少しでもピンときた情報については取り込んでおくことです。

これらのウェブ情報の取り込み方には、「ブラウザの『Webクリッパー』機能を使う」方法と、「Googleリーダーの『送信』機能を使う」次の2つの方法があります。

どちらも手軽にEvernoteに情報をクリップできますが、私は「Webクリッパー」を好んで使っています。

保存する範囲を指定できる「Webクリッパー」

「Webクリッパー」を使う最大のメリットは、保存する範囲を選択できる点です。ブログやウェブの記事で、ページ全体の情報が必要と感じることは多くはありません。そのページをあとで読み直したいのならば、完全な姿で保存されている方がよいでしょうが、知的生産の「素材」として使う情報ならばページの再現性は不要です。

また、必要な部分だけを切り取って保存しておくことにより、検索を行う際のノイズの割合(保存したページ内の不要な部分の情報が検索に引っかかる率)を減らすことができるという無視できないメリットもあります。

この検索のノイズの問題を気にしないのであれば、「Googleリーダー」の「送信」機能を使ってEvernoteに情報を送ってもまったく問題ありません。「送信」機能を使えば、わざわざクリップするページを見に行く必要すらありません。設定画面でEvernoteのアカウント情報を登録しておけば、「送信先」に「Evernote」という選択肢が増えるので、これをクリックすればページの内容がEvernoteに送信されます。

またiPhoneアプリケーションでフィードを読むものには、「『Evernote』に送る」機能が付いているものもあります。これも「送信」と同じような感覚で使えます。

「Webクリッパー」でウェブページを保存する

「Webクリッパー」を使うと、保存したい部分のみを選択して保存することができます。

1 保存範囲の選択と取り込み

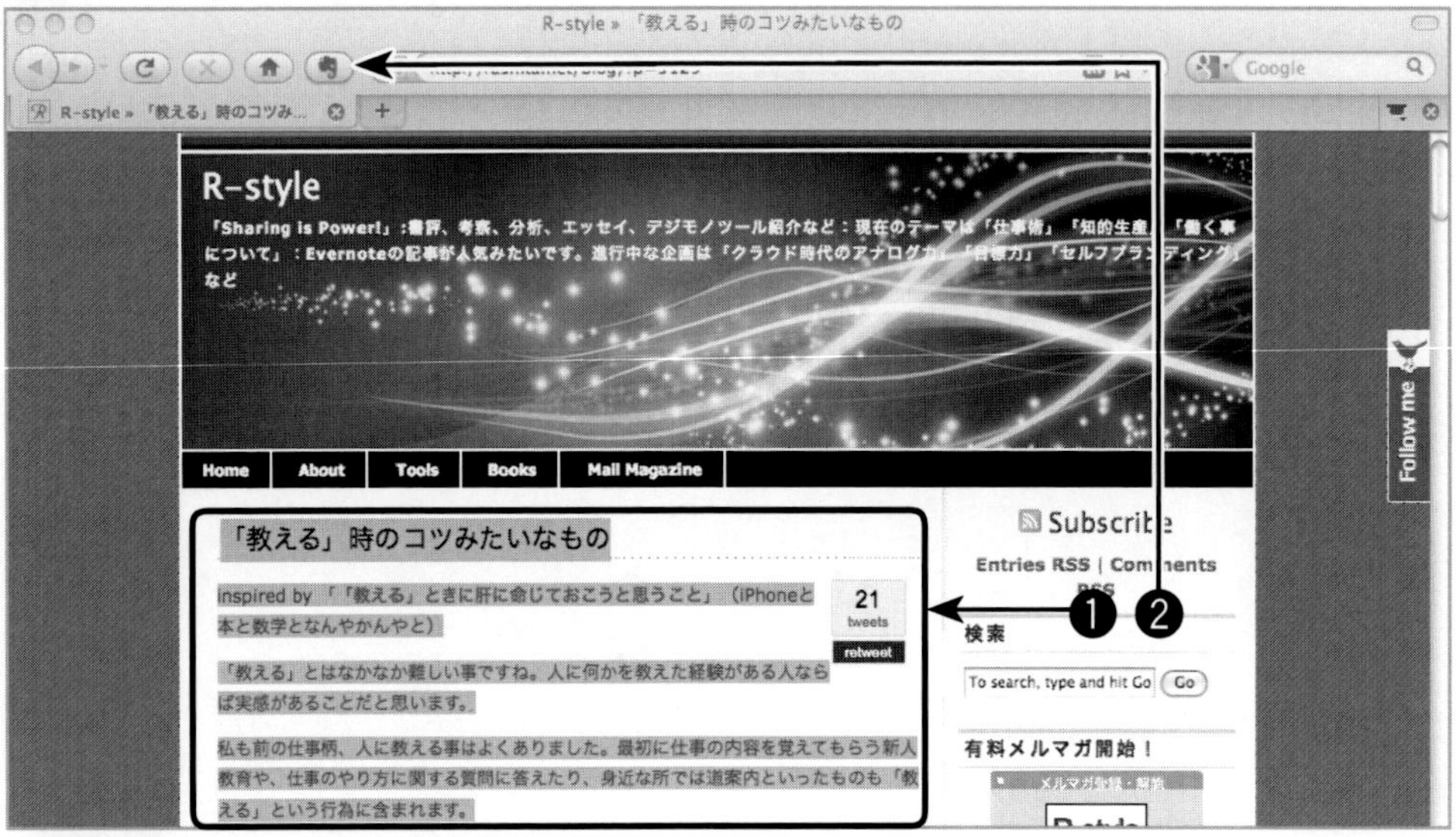

❶ 保存したい部分を選択します。
❷ ボタンをクリックします。

2 選択部分をノートとして取り込む

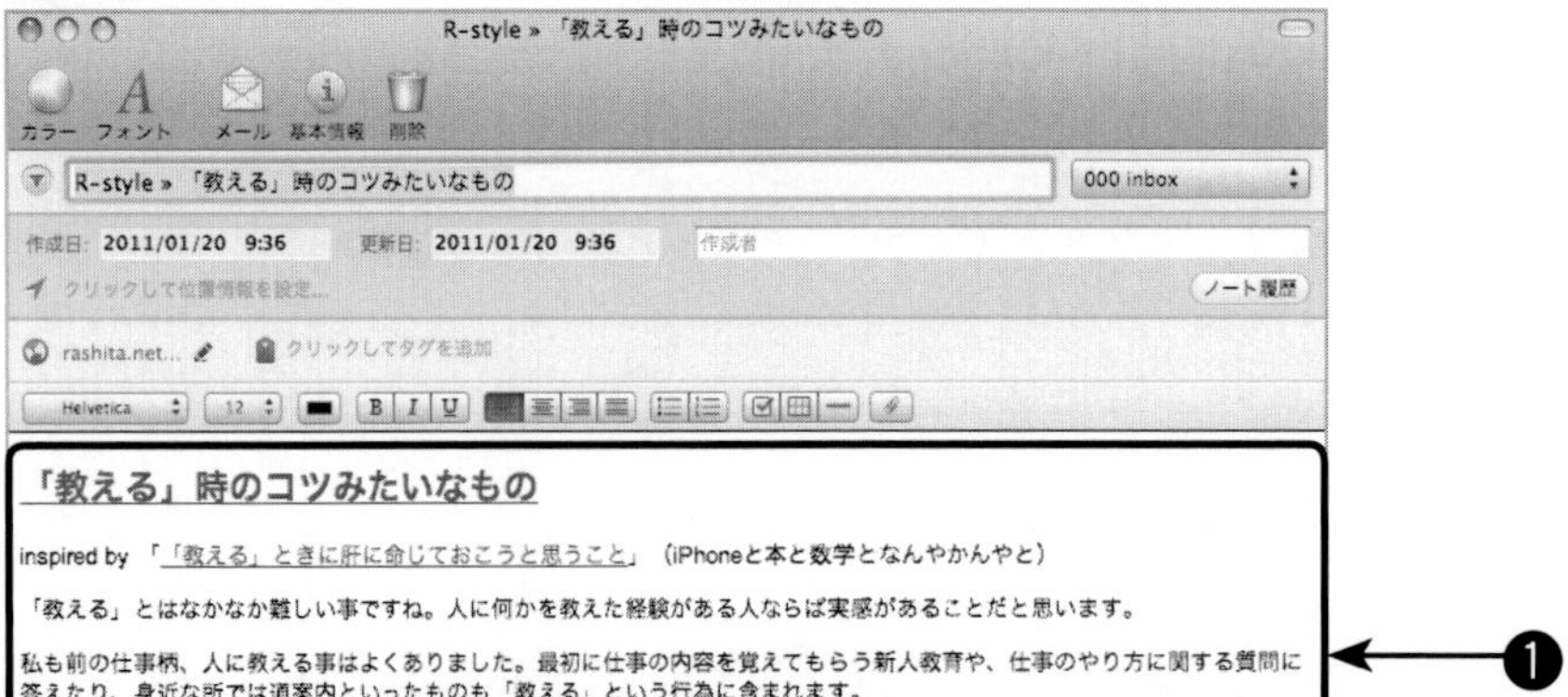

❶ 選択した部分がノートとして保存されます。

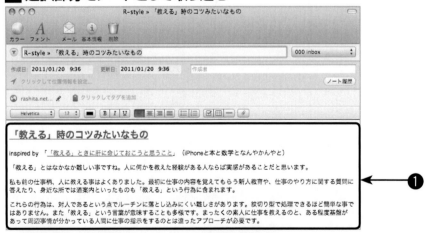

「Googleリーダー」での送信でウェブページを保存する

「Googleリーダー」でEvernoteへ送信すると、ウェブページが保存されます(設定方法については77ページ参照)。

1 GoogleリーダーからEvernoteへ送信

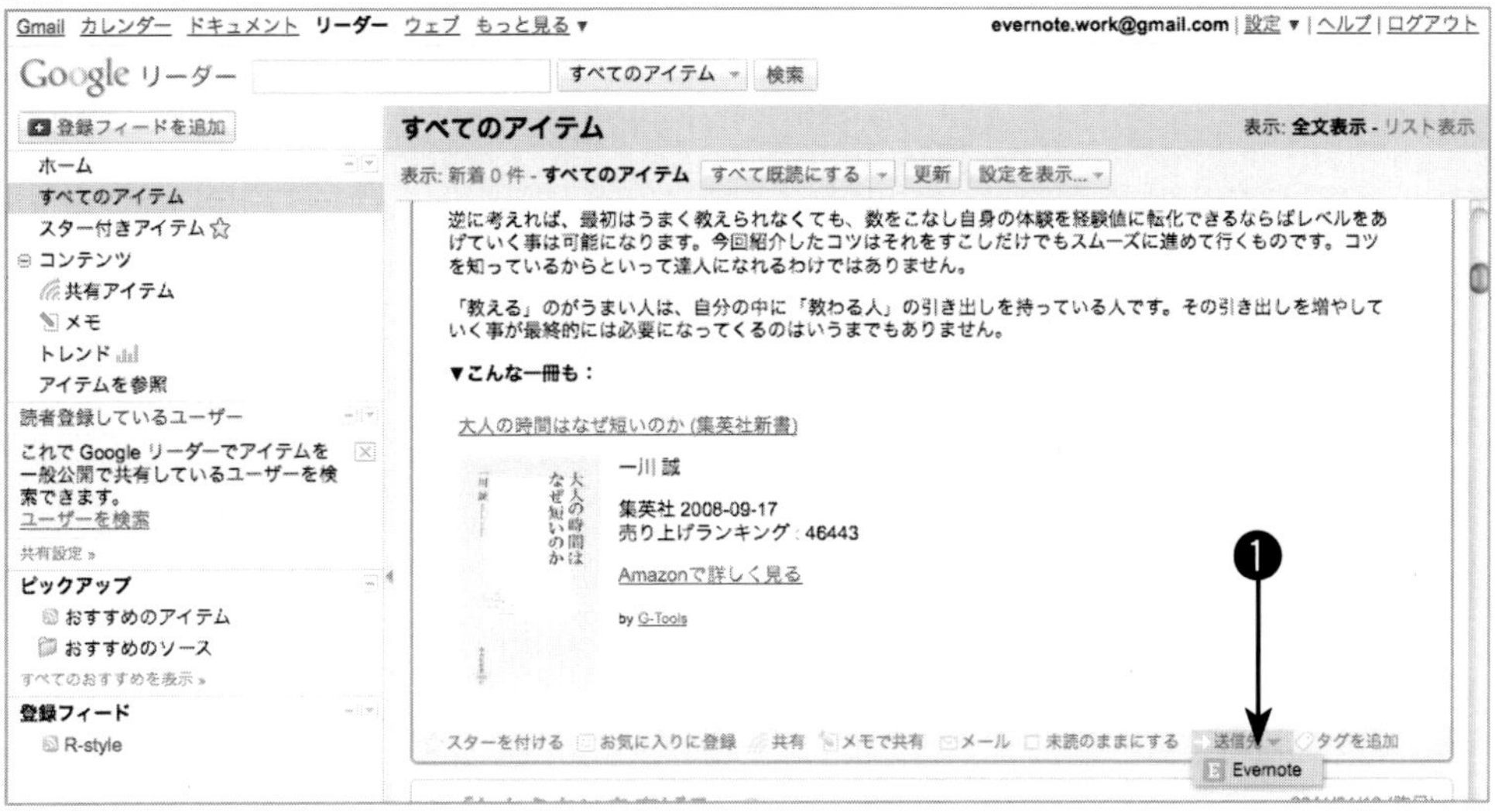

❶ Googleリーダーで保存したいフィードを表示します。記事の最下段にある[送信先]ボタンをクリックして表示される送信先を選択します。

2 タグの設定と取り込み

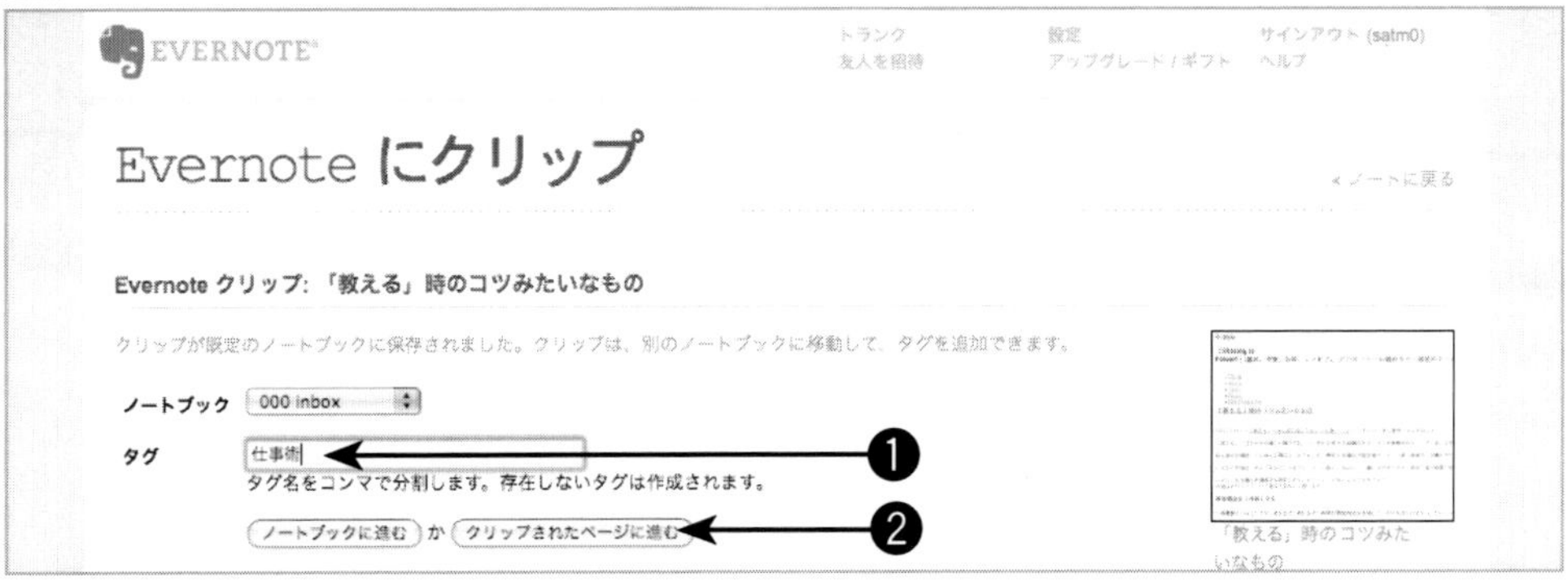

❶ 必要であればタグを入力します。
❷ [クリップされたページに進む]ボタンをクリックします。

3 ウェブページ全体の取り込み

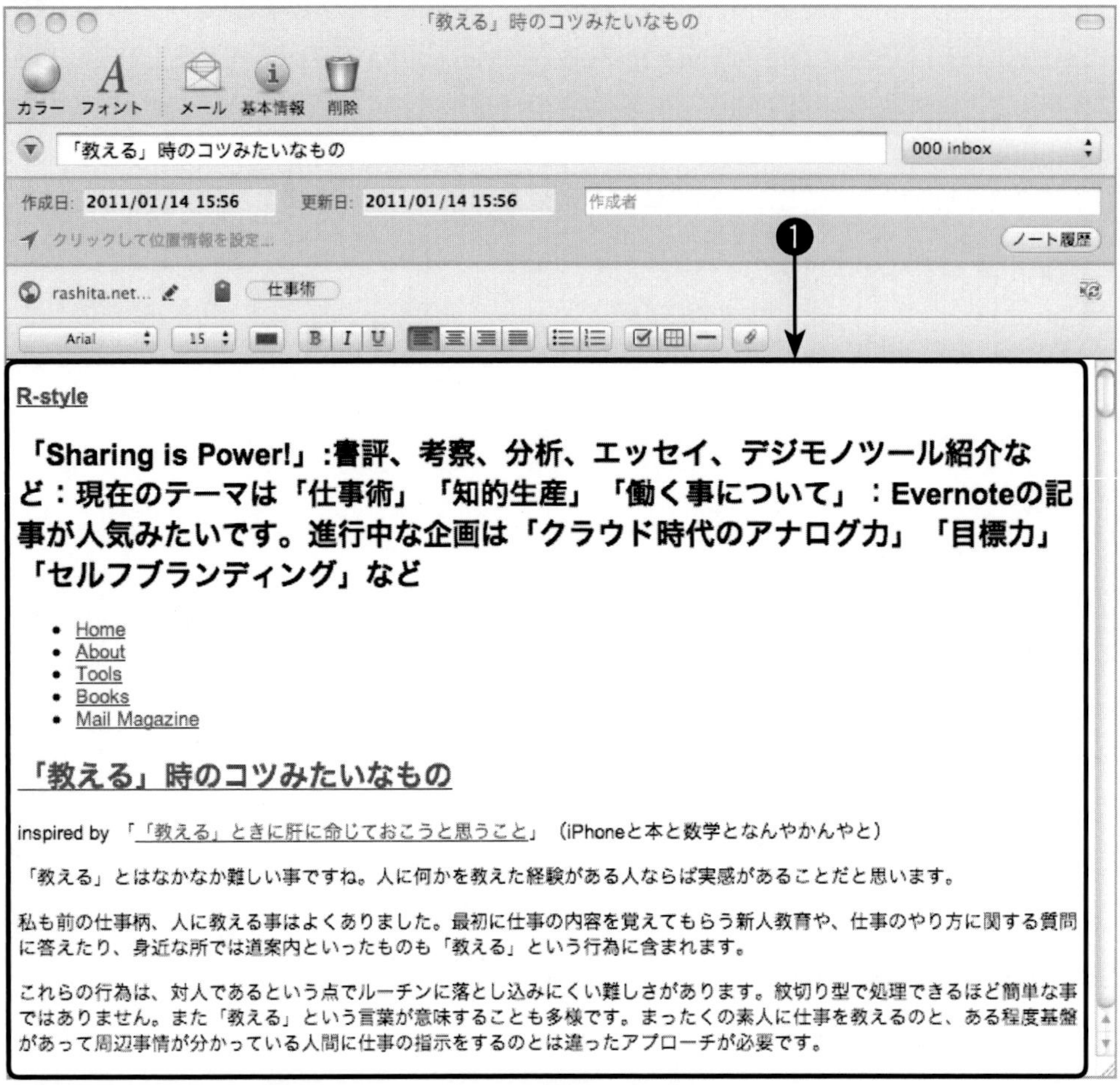
「教える」時のコツみたいなもの
カラー
フォント
メール
基本情報
削除
「教える」時のコツみたいなもの
000 inbox
作成日: 2011/01/14 15:56
更新日: 2011/01/14 15:56
作成者
クリックして位置情報を設定...
ノート履歴
rashita.net...
仕事術
Arial
15
❶
R-style
「Sharing is Power!」:書評、考察、分析、エッセイ、デジモノツール紹介など：現在のテーマは「仕事術」「知的生産」「働く事について」：Evernoteの記事が人気みたいです。進行中な企画は「クラウド時代のアナログ力」「目標力」「セルフブランディング」など
Home
About
Tools
Books
Mail Magazine
「教える」時のコツみたいなもの
inspired by 「「教える」ときに肝に命じておこうと思うこと」（iPhoneと本と数学となんやかんやと）
「教える」とはなかなか難しい事ですね。人に何かを教えた経験がある人ならば実感があることだと思います。
私も前の仕事柄、人に教える事はよくありました。最初に仕事の内容を覚えてもらう新人教育や、仕事のやり方に関する質問に答えたり、身近な所では道案内といったものも「教える」という行為に含まれます。
これらの行為は、対人であるという点でルーチンに落とし込みにくい難しさがあります。紋切り型で処理できるほど簡単な事ではありません。また「教える」という言葉が意味することも多様です。まったくの素人に仕事を教えるのと、ある程度基盤があって周辺事情が分かっている人間に仕事の指示をするのとは違ったアプローチが必要です。

❶ ウェブページ全体がノートとして保存されます。

「Googleリーダー」の送信先の設定

Googleリーダーには、標準でEvernoteへの送信は設定されていません。この設定は次の手順で行います。

1 設定画面の表示

❶「Googleリーダー」の画面を表示します。右上の[設定▼]をクリックして表示されるメニューから[リーダー設定]を選択します。

2 [送信先]の設定画面の呼び出し

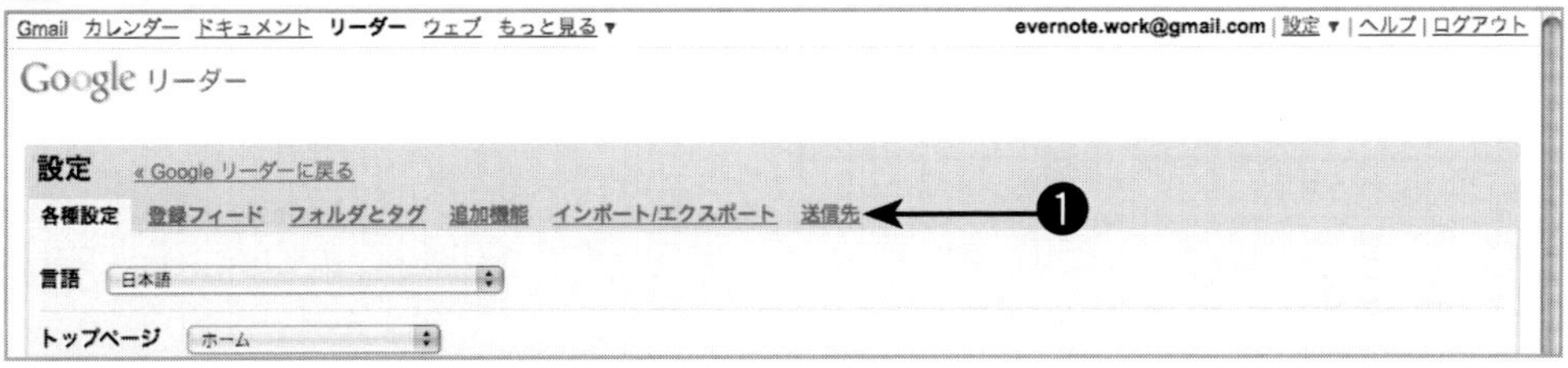

❶ [設定]画面の[送信先]をクリックします。

3 [送信先]の設定画面の表示

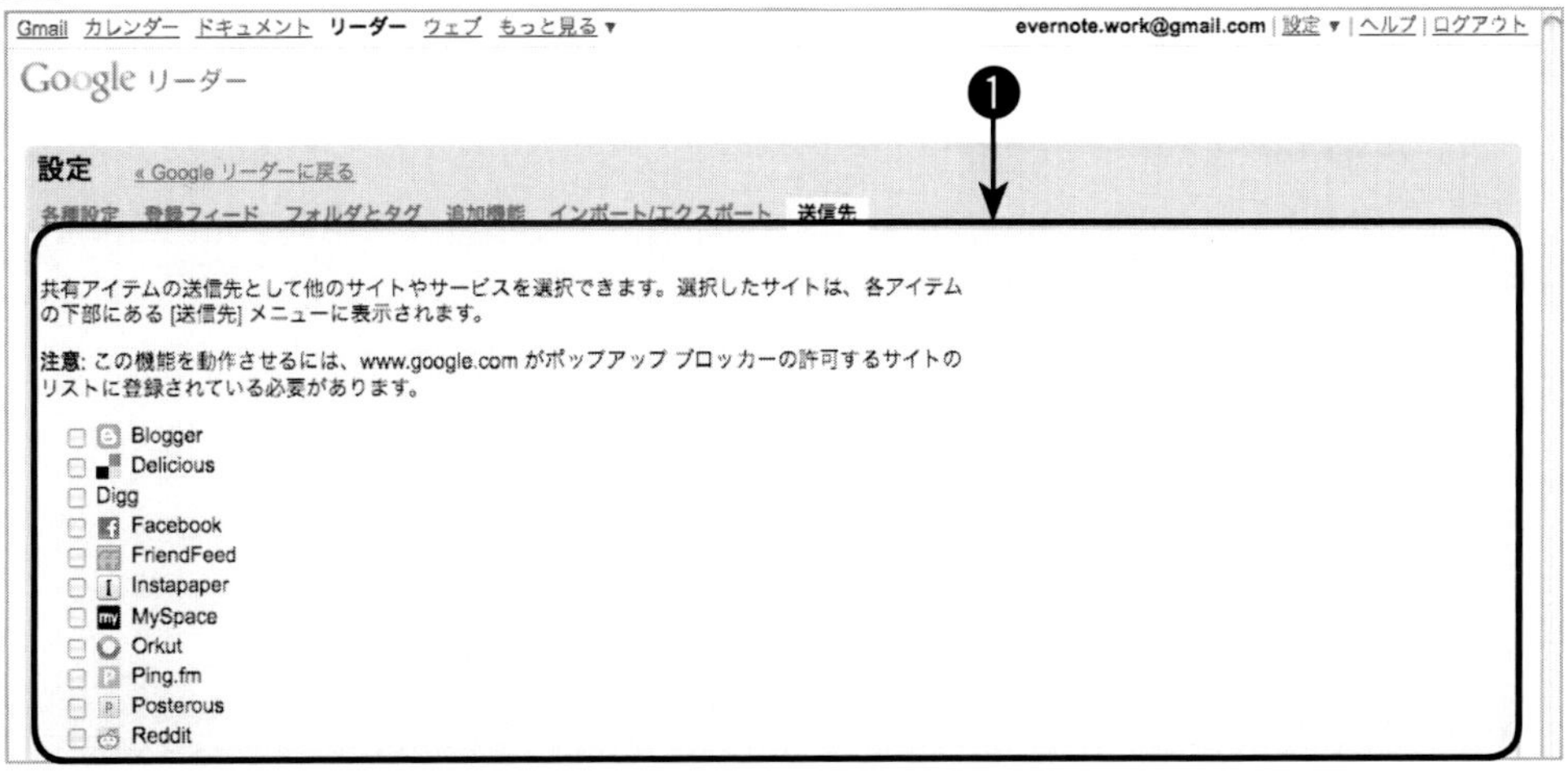

❶ [送信先]の画面が表示されます。

4 [送信先]の設定画面の表示

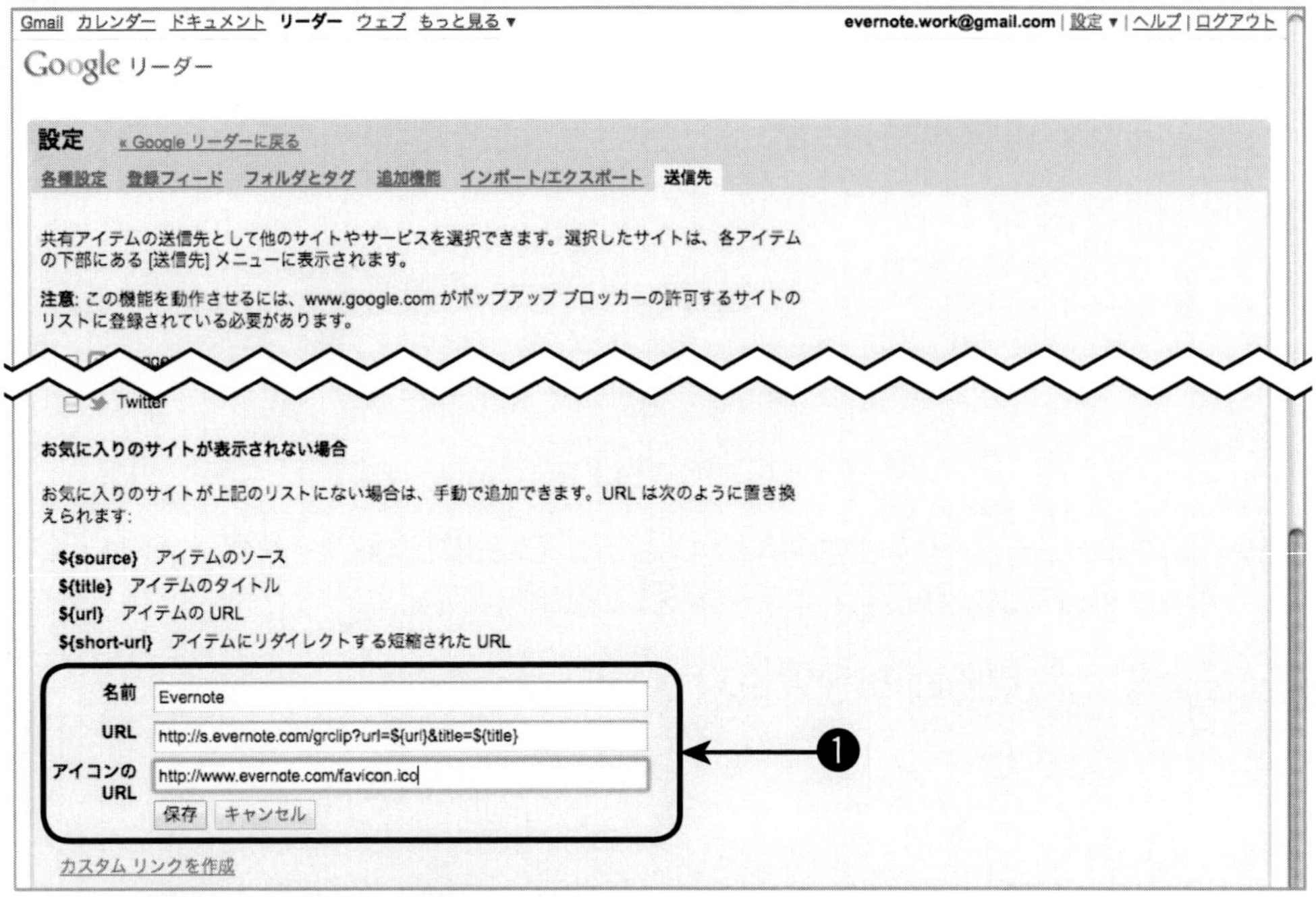

❶ [送信先]の画面が表示されるので、下までスクロールして次のように入力して[保存]ボタンをクリックします。

[名前]　Evernote

[URL]　http://s.evernote.com/grclip?url=${url}&title=${title}

[アイコンのURL] http://www.evernote.com/favicon.ico

5 Evernoteを送信先として有効にする

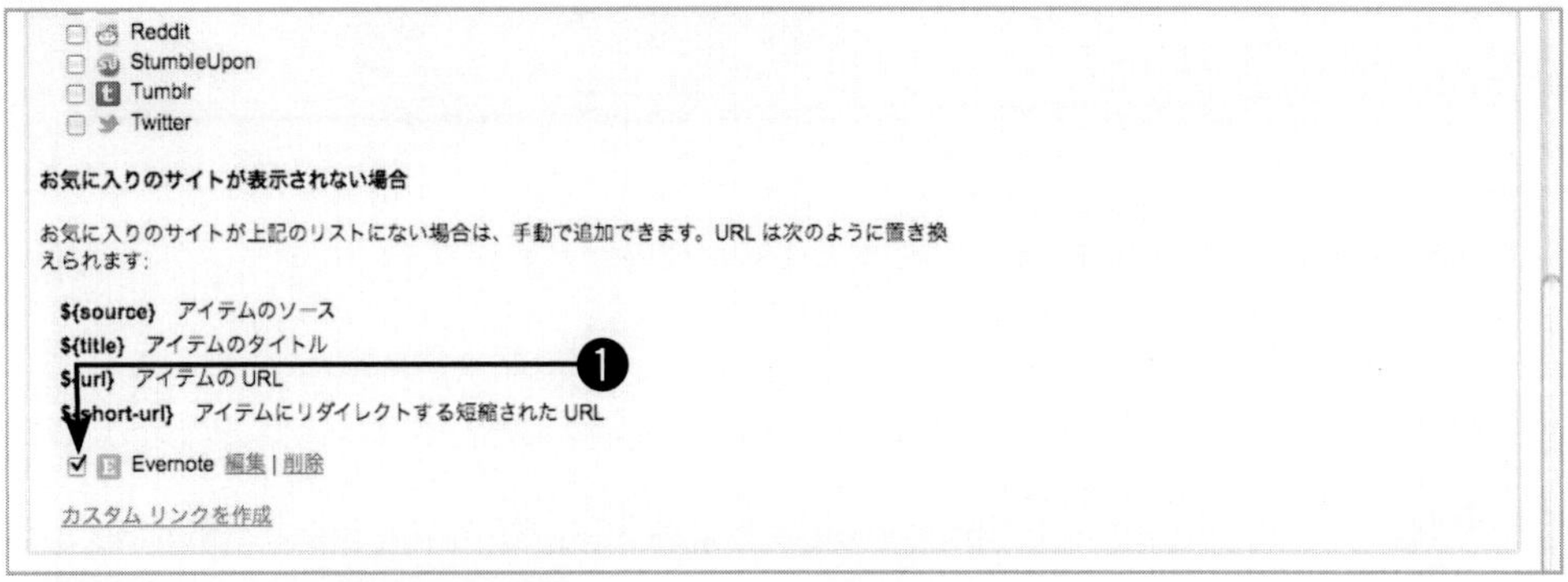

❶ Evernoteの設定が表示されるので、ONにします。

検索に役立つメタ情報をできるだけ残して保存する

1つ気を付けておきたいことは、ウェブページを取り込む際には、なるべくメタ情報を残しておくということです。**Evernote**のノートには、そのノートの内容以外にも作成日時や変更日時、引用元のページアドレス、誰が作成したのか、位置情報、どのようにそのノートが作られたのかという情報が入っています。これがメタ情報です。

メタ情報は情報を検索する際の手がかりとなります。「**Web**クリッパー」の場合は、「**Web**ページ」という属性が付きます。また、「**Google**リーダー」の「送信」でも同じ属性が付きます。

情報を検索する際、「どこかのウェブサイトで見た情報だった」と思い出せれば、「**Web**ページ」という属性を手がかりにして検索の範囲を大幅に絞り込むことができます。**Evernote**に蓄えられている情報が少ないうちはそれほど気にならないことかもしれませんが、ノートの数が5000件や1万件まで増えてくると、検索の手がかりは多くあった方が便利です。

このほか、ウェブページの取り込みにはメール機能を使う方法もあります。ただし、この場合ノートの属性は「**Web**ページ」ではなく、「**Evernote**にメール」になります。もしこのウェブページの取り込み以外にもメールを使ってノート作成をしている場合は、この属性が検索の軸としてはうまく働きません。

複数のノートを大量に蓄えることが前提であれば、属性には多少気を付けた方がよいでしょう。

画像・PDFもEvernoteへ

ウェブの情報はテキスト情報だけではありません。画像ファイルや**PDF**ファイルもあります。画像ファイルに関しては、先ほどの「**Web**クリッパー」を使えばテキストと同じように取り込むことができます。

PDFファイルは、通常はウェブブラウザから直接閲覧することはできません。**Windows**であれば**Acrobat Reader**、**Mac**であればプレビューから閲覧するのが一般的です。この場合は「**Web**クリッパー」は使えません。

PDFを**Evernote**に保存するもっとも一般的な方法は、**PDF**ファイルを一度ダウンロードしてから**Evernote**にドラッグ＆ドロップする方法です。また、これは**Mac OS X**のみの方法ですが、「アプリケーションで開く」で「**Evernote**」を指定すると、**PDF**が直接**Evernote**に取り込まれるので、簡単でオススメです。

ちなみに、**PDF**ファイルを検索で探す場合は、検索条件に「**resource：application/pdf**」を使うと**PDF**ファイルが含まれるノートを抽出することができます。

ネット情報・デジタル情報との付き合い方

ここまで、ネット情報・デジタル情報について、情報源の探し方、情報源の管理の仕方、情報源から**Evernote**に送る仕組みについて紹介しました。

よくいわれていることですが、情報のインプットは「読まない情報をいかに省けるか」にかかっています。時間さえかければ、ウェブ上の情報は誰でもアクセスできます。誰しもが情報通になれる時代なのです。しかしながら、そんなことに時間を使いすぎていると、アウトプットのための時間はいつまでたっても確保できません。

そこで意識するのが「フィルタ」です。一般的な話題や情報はさらっと、自分の専門分野の情報はしっかりと、と程度を分けたインプットしていくことが知的生産では必要になってきます。

自分の目の前を通っていく面白そうな情報を逃すのは残念な感じもします。しかし、もともと世界中のアウトプットをすべて読み込むことはできません。

一生を通して見ても、自分がインプットできる情報の量には限りがあります。時間という制約がある以上、自分にとって必要なものを選択して取り込んでいく心構えが必要です。

その意識があれば、インプットに使う時間への考え方も変化してくると思います。

LIFE HACK 12

アナログ情報をEvernoteに保存する

アナログ情報のデジタル化で得られる恩恵

資料として保存しておきたいものはデジタル情報だけではありません。書類、雑誌、新聞という情報源も知的生産には欠かせない存在です。こういった情報の保存に、昔から使われている「スクラップ・ブック」を使うこともできます。しかし、デジタル情報とアナログ情報の保存先が分かれてしまうのは非常に不便です。

アナログ情報をデジタル化して保存しておけば、ウェブ情報とアナログ情報が一元管理できること以外にも、いくつかのメリットが生まれます。たとえば、スキャンして取り込むことで現物を捨てることができて収納スペースに空きを生み出したり、データが検索可能になって探し回る手間が減る、といったメリットです。

こういったデジタル化の恩恵を一番受けるのが、「あとで必要になるかもしれないけれども当面は使わない」情報です。こういう情報は心理的になかなか捨てにくいものです。1年に1回しか使わないであろう情報でも、紙1枚分のスペースを使ってしまいます。そういう情報が増えてくれば増えてくるほど、紙媒体の情報は探しにくくなります。

そんな情報もEvernoteに保存してしまえば、紙そのものはなくなっても問題ありません。大切なものは保管しておいて、それ以外はすべて捨てることができます。そして情報が必要になれば、検索して探し出すことができます。

増えれば増えるほど探しにくくなる紙の資料は、スキャニングの手間はかかるものの、整理の面ではデジタル化してしまうのが手っ取り早い対策です。

アナログ資料をEvernoteに送るために必要なもの

アナログ資料をEvernoteに取り込むためには何らかの読み込み機器が必要です。プリンタ複合機などに付いているスキャナ(フラットベット型)や、紙の書類を読み込むことに特化したドキュメント・スキャナがあれば、たいていのアナログ資料はカバーできます。こういった機器は2~3万円で充分な機能のものが購入できます。

1冊数百円のスクラップ・ブックに比べれば「高い」投資ですが、大量の情報を保存・検索できるようになることを考えると割高とは言い切れません。スクラップ・ブック代だけではなく、収納棚などの投資金額を込みで考えればそれほど高いとはいえないでしょう。

スキャナ以外にもデジタルカメラあるいは写真機能が付いている携帯電話なども、アナログ資料の取り込みは可能です。大きなサイズはやや厳しいかもしれませんが、ちょっとした情報ならばこういったものでも対応できます。

では、実際にアナログ資料をどのようにEvernoteに送るのかを見ていきましょう。

一般資料収集用の雑誌は必要なページだけをスキャンする

一般資料を雑誌から収集するのであれば、必要なページのみを取り込んでおけばよいでしょう。どうしても全体が必要なのであれば、いわゆる電子書籍の「自炊」をすることになります。断裁機やカッターを使い、雑誌を全ページばらばらにしてから、スキャナを使って取り込んでいく、というのが電子書籍の「自炊」です。この方法であれば1冊の雑誌が電子書籍に変身します。

しかし、普通の雑誌にそれほど手間をかける価値はないでしょう。雑誌の多くのページは広告で、自分の興味のない記事もたくさん含まれているはずです。必要ない情報をあえて手間をかけてまで取り込んでも意味はありません。

必要なページだけスキャンする場合は、読みながら必要そうなページに付箋を付ける、あるいはページの

◉雑誌記事の取り込み

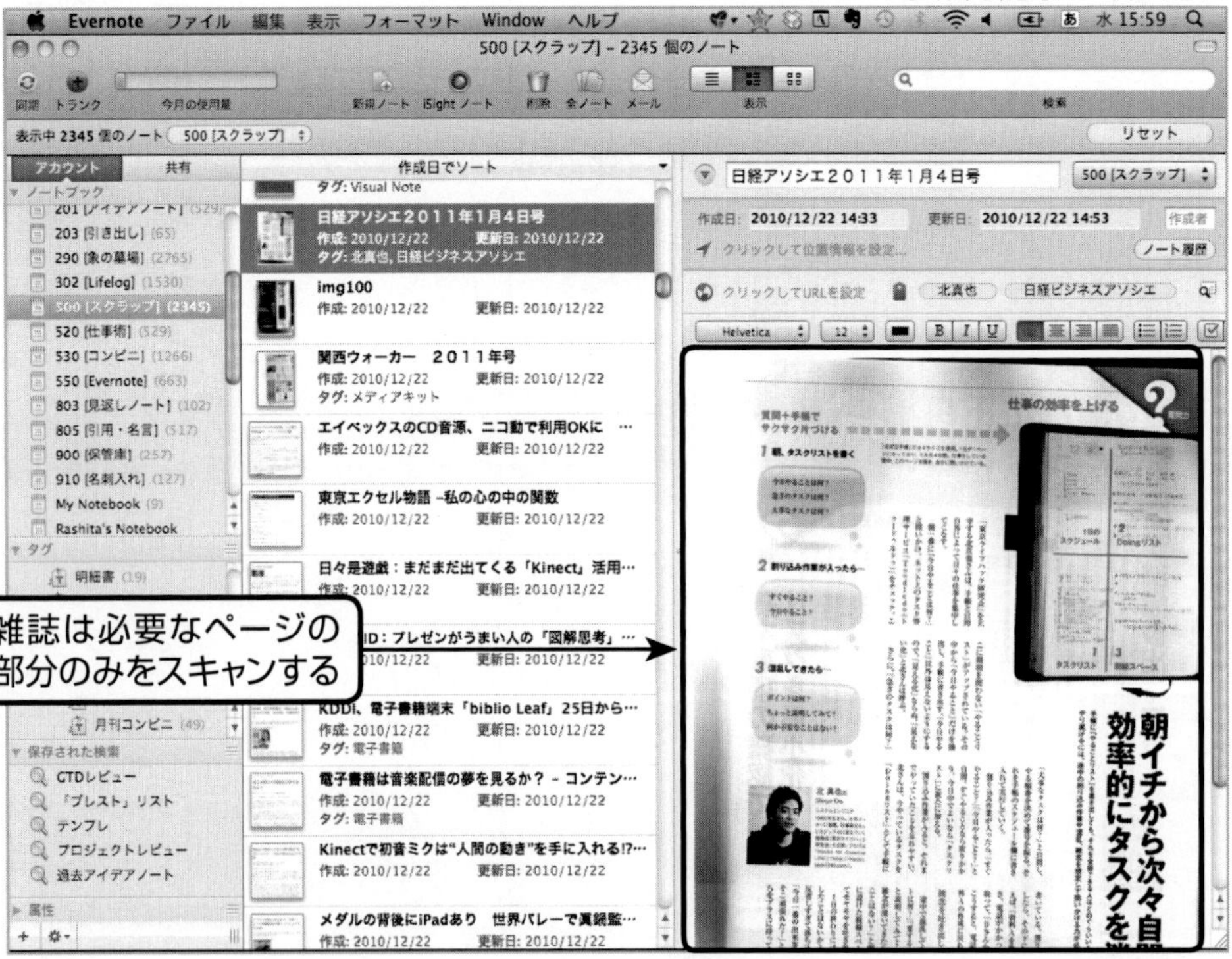

端を折っておくとあとから探す際に便利です。やや極端ですが、私は雑誌を読みながら、必要そうなページを破っていきます。読み終えたら、本体は捨ててしまって破り取ったページをあとでスキャンする、という手順です。もちろん、破り取ったページもスキャンが終われば捨ててしまいます。

一般的な情報収集としての雑誌は、これぐらいのざっくりとした感じの扱いで問題はありません。特に雑誌は広告が多く、その種の情報はあとで必要になることは少ないはずです。

これは、「広告をスキャンするな」という意味ではありません。わざわざ取り込む必要はない、というだけです。広告でも自分が気に入ったデザインのものであれば、スキャンしておくのは「あり」でしょう。逆に興味がまったくない情報であれば、「重要」と書かれていてもスキャンする必要はありません。

専門資料としての雑誌は状況に応じて「自炊」もあり

ただし、自分の専門分野に関する雑誌の場合は、対応は少々違ってきます。統計資料やそれに類するデータなどは、あとで必要になるかもしれません。ウェブの検索で手に入る情報ならばよいのですが、そうでないものは自分の興味にかかわらずスキャンしておいた方がよいでしょう。

こう考えると自分の専門分野にする雑誌は「一応取っておきたい情報」が多くなりがちです。そうであれば、個々の記事について「スキャンするかどうか」を選別すること自体が手間になってくるので、1冊まるごと取り込んでしまうのも1つの選択です。

電子書籍の「自炊」に関してはすでに詳細に説明してある本も出ていますし、ネットを検索すればやり方について解説されているサイトも存在するため、本書では具体的なやり方には触れません。

どういった手法を使うにせよ、ポイントは「あとで使いたい情報を紙の中に閉じ込めておかない」ということです。情報をデジタル化して検索可能な状態にしておけば、心置きなく古い雑誌を捨てることができるようになります。

新聞についても、雑誌についての考え方と同様の考え方で処理していきます。

書籍も基本は必要な部分だけを取り込む

書籍もアナログ資料としては欠かせないものです。書籍に関しても電子書籍の「自炊」という選択肢があります。所有している本をすべて「自炊」し、クラウド上に置いておけば、どこにいてもそれらにアクセスできます。言い換えれば「書斎」をどこにでも持ち運べるわけであり、この環境がもたらす利便性は図りしれません。特に多くの蔵書を持っている人ほどそのメリットは大きいでしょう。

そのメリットを理解しつつも、私はいまだに本棚に大量に書籍(以下、面倒なので「本」と呼びます)を並べています。やはり本は「本」の形で存在していることに何かしらの意味があると思います。たとえば「ペラペラとめくれる」というのがそのメリットの1つです。今のところ**PDF**ファイルに変換してしまえば、紙の本のようなページをめくる速度で読むことは難しい状況です。また、「本」という物理的な存在が訴えかけるものもあります。

『街場のメディア論』(光文社)の中で内田樹氏は、「本棚は自分の『理想我』だ」と述べています。つまり「こうありたい自分の理想が目に見える形で並んでいるもの」が本棚だ、というわけです。私はそこまで崇高な思いを持って本棚に本を並べているわけではありません。家に本がたくさんあるのが好きなだけです。たぶん多くの本を持っている人ほど、そういう感情は強いのではないでしょうか。

今のところ1冊の本を全ページスキャニングするためには、本を分解せざるを得ません。高速で読み取れるドキュメント・スキャナは、1枚1枚の「紙」の形にしないと読み取ることができません。フラットベットタイプのスキャナで

●書籍の取り込み

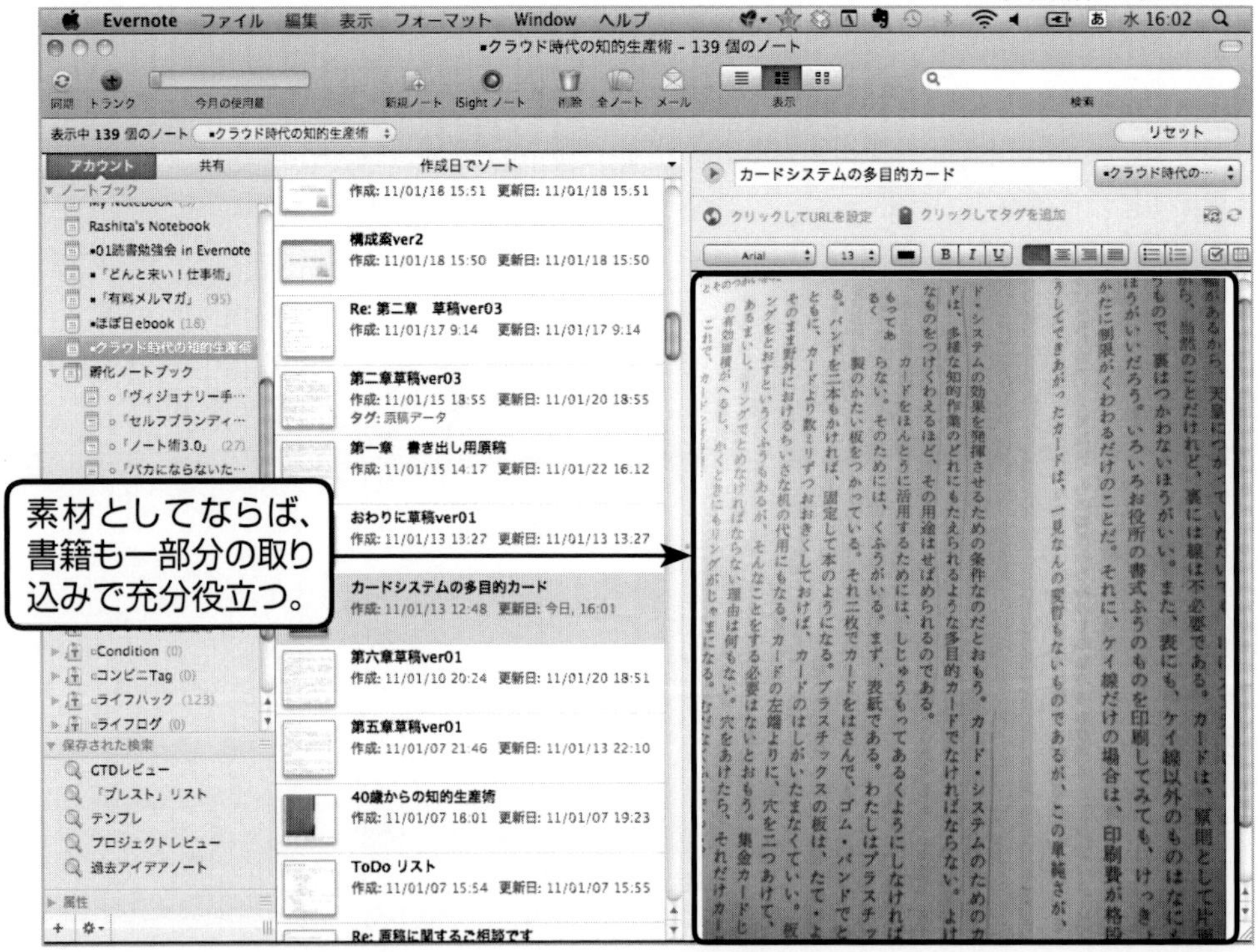
素材としてならば、書籍も一部分の取り込みで充分役立つ。
•クラウド時代の知的生産術 - 139 個のノート
カードシステムの多目的カード

は、本をばらばらにする必要はありませんが、1ページずつスキャンしなければならず手間と時間がかかりすぎます。

もし、本を断裁することなく手軽にデジタル化できるならば、私もぜひやってみたいところですが、現時点では有効な解決策は見つかっていません。

スキャナがなくても、スマートフォンのカメラで情報収集

書籍は、今のところ重要と感じた部分や、あとで必要そうな部分だけを**Evernote**に送信しています。つまり知的生産の「素材」として直接使えそうなものだけを**Evernote**に保存しています。この辺は雑誌についての運用法と同じ感覚です。

雑誌と異なるのは「素材」を**Evernote**に送った本も捨てない点です。本の中には保存したところ以外にもくみ出せる情報が多く、あとになってから自分がその情報の価値に気付くことも多々あります。ただし、明らかに不必要な本は捨ててしまっても問題ありません。素材さえスキャンしておけば知的生産には用が足ります。

本の必要な箇所だけを**Evernote**に送る場合、便利なのはスマートフォンや携帯電話の写真撮影機能です。カメラで必要な部分を撮影してメールで**Evernote**に送れば

完了です。それだけで画像付きのノートが作成できます。

iPhoneであれば、はじめからEvernoteと連携した機能を持つアプリケーションもあります。選択肢はいろいろありますが、一番手軽なのは「Fastever Snap」です。

これはEvernoteに写真を送るためだけのアプリケーションで、その他の写真系アプリケーションに比べると画像を操作する機能は限られていますが、その分操作は簡単で、Evernoteに送るための手順もシンプルです。

スキャナ系のアプリケーションでは「DocScanner」というアプリケーションも

◉FastEver Snapの画面

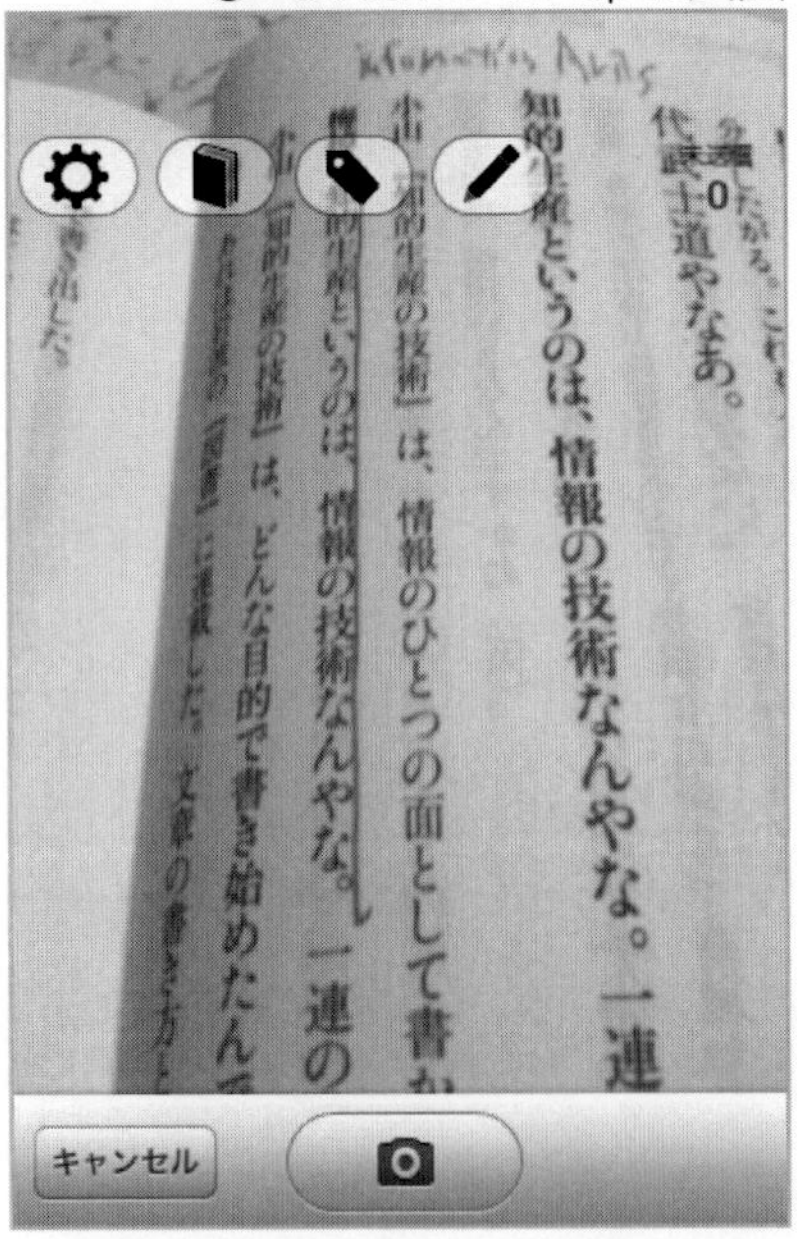
知的生産というのは、情報の技術なんやな。一連
キャンセル

FastEver Snap
対応機種：iPhone、iPod touch(4th generation)互換、iOS 3.1以降
価格：170円
App Storeカテゴリ：仕事効率化

「Fastever Snap」で画像を取り込むには

「FastEver Snap」では、アプリを起動してから[撮影]ボタン、[使用]ボタンの2つのステップだけでEvernoteに写真を送ることができます。

1 画像の撮影

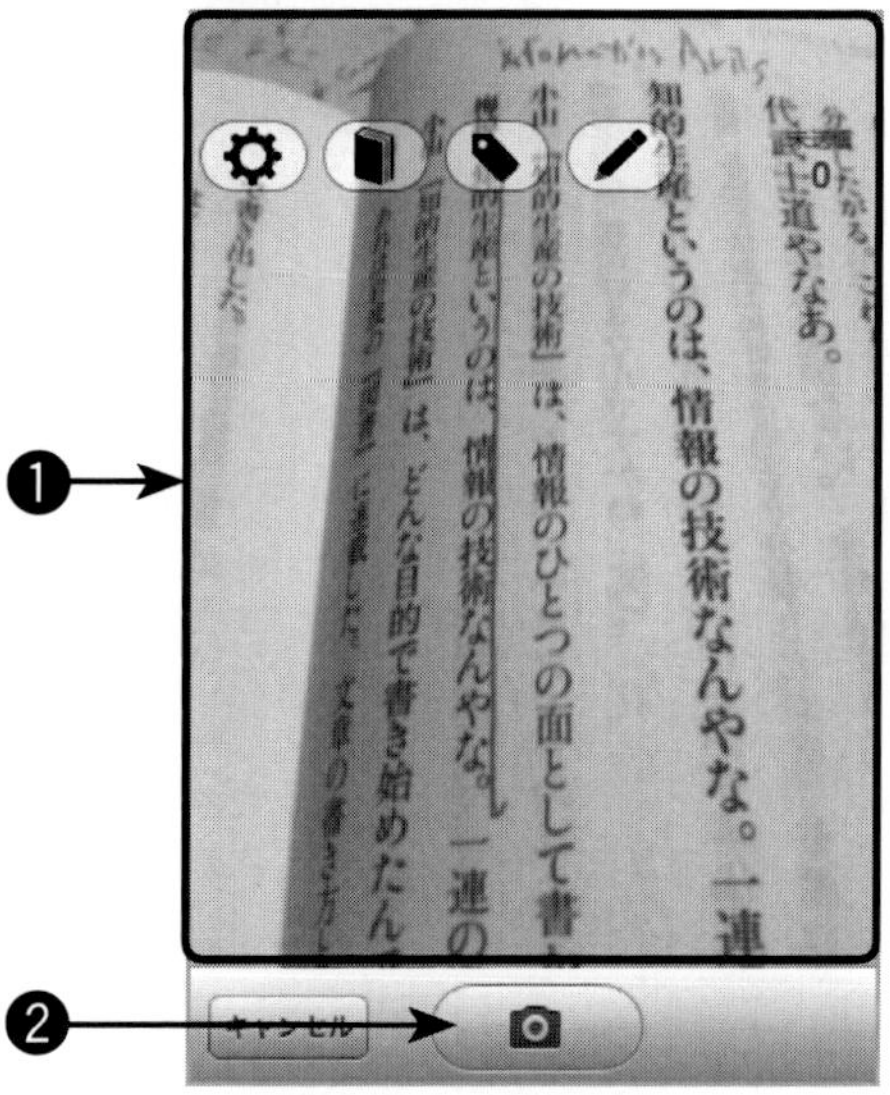

❶アプリを起動すると撮影可能状態なります。
❷[撮影]ボタンを押します。

2 画像の送信

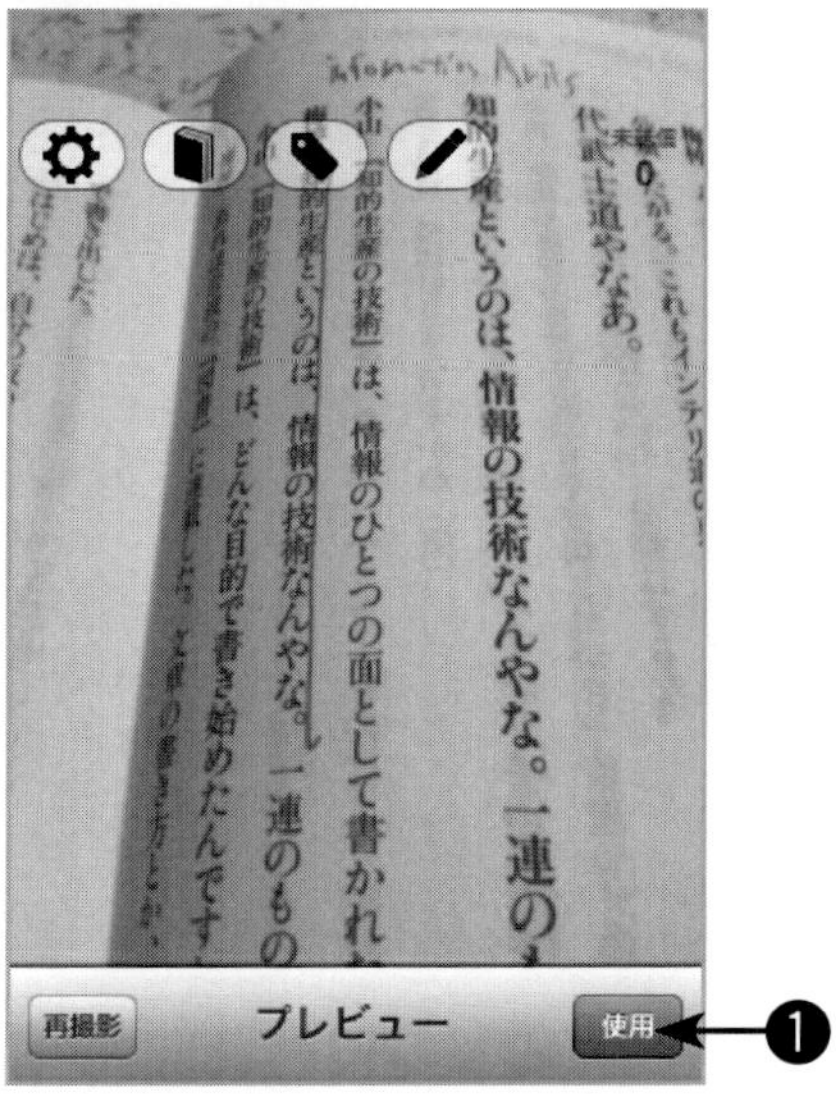

❶[使用]ボタンを押します。

3 Evernoteで送信したノートを確認

❶画像がEvernoteに送信されます。

「FastEver Snap」では、[使用]ボタンを押す前に、画面上部のボタンを使って、送信するノートブック、タグ、ノートタイトルなどを指定することができます。

◉送信するノートブックの選択

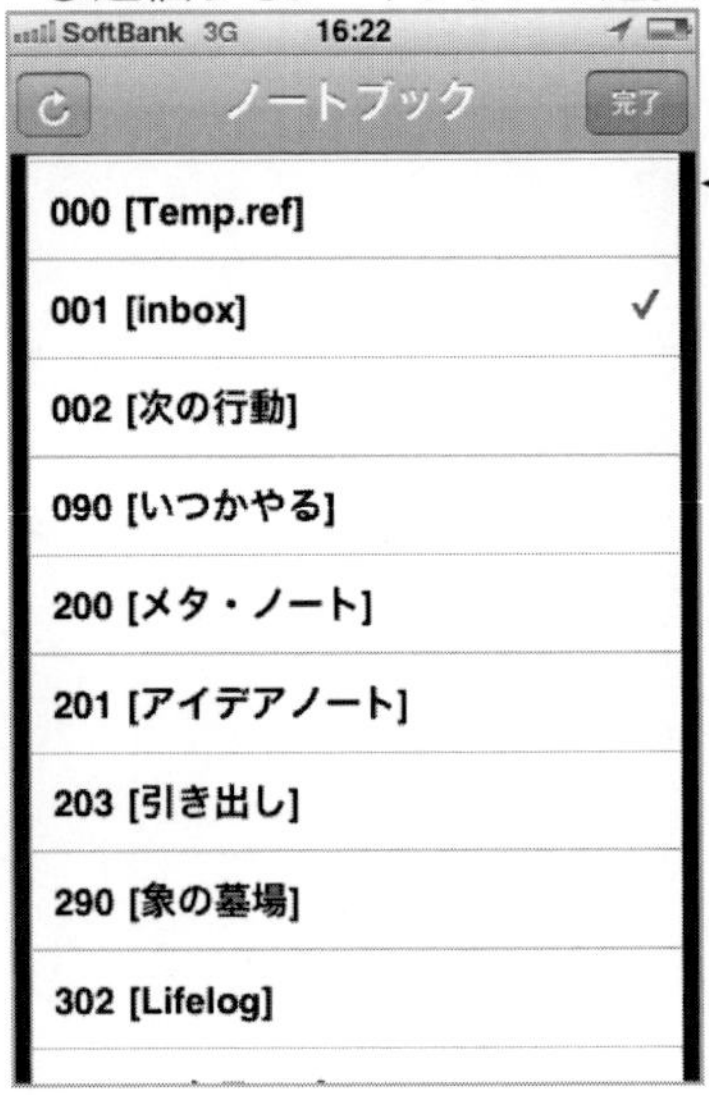

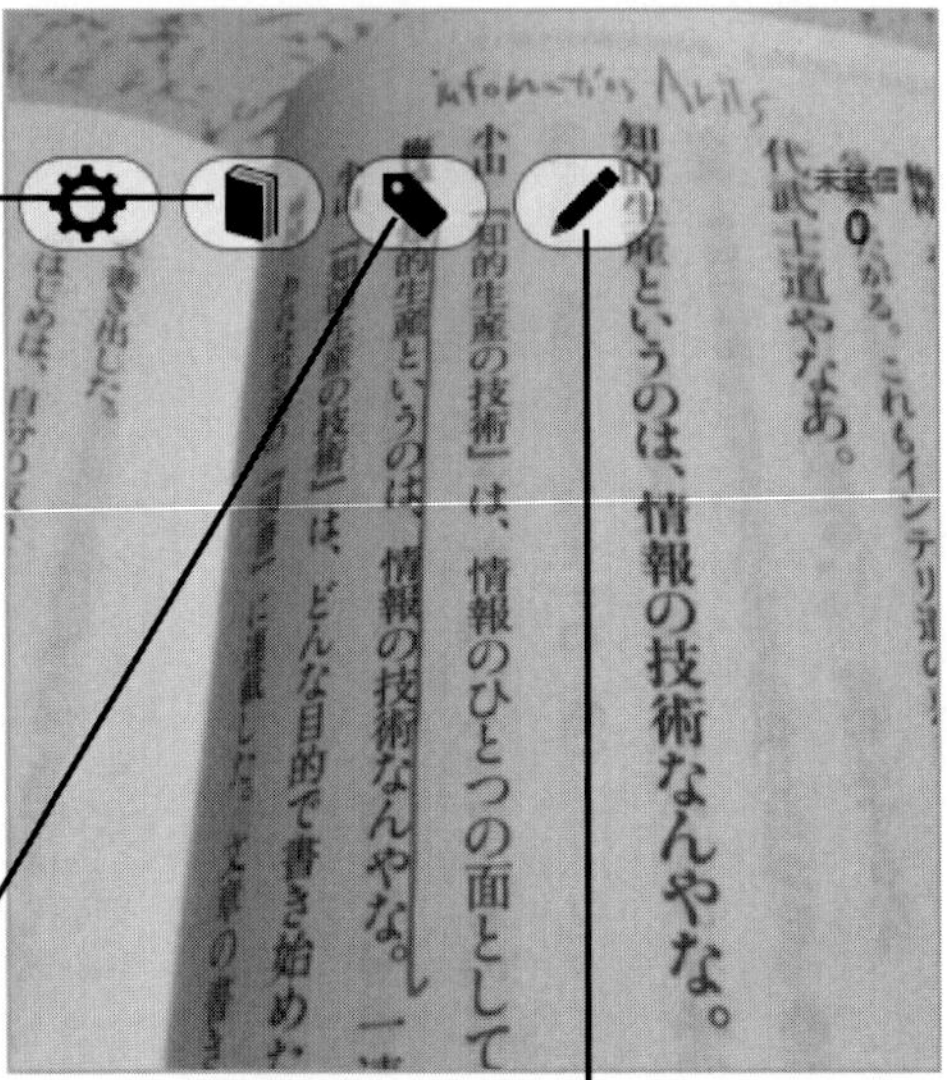

◉タグの選択

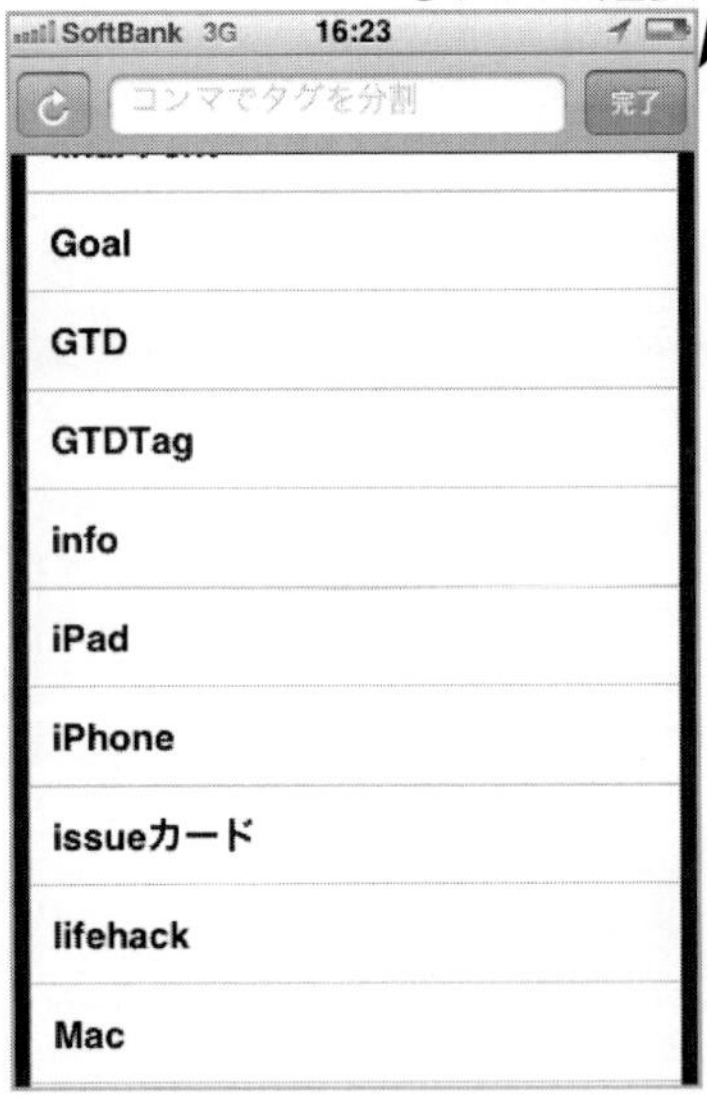

◉ノートのタイトルの入力

あります。これは画像の必要な部分を指定できるというメリットはありますが、その分多少手間はかかります。

アプリケーションの選択に関しては特に正解はありません。一時的にベストなアプリケーションがあっても、新しいアプリケーションがどんどん登場している状況ではいつまでもそれが最適解であるとは限りません。

ただ、先ほど紹介した2つのアプリケーションは使いやすさでは平均以上の性能があるので、めぼしいものが見つからない場合は候補に入れてみてください。

書類や取扱説明書などもスキャン

手元にスキャナがあるのであれば、知的生産の「素材」ではない紙の書類や取扱説明書なども**Evernote**に取り込んでおくと便利です。

生産に関係なくても、不必要な紙の数を減らし、ものを探し回る手間を省いてくれます。無駄な時間を少しでも削れるという意味では、生産活動にも影響が出てくるでしょう。

スキャンできるものは「とりあえず」スキャンして**Evernote**に放り込んでおく。そうしておけば、直近に必要なものは紙のまま持っておいて、用が済めば捨てるという運用方法も可能です。

また、今のところ必要ないけれども、もしかしたらあとで必要になるかもしれないと考えている書類に関しては、ばっさりと捨てることもできます。この手の「捨てようか、どうしようか迷う」書類は数多くあります。たいていは書類そのものではなく、そこに書かれた情報が必要なものです。宅配ピザのパンフレット、買い物の明細書、住所変更のお知らせ、会場までの地図、操作説明書……などは、現物の必要がなければスキャンすれば安心して捨てることができます。もし情報

◉取扱説明書の取り込み

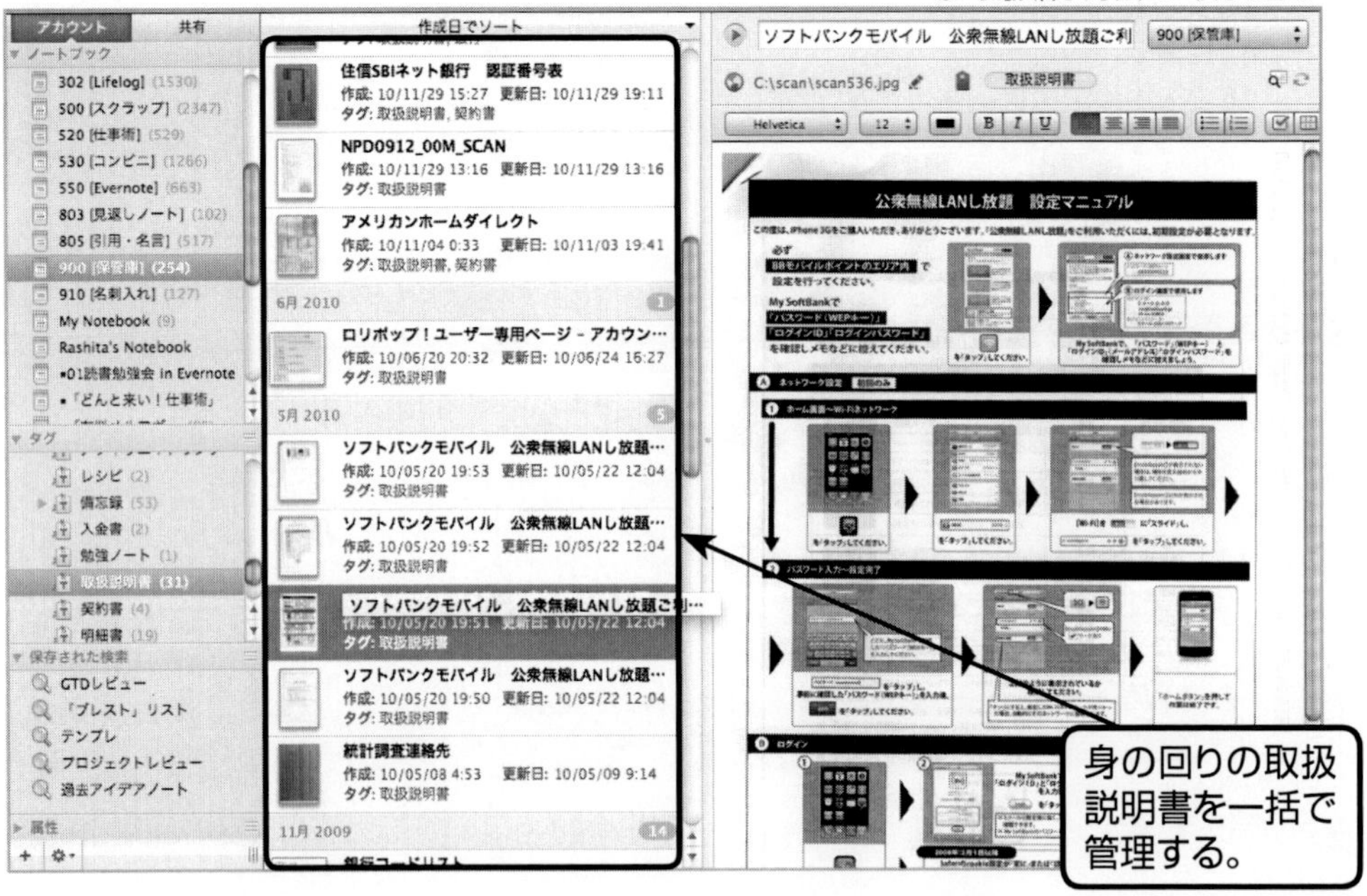
身の回りの取扱説明書を一括で管理する。

が必要になったら、検索して見つけ出せばよいのです。

スキャンして取り込む目的

紙情報をスキャンして取り込んだり、あるいは必要な部分をスマートフォンで撮影したりする目的は、物理的な存在をなくし、なおかつデジタル情報としての「検索」を可能にすることにあります。そうすれば、Evernote上でデジタル情報とアナログ情報を一元管理できます。これが実現すれば、知的生産の素材倉庫としては申し分ない環境になります。

ただし、「すべてをデジタル化」することが目的ではありません。それは「そうすれば便利」になる手段の一部にすぎません。デジタル化することに夢中になってしまって、非効率的な行為をしてしまうのは手段と目的を取り違えています。今の技術の状況ではアナログのものをデジタル化するのはやはり多少なりとも手間がかかります。デジタル情報のインプットと同様に、そこに時間ばかりを使っていても生産行為が進むわけではありません。デジタルと同じようにある程度は選別をして、比重を分けてデジタル化を進めるというのが無理のないスタイルです。

LIFE HACK 13

「資料」を保管するEvernoteのノートブック

Evernoteのノートブックの使い方

ここまでで紹介したやり方で、デジタルの資料とアナログの資料がEvernoteに徐々に蓄積されていくはずです。

これらの資料をEvernote上でどのように保管すればよいでしょうか。具体的な整理についての考え方は第4章で詳しく紹介しますが、まずはざっくりと「専門資料」用のノートブックと「一般資料」用のノートブックを準備すればよいでしょう。

当たり前ですが、その際のノートブックの名前はなんでもかまいません。私の場合は一般資料用に「スクラップ」というノートブックを作っています。情報収集で集まる一般資料はここに入ります。

また「専門資料」用のノートブックとして、「コンビニ」「Evernote」というノートブックもあります。それぞれの分野の情報はこのノートブックに集約されます。一般資料と専門資料の間に位置している「興味ある分野」として「仕事術」というノートブックもあります。

ノートブックの運用法はこれ以外にも考えられます。一般資料用のノートブック内にスタック機能で細かい分類を作ったり、専門資料が入ったノートブックはタグを使って細かく整理するという方法です（整理についての考え方は第4章で紹介します）。

1ついえることは、アナログ情報とデジタル情報で情報を分類するような管理方法では、**Evernote**を使う意味があまりありません。両者を一緒に管理できるのが**Evernote**の便利さであり、面白さでもあります。

一から作る場合は、やり始める前からあまり悩まずに思いついた形で始めてみればよいでしょう。うまく整理できていなくても、すべてのノートブックを対象に検索すれば必要な情報は引き出せます。**Evernote**のその柔軟性を活用して、「とりあえず」の形で資料収集を始めてみてください。

Twitterでフォローする人の見つけかた

Column

すでに情報収集のツールの1つになっているTwitterですが、始めたばかりのときはどのような人をフォローしていけばいいのか、少し悩む所です。Twitter側がオススメしてくるユーザーもその選択肢の1つですが、もう少し自分の興味と合致した人をフォローしたいところ。

そういう場合に使えるのが「Twitter検索」です。Twitterのウェブサイトにある検索窓に興味あるキーワードを入力すると、アカウント名やつぶやきの検索結果を表示してくれます。これを眺めて、その分野の達人を捜したり、あるいは使われているハッシュタグを探すこともできます。

ハッシュタグとは「#evernotejp」のように頭に「#」が付いているキーワードで、関連する話題をつぶやくときに使われます。

◉ハッシュタグで検索

アカウントをお持ちですか？ ログイン
twitter
#evernotejp
検索
David Sanchez Juliao Weezy Bieber Nokia CEO Mongolia Faroeste Caboclo トレンド Lei Seca Bacolod
Top Trending Topics
#ifyoureallylovedher
#azkals
#idontunderstandwhy
FEMME FATALE
BornThisWayFriday
David Sanchez Juliao
#evernotejpのリアルタイム結果
ns438 コピペで使える検索術。Evernoteに色々入れたけどEvernoteから探し出す … http://bit.ly/hCBZgi #Evernotejp #fb
6 minutes ago via twitterfeed
ns438 ソースネクスト、EvernoteやScanSnapに対応したはがき整理ソフトを発売 http://bit.ly/i8Emgz #Evernotejp #fb
37 minutes ago via twitterfeed
Twitter は初めてですか?
簡単で、無料で、そして情報は即座に更新されます。あなたが興味のある情報にアクセスしましょう。
登録する›
#NewTwitter
新しい Twitter.com の概要はこちらから。

あるいは自分で興味のあることをどんどんつぶやく、というやり方もあります。そうすると、その分野に興味を持つ人からフォローされる可能性が高まります。後はフォローしてくれた人の中から、共通点のある人をフォローするというやり方で、情報源を広げていくことができます。

どちらにせよ、あまりフォローする人を増やし続けると「フィルタ」としての効果は薄まります。数を制限するか、あるいは数が増えてきたら、属性ごとに「リスト」を作ってみるのも良いかもしれません。

CHAPTER-3

Evernoteを
多元式メモ帳として使う

LIFE HACK 14

Evernoteを「着想」のメモ帳にする

アイデアの出発点としての着想

第2章では、さまざまな「資料」を保存するスクラップ・ブックとして**Evernote**を使う方法を紹介しました。知的生産の材料となる情報は、この資料と、もう1つ「着想」があります。資料が外側にある情報であるとすれば、着想は自分の内側に存在する情報です。**Evernote**は、この着想を素早く書き留めるメモ帳としても使えます。

知的生産の付加価値を決める要素が「着想」です。

それは、「アイデアとは既存の要素の新しい組み合わせ以外の何ものでもない」わけですが、その「組み合わせ方」は、着想によってもたらされます。既存の「組み合わせ方」を引っ張り出してきても、それは「新しい」とは呼べません。独自性のある視点やコンセプトであるからこそ、情報には付加価値が生まれます。その独自性は「着想」、つまり自分自身の考えの中からしか生まれてこないのです。

モノ作りとの対比でいえば、着想は「組み合わせ方」や「製品のコンセプト」と呼べるものです。いくら豊富な材料を蓄えていても、それだけでモノ作りは完結しません。「組み合わせ方」や「コンセプト」があって、初めて「製品」を作り出すことができます。そして、その「製品」の価値を決めるのも、こうした「組み合わせ方」や「コンセプト」のでき映えです。

着想は、宝石の原石のようなもので、ぱっと見て「これはすごい！」と思うもの

どんな着想でもとりあえずEvernoteへ！

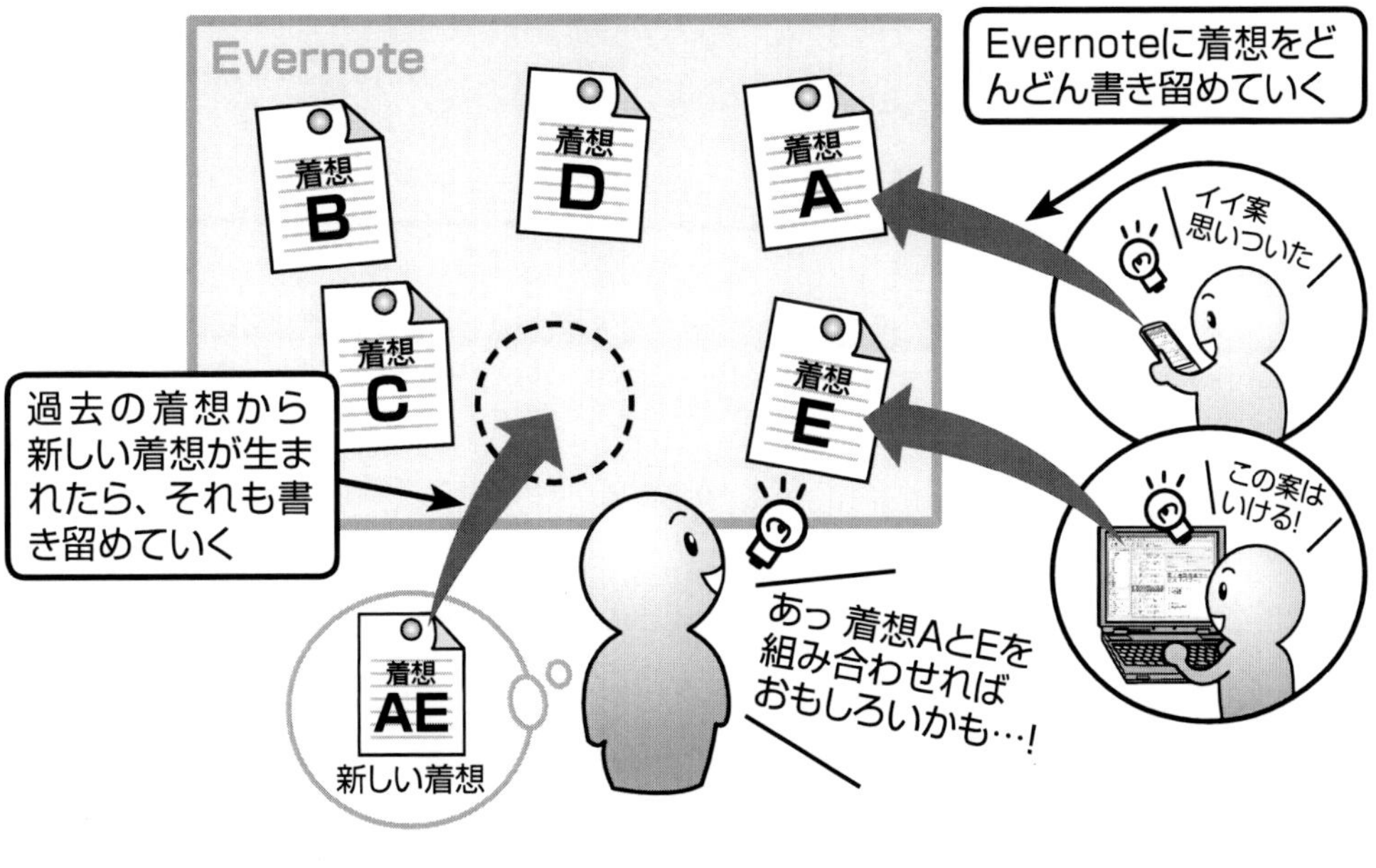
Evernote
Evernoteに着想をどんどん書き留めていく
着想B
着想D
着想A
着想C
着想E
イイ案思いついた
この案はいける！
過去の着想から新しい着想が生まれたら、それも書き留めていく
あっ 着想AとEを組み合わせればおもしろいかも…！
着想AE
新しい着想

もあれば、磨き続けていくことで初めて価値が見えてくるものもあります。付加価値のある情報をアウトプットし続けていくためには、日常的に思い付く、そういったアイデアの原石をいかに逃さず掴まえておけるか、言い換えると「しっかりとポケットにしまっておけるか」がポイントになってきます。

Evernoteをクラウド上の「メモ帳」として使う

この着想を書き留めるためのツールの代表格が「メモ帳」です。メモ帳は知的生産において欠かせないツールといってもよいでしょう。本章のテーマは、このメモ帳として**Evernote**を活用することです。このクラウド上のメモ帳は、いままで存在したどんなメモ帳よりも、柔軟性があり、強力な要素を持っています。

メモが必至な「着想」が持つ性質

知的生産に関する本では、「手帳に思い付いたことを書け」「メモ帳を常備せよ」というアドバイスが頻繁に出てきます。古くからそう指摘されているのには、それなりに理由があります。

着想をメモしたほうがよい理由は次の3点です。

「着想」の価値が思いついた時点では不明

頭に浮かんだ着想が、すべて「よい材料」なのかは思い付いた段階ではわかりません。すでに存在しているかもしれませんし、アイデアとしては新しいが現実的ではないこともあります。反対に、「ありふれた考え」と思っていたものが、「新しい」組み合わせを考える手がかりになることもあります。

着想の価値は、それを思い付いたときには正確には評価しにくいものです。着想をメモして残しておけば、それを後から冷静に判断することができます。

脳の短期記憶には限界があり「忘れる」ことを防ぐ

メモしたほうがよい理由の2つ目は、脳の短期記憶には限界があるからです。何かやろうと思って、部屋を移動したら、もう何をすべきなのか忘れてしまっていた、という経験は誰にでもあるのではないでしょうか。その移動中に何か別のことに気を取られたのが原因です。

もともと短期記憶は、保存できる量も少なく、またその期間も短いものです。思い付いた着想がどれだけすごいものであっても、それをどこかに書き付けておかないと簡単に失われてしまいます。

「重要なことは絶対に忘れない」といわれたりもしますが、「着想」の性質上、それが重要かどうかは、後になってみないとわからないことが多いのです。

また、本当に重要であっても、着想は誰かとの約束や仕事の依頼といった「約束」とは異なります。約束を忘れていれば、約束をした相手や周りが指摘してくれます。しかし、思いついた着想は、一度忘れてしまうと、そのことを思い付いたことすら忘れてしまいますし、約束のように指摘をしてくれる人もいません。

メモ帳を持つことは、脳の短期記憶の弱点を補強することになります。

再び同じ「着想」に巡り会うことは困難なこと

メモする最後の理由は、着想が一度失われてしまうと、再現するのが非常に困難だからです。実際には、まったく無理なことも多いでしょう。

ネット上の資料であれば、検索をして見つけることができますし、詳しい人に聞いてみることもできます。しかし、自分の頭の中から出てきた「着想」は、ネットで検索しても、誰に聞いても見つけることはできません。

着想には、このような特徴があります。こうした儚い着想をしっかりと保持しておくのがメモ帳の役割です。

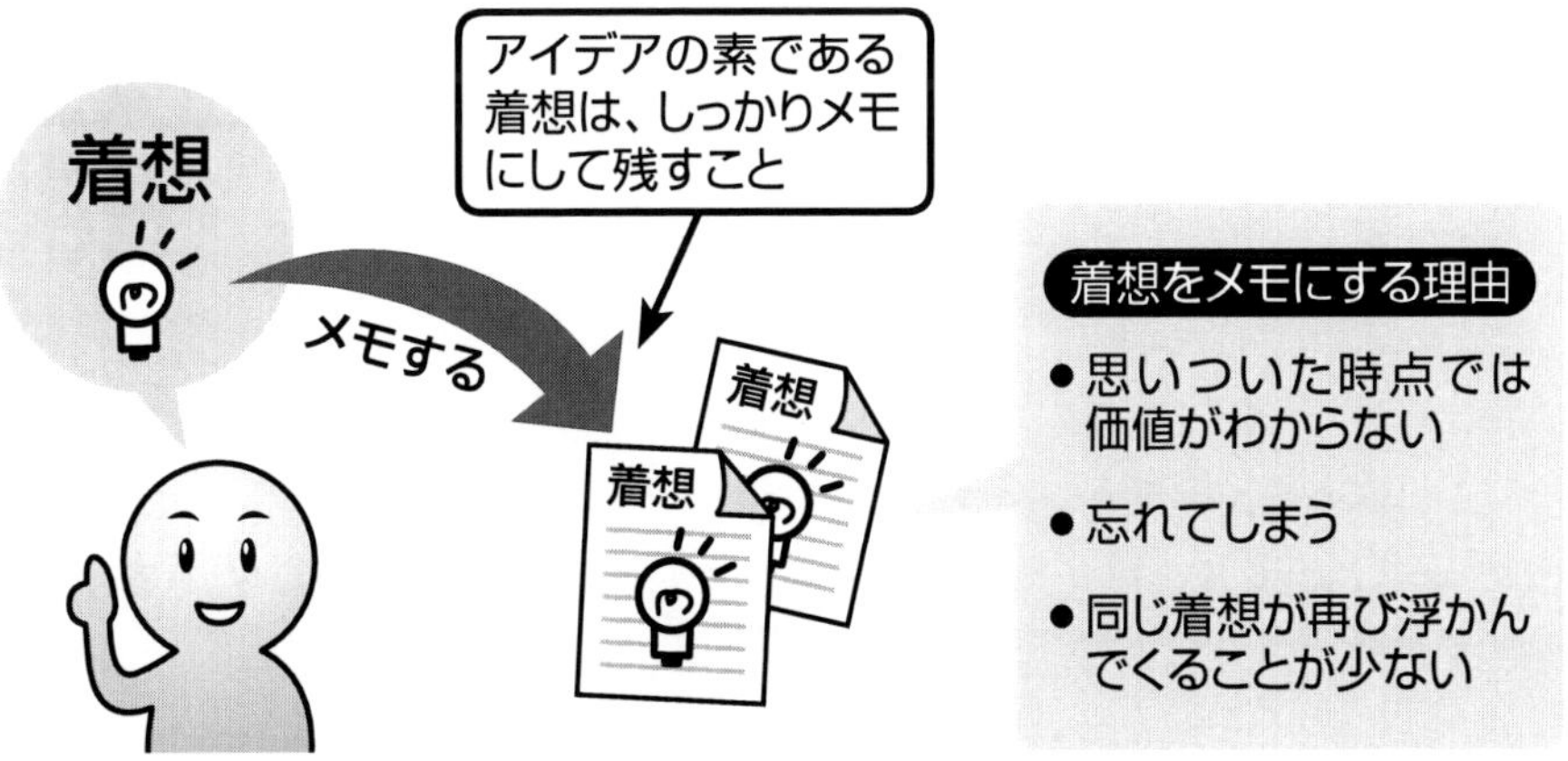
着想
メモする
アイデアの素である着想は、しっかりメモにして残すこと
着想
着想
着想をメモにする理由
●思いついた時点では価値がわからない
●忘れてしまう
●同じ着想が再び浮かんでくることが少ない

LIFE HACK 15

着想メモに求められるものとは

「即座に」「どこでも」記録／「後から確認できる」が必要な条件

ここまでの着想の特徴を踏まえて考えると、まずメモ帳は「即座」に書き留められるものでないと意味をなしません。「後で書こう」と思っても、次の瞬間には、もう着想は失われていることもありえます。着想を思い付いたその瞬間にメモの上に掴まえておく必要があります。

これと合わせて「どこでも」メモが取れることも重要です。私の体験でもアイデアが浮かびやすいのは、雑誌を読んでいるとき、昼下がりの散歩中、電車に乗っているとき、カフェで読書しているとき、誰かの話を聞いているとき、**Twitter**を眺めているとき、などです。こういったさまざまなタイミングで、ふと頭をよぎるアイデアをしっかりとキャッチするのがメモの役割です。

アイデアとは「新しい組み合わせ」なので、既存の枠組みの中で考えているときには、なかなか見つかりません。そういう場合、場所を変え、考えを一度リセットし、視点を動かしてみると、新しい着想が浮かびやすいようです。

「即座に」「どこでも」メモが取れる、というのが着想を書き留めておくためのメモ帳に必要な要件です。もう1点、この書き留めた着想を活用するために必要なことがあります。それが「後で確認できること」です。資料の活用にも同じことがいえますが、着想を活用していくためには、あとで確認できる状態になっていなければなりません。

「ポケット1つ原則」の限界

メモを「後で見返す」ために、役立つのが「ポケット1つ原則」です。これは野口悠紀雄氏の『「超」整理法 情報検索と発想の新システム』（中公公論社）で紹介されている考え方です。簡単にいうと、「書いたものを1つの場所に保存しておけば、見失うことはない」というシンプルなルールです。

この「ポケット1つ原則」は非常に強力なルールなのですが、メモ帳でこれを完璧に守るのは少々困難です。

たとえば、1冊の小さいノートをメモ帳代わりにして、いつも携帯しているとしましょう。日常的には問題ありませんが、このメモ帳を忘れてしまったときが問題です。物忘れに対抗するためにメモ帳を持ち歩くわけですが、「メモ帳を持ち歩くことすら忘れてしまう」ということもありえます。加えて、たとえば周りが真っ暗なときに、紙のメモ帳に文字を書くのはかなり難しいでしょう。

すると、日常的に持ち歩く携帯電話を

家族
趣味
仕事
商談
メモ
すべて1冊のメモ帳に書きとめれば、見失うことはない
しかし…
家に忘れてきた!
唯一のメモ帳を忘れてしまうと、すべて忘れるのと同じ

「ポケット1つの原則」を紙のメモで行ったときの限界

メモ帳代わりにする案が出てきます。しかし、バッテリの問題があったり、会議や商談中に携帯電話を操作するのがためらわれる場合もあるはずです。

「即座に」「いつでも」メモを取るためには、1つのツールでは難しいものがあります。かといって、いろいろなメモ帳を持っていると、「あれはどこに書いたっけ」と探し回る必要が出てきます。これではうまく「後で見返す」ことはできません。

こういった、もろもろの問題を解決するのが**Evernote**です。

LIFE HACK 16

Evernoteで着想メモの多元式ポケットを作る

Evernoteを「着想メモ」の母艦にする

Evernoteを「着想メモ」の母艦として使えば、「即座に」「いつでも」メモを取りながら、それらを見失うことなく、後で見返せるようになります。

運用の基本的な考えは、「ポケット1つ原則」の基本を守りながら、状況にあったツールを選択することです。要するに**Evernote**を着想メモの保存場所として、さまざまなツールでとったメモを集約していく、というわけです。このやり方をしておけば、どこでどんなメモ帳を使っても、それらが散らばることはありません。見返すときは、**Evernote**を参照すれば、すべてのメモを参照できるようになります。

着想メモについては「書き留める」ツールと「保管しておく」ツールは別のものであっても問題ありません。複数の「書き留める」ツールを準備しておき、とったメモを「保管しておく」ツールである**Evernote**に集めてしまうというのが、多元式ポケットの考え方です。

多元式ポケットの仕組み作り

この多元式ポケットを実装する仕組みはそれほど難しくありません。デジタルツールとアナログツールで作られたメモを、**Evernote**に保存するまでのルートをしっかり決めておくだけです。

デジタルツールからは、メールを使えば簡単に**Evernote**にメモを送ることができます。通常の携帯電話や

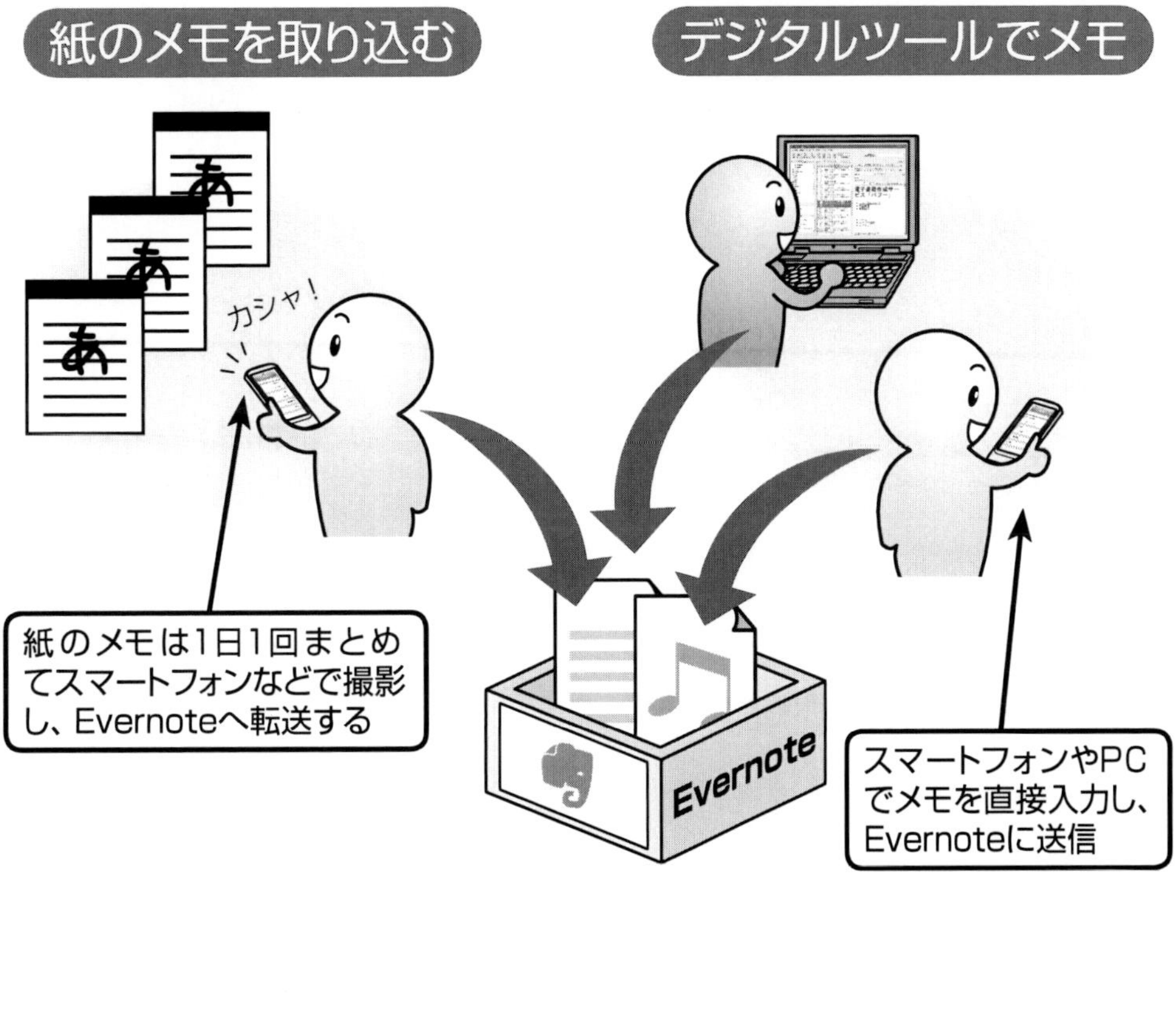
紙のメモを取り込む
デジタルツールでメモ
カシャ！
紙のメモは1日1回まとめてスマートフォンなどで撮影し、Evernoteへ転送する
Evernote
スマートフォンやPCでメモを直接入力し、Evernoteに送信

スマートフォンであれば、**Evernote**を使っていることを意識しなくても、メモを作成した都度、**Evernote**にメールで送信すればメモを集約することが可能です。

少々手間がかかるのが、アナログのメモ帳を使った場合です。**Evernote**にメモを集約するためには、紙のメモの内容をテキストデータとして転記するか、あるいはメモをデジタルカメラなどで撮影して、メールで送信することになります。アナログメモを使う場合は、1日に1度ぐらい、それらのツールから**Evernote**にメモを移動させる作業を行う時間を設けておくとよいでしょう。

このデジタル化の作業を面倒と感じるのであれば、極力デジタルツールでメモを取り、どうしても無理な場合だけメモ帳を使うというかたちで、使い分けるのがベターでしょう。

ここで、**Evernote**にメモを送るときに使いやすいツールをデジタルとアナログのそれぞれで紹介しておきます。

デジタルツールでの運用術

まずは、**iPhone**アプリケーションの「**FastEver**」です。おそらく**iPhone**から**Evernote**にメモを送るアプリケーションとしてはもっとも使いやすいものの1つです。操作がシンプルで、メモを記入し始めるまでのタイムラグがほとんどないのが特長です。

メモは即座に取れなければ意味がありません。これ以外のアプリケーションでも、入力し始めるまでにかかる時間を基準にメモアプリケーションを選択するとよいでしょう。

PCを使用中に**Evernote**にメモを送る

◉FastEverの画面

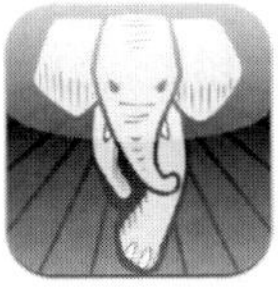

FastEver
対応機種：iPhone、iPod touch、
　iPad互換、iOS 3.0 以降
価格：170円
App Storeカテゴリ：仕事効率化
© 2010 rakko entertainment.

場合も、多数の選択肢があります。私は「**ATOK Pad**」というアプリケーションを使っていますが、**Evernote**にメモを送る機能がないアプリでも、「ホットキー」を使うことで、**Evernote**へ即座にパソコン上のテキストをメモとして送ることができます。

Evernoteには、**Windows**や**Mac**のクリップボードをノートとして取り込む機能が備えられています。**Evernote**の起動している状態で、テキストをコピーした後、**Windows**の場合は［**Cntl**］＋［**Alt**］＋［**V**］キー、**Mac**の場合は［**Command**］＋［**Control**］＋［**V**］キーを押すと、**Evernote**に切り替えることなく、即座にクリップボードの内容のノートが作成されます。このホットキーを使えば、どのようなテキストエディタであっても、**Evernote**との連携は完璧です。

紙のメモ帳の運用術

アナログ式のメモ帳には大きく分けて2つの種類が存在します。1つは1枚ずつ切り取れるタイプのもの。もう1つがページを切り離せないタイプのものです。

前者では「ロディア」や「デミクーパー」といった製品が有名です。後者は綴じてある小さいノート形式のものが一般的です。最近有名になってきているのが「モレスキ

クリップボードからノートを登録する

WindowsパソコンやMacでは、クリップボードの内容からショートカットキーでEvernoteのノートを作成することができます。なお、この機能を利用する場合は、事前にEvernoteが起動している必要があります。

1 取り込み範囲のクリップボードへの取り込み

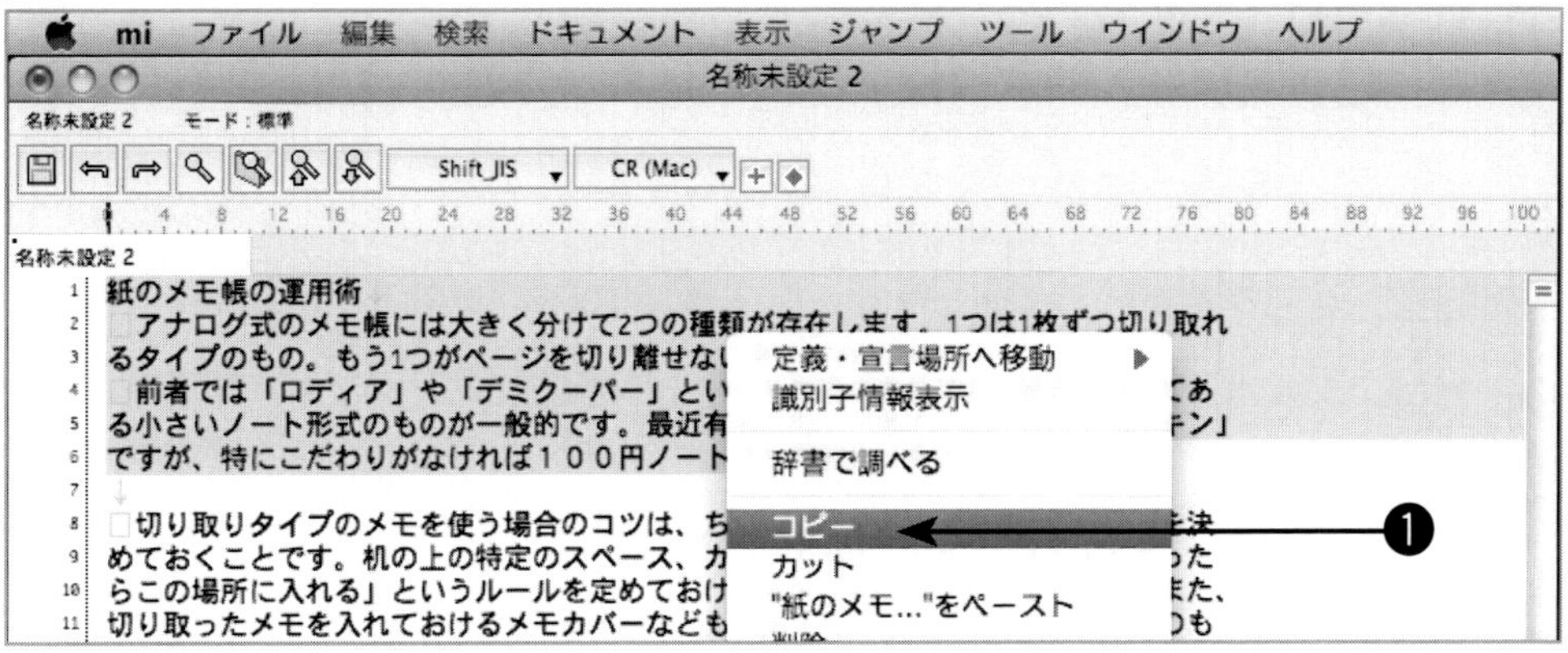

❶ Evernoteに取り込むデータをクリップボードに読み込みます。取り込みたい範囲を選択し、右クリックして表示されるメニューから[コピー]を選択します。次に、Macの場合は[Command]＋[Control]＋[V]キー(Windowsの場合は[Cntl]＋[Alt]＋[V]キー)を押します。

2 ノートの作成

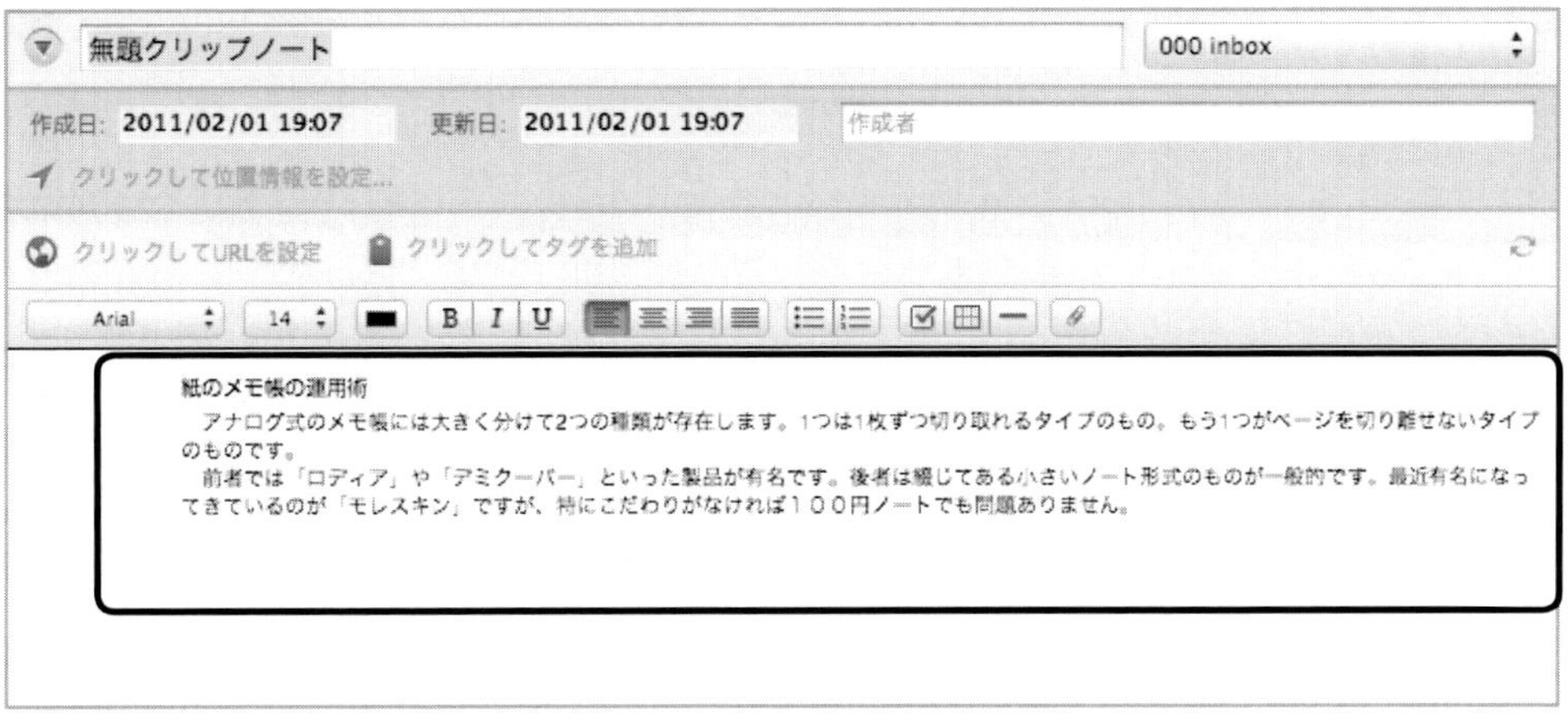

❶ クリップボードの内容でノートが作成されます。

ン」ですが、特にこだわりがなければ100円ノートでも問題ありません。

切り取りタイプのメモを使う場合のコツは、ちぎり取ったメモを入れておく場所を決めておくことです。机の上の特定のスペース、カバンのポケットなど「メモをちぎったらこの場所に入れる」というルールを定めておけば紛失の恐れは少なくなります。また、切り取ったメモを入れておけるメモカバーなども市販されているので、それを使うのも1つの手段です。こうしたメモは1日1回はEvernoteに移動させて、移動が完了したメモは捨ててしまう、という運用になります。

綴じてあるタイプのメモ帳は、日常的に持ち歩くことさえ忘れなければ運用はずっと簡単です。しかしながら、持ち始めた頃は忘れやすいので、いつも持ち歩くものと同じ場所に置いておくルールを決めておくようにします。たとえば「財布と一緒にしまっておく」というルールです。

これも同様に、1日に1回程度の割合でEvernoteに移動させ、終えたものは赤ペンで線を引いておくか、移動済みの印をしておくようにします。

●ロディアの取り込み

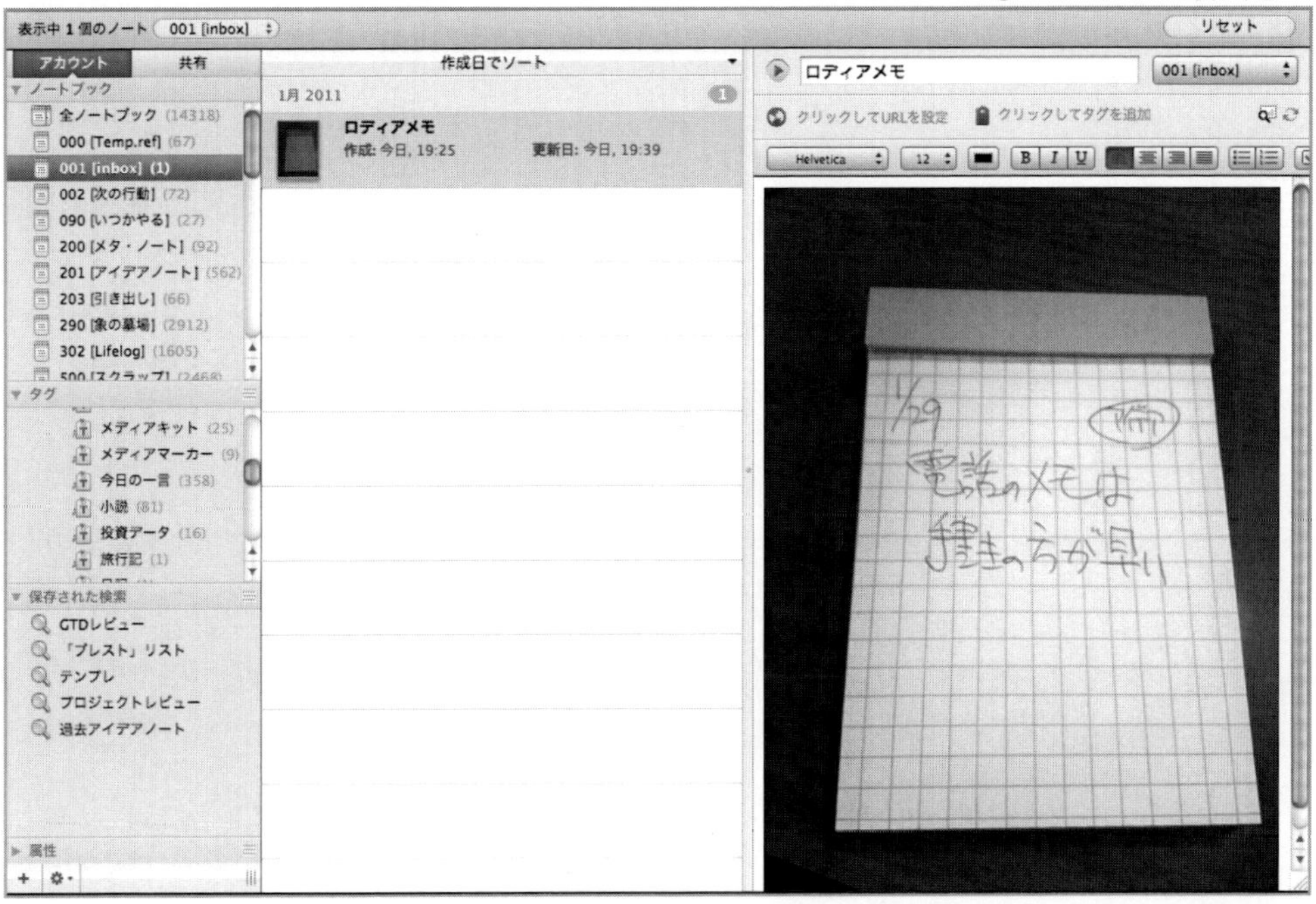

●モレスキンメモの取り込み

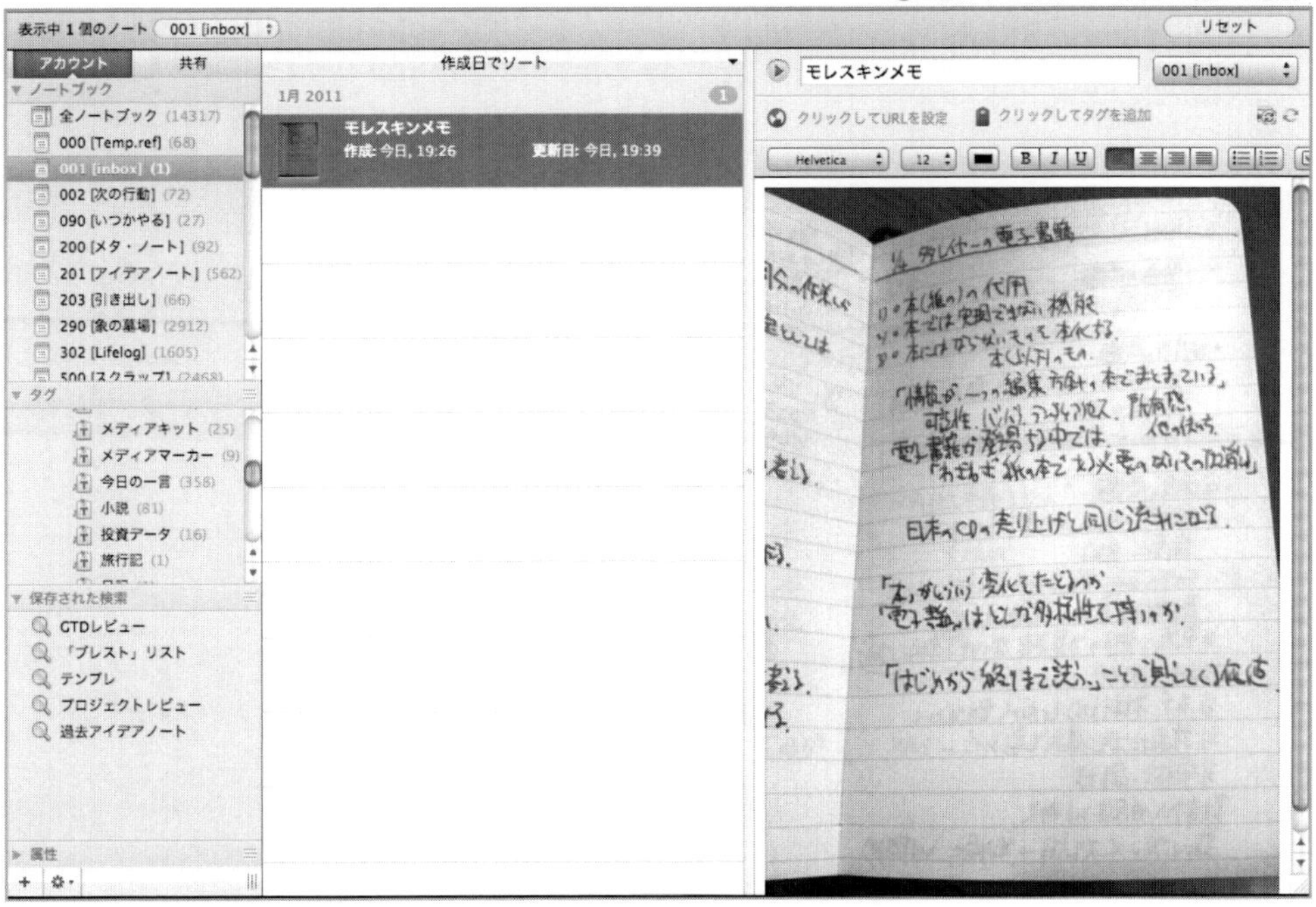

LIFE HACK 17

「着想」をすばやく捕らえる方法とは

書き留めるべき着想のイメージは「！」と「？」

Evernoteを使った多元式ポケットのメモ帳ができ上がったら、次は何を書き留めたらよいのかが問題になります。言い換えれば「着想」とはどのようなものか、という疑問です。

「着想」にもいろいろ種類がありますが、非常に簡潔に示せば「！」と「？」の２つのマークで表すことができます。ひらめいたことや疑問に思ったことは、すべて着想です。

「！」➡ひらめき・思いつき

具体例をあげるのは難しいのですが、たとえば、「何かについて考えたこと」「新しい企画案」「新商品のアイデア」「斬新なビジネスモデル」「本のタイトル」「空き地の有

●筆者の[アイデアノート]ノートブック

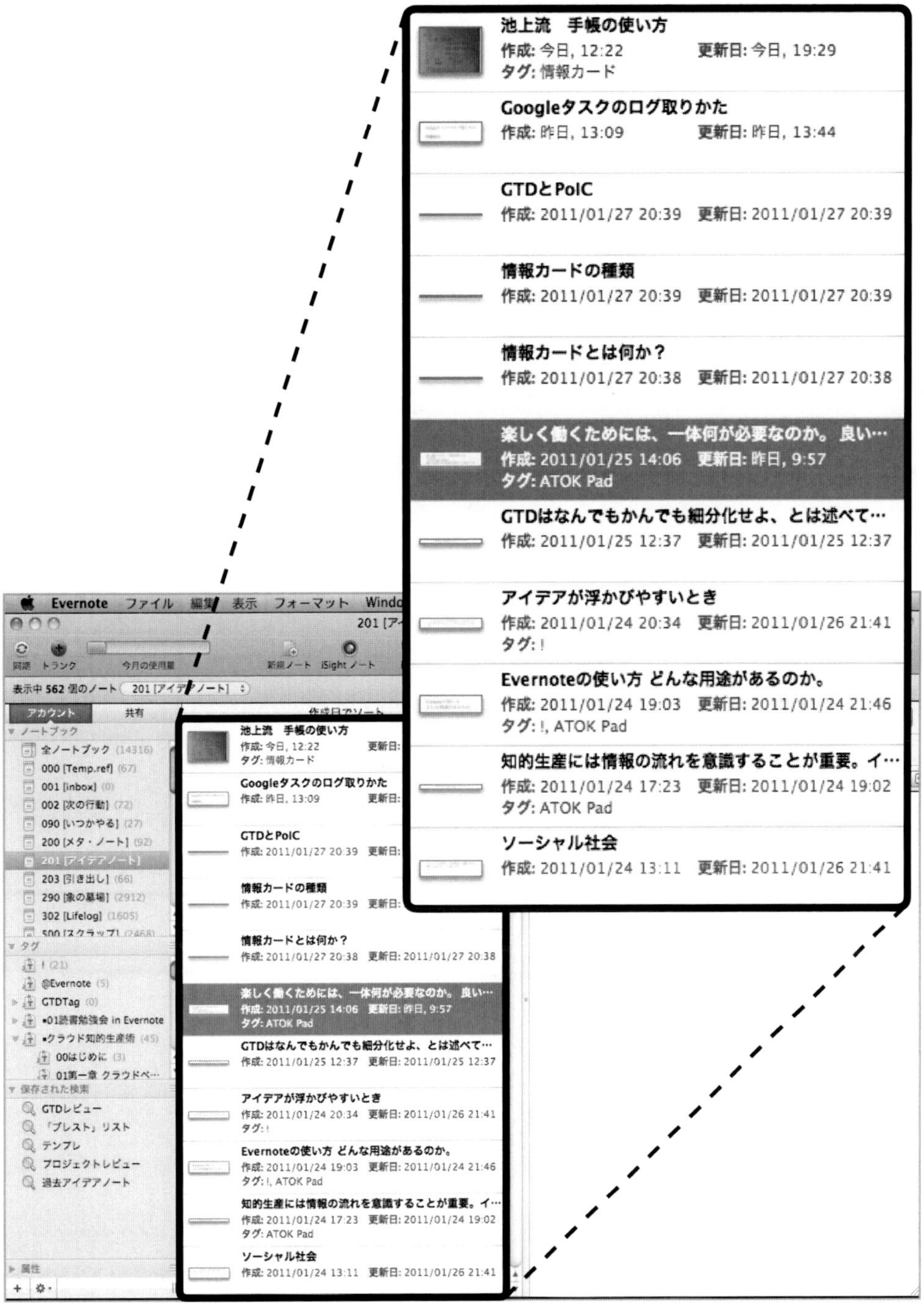

効利用法』『面白いフレーズ』『ダジャレ』『電球の簡単な交換のやり方』『いままでになかった寄付の仕組み』『ツールの新しい使い方』……。こういったことがすべて着想です。いまこの文章を書いているときに「心の中にメモ帳を持つ」というフレーズが私の頭の中に湧いてきました。これも着想です。

とにかく「！」と感じたら、即座にそれをメモに書き留めておくことです。

「?」➡疑問・問題点・不満

「?」に相当するのが、疑問・問題点・不満、というものです。これも広い意味での着想になります。

たとえば、「なぜあの商品は飛び抜けて売上げがよいのか』『自分の仕事上の問題について』『あるべき日本政府の方針とは』『ものすごく使いにくいアプリケーションの操作方法』『読みたいけれども誰も書いていない本』『こういうブログがあったら便利』『面倒でやりたくない作業」……。こうした解消できないモヤモヤや、納得できない状況なども着想として記録しておきます。

これらの「?」は、新しいニーズを生み出したり、いままで存在していなかったコンテンツを作り出すもとになります。こうした疑問があれば、それについての資料を集めたり、何かしらの改善案を考えたりする行動が導かれます。既存の要素を別の方向から眺めて、こうした疑問や問題の解決法を発見すれば、それが「新しい組み合わせ」、つまりアイデアとなるわけです。

「とりあえず」着想はすべてメモしてEvernoteへ保存

頭に浮かぶ着想はさまざまなものがあるでしょう。とても小さい「!」もあれば、ものすごく大きい「?・」も出てきます。そういったものをすべて、一切区別せずに、即座にメモすることをオススメします。

重要かそうでないか、あるいは「?・」か「!」というのは後で判断すればよいことです。メモの前に判断していたのでは、着想を掴まえるタイミングを失いかねません。まずはメモして**Evernote**に送る。そこからどうするかを判断すればよいのです。

このアイデアのメモを入れた**Evernote**のノートの使い方は第4章および第5章で説明します。最初はアイデアを一カ所に集めるノートブックを作っておけばよいでしょう。

LIFE HACK 18

着想以外の「自分情報」をEvernoteに集める

「ライフログ」の素材

自分の頭の中から出てくる着想をEvernoteに一元管理していく「メモ帳」としての使い方を拡張すると、トータルでの自分に関する情報を保存していく使い方につながります。この「自分情報」とは、次のような情報のことです。

- 自分の考え
- アウトプットしたもの
- 食事
- 行動記録
- 体重
- 睡眠時間

● Twitterのつぶやき　など

こうした情報を保存していく行為を「ライフログ」と呼びます。ライフログの対象となる情報はさまざまですが、共通点は「自分発の情報」であり、自分で保存しておかないと永久に失われてしまうものでもあります。

もちろん、これらの情報すべてに価値があるとは思いません。しかし、失ってしまえば再会できない点と、保存しておくことにそれほどコストや手間がかからない点を合わせて考えてみると、「とりあえず」情報を保存しておく意味はあるでしょう。

「ライフログ」の注意点

ライフログはその人の人生に密着した情報です。人それぞれの人生が違っているようにその人のライフログの形も違ってきます。そのため決まった形はありません。今回は、私が記録しているライフログをいくつか紹介しておきます。

大きく分けると、ウェブサービスを活用したライフログ、写真を使ったライフログ、メールを使ったライフログの3種類があります。さまざまな情報をため込んでいますが、注意しているのは、あまり手間をかけないことです。手間をかけすぎると面倒になってしまい、ライフログを取る行為そのものが中断されてしまうかもしれません。こういう情報は続けて保存しておくことで意味が出てくるので、なるべく面倒にならないように気を付けています。

ウェブサービスによるライフログ

自分の行動記録を残せるウェブサービスはすでにいくつも存在しています。移動した場所の記録、読書記録、睡眠時間、走った距離、体重、などさまざまな用途に合わせたウェブサービスが存在しています。私がよく使っているのが「**foursquare**」と「メディアマーカー」です。

foursquare

「**foursquare**」(**http://foursquare.com/**)は自分が行った場所を記録してくれるサービスです。**iPhone**アプリケーションを使えば、立ち寄った場所に「チェックイン」することができます。「チェックイン」すると、場所の名前、日付、時間、

●foursquareの入力画面

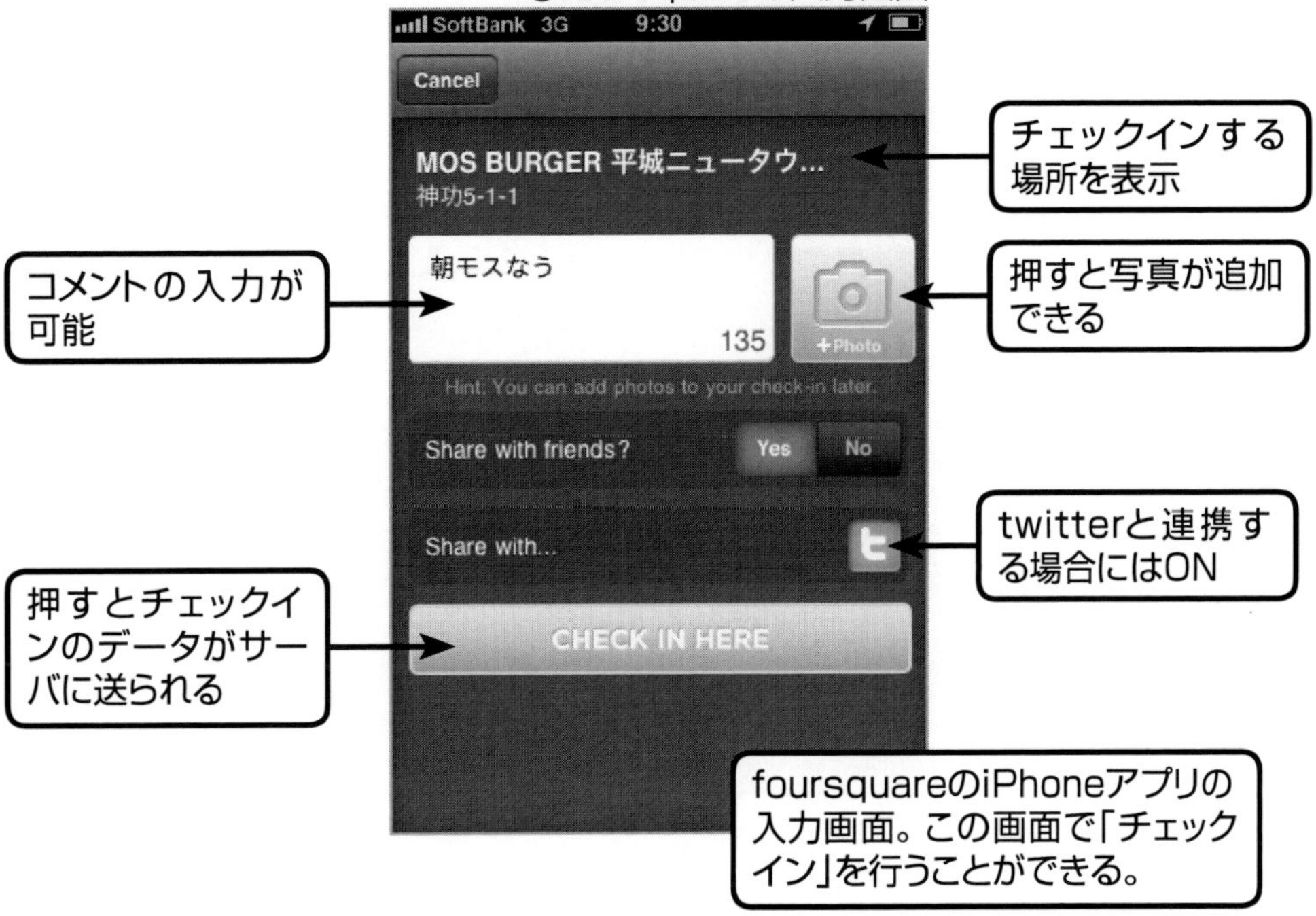

●foursquareの行動履歴

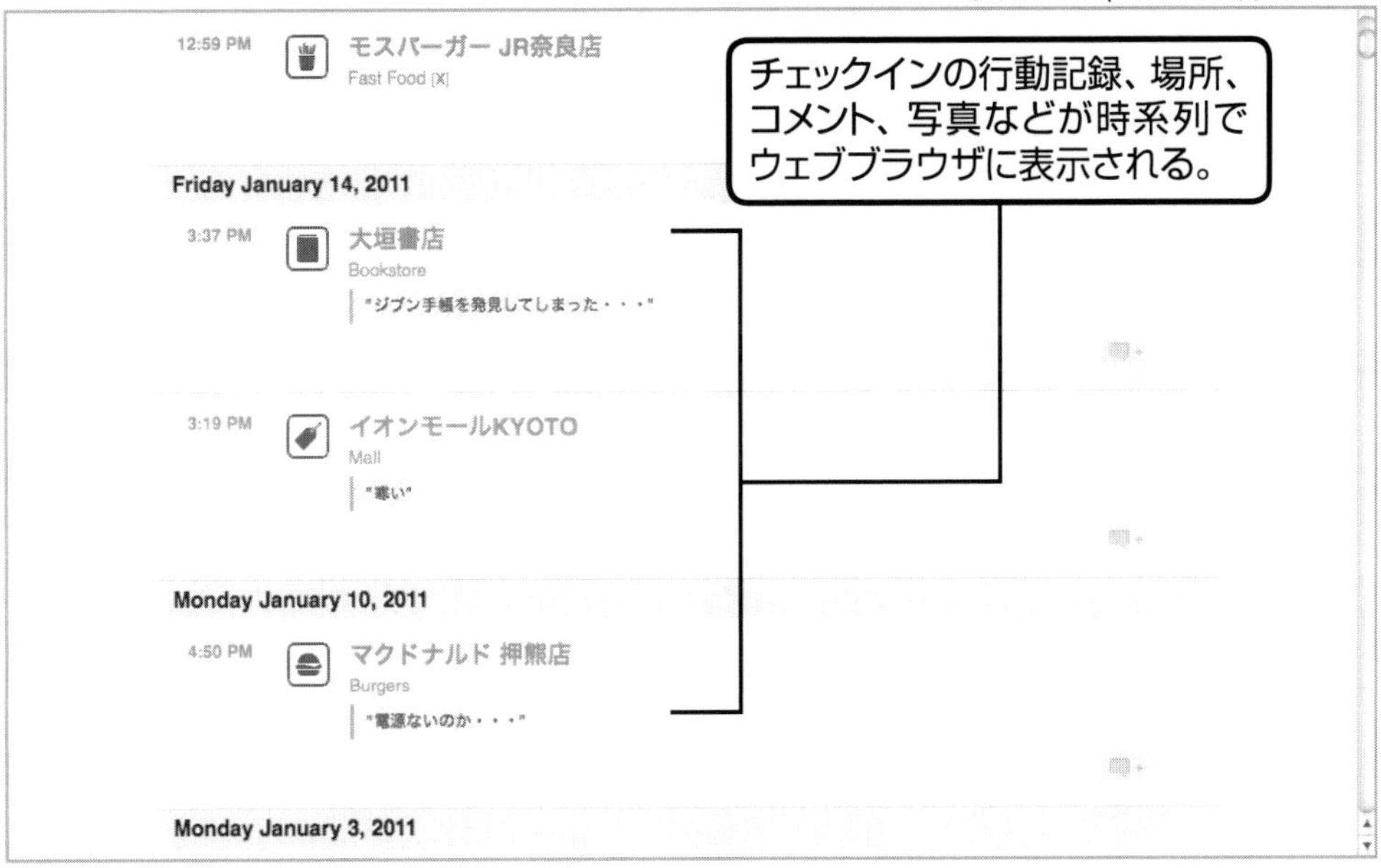

◉メディアマーカーの画面

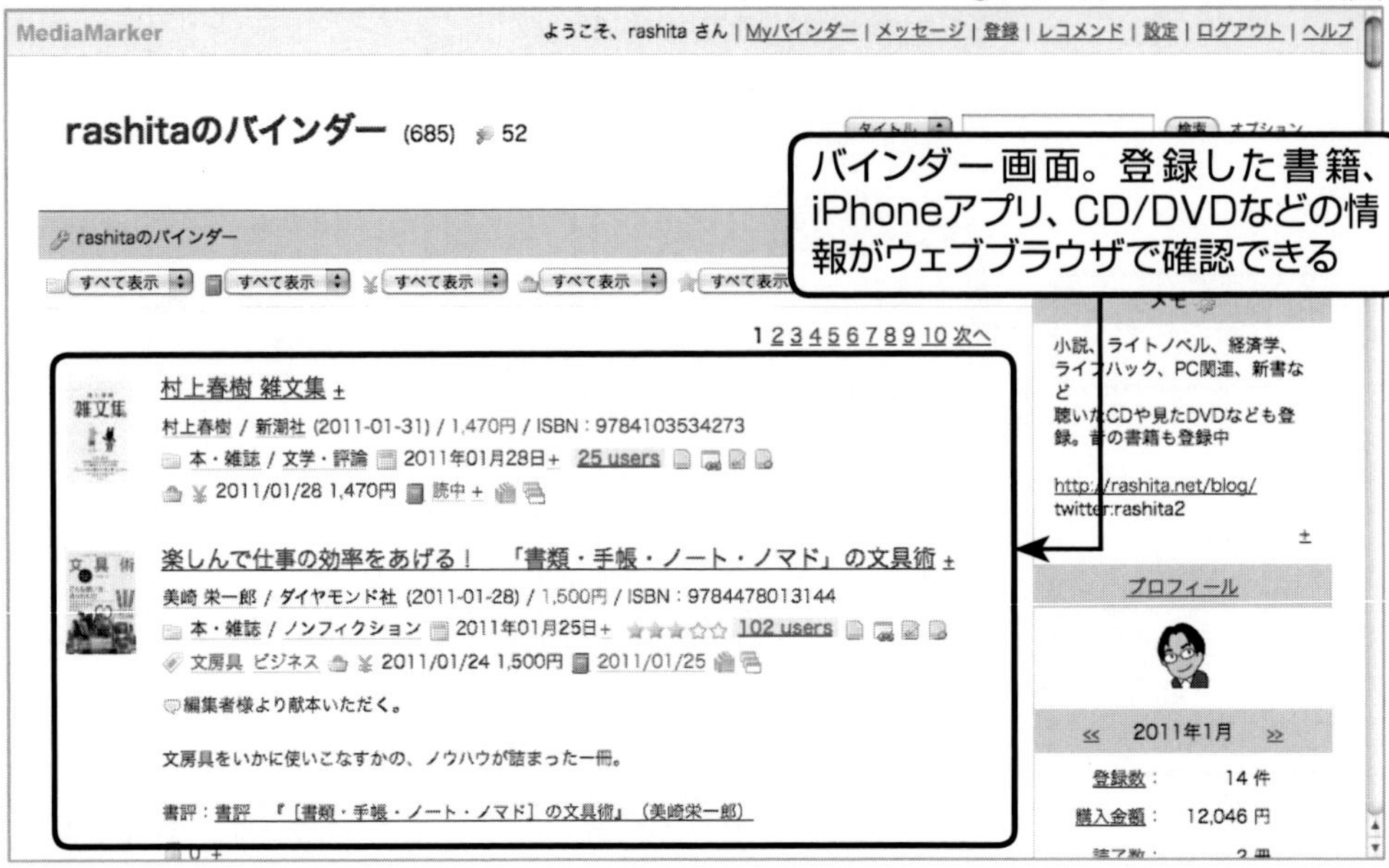

◉メディアマーカーの情報登録画面

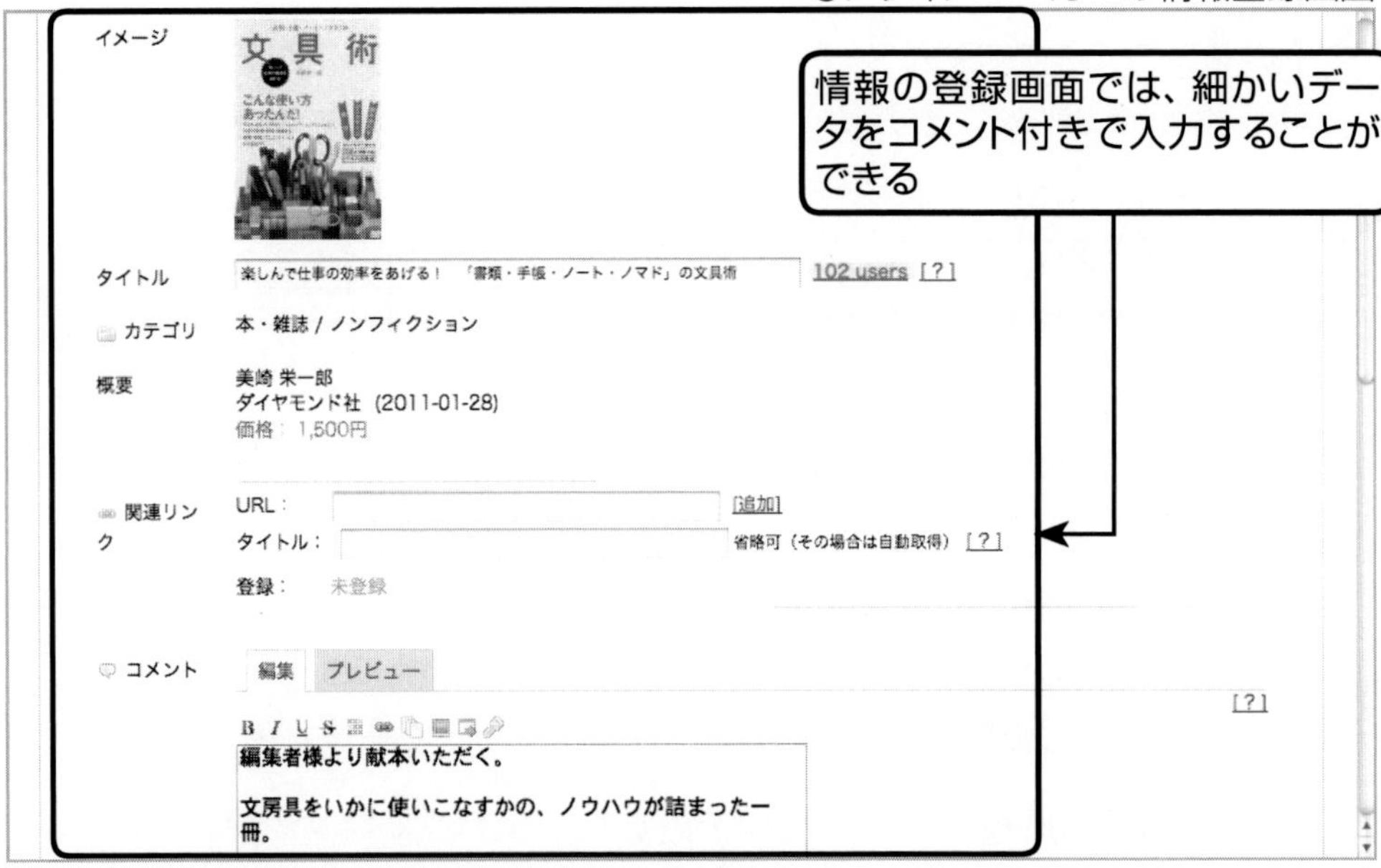

位置情報が記録されます。この記録は後からいつでも参照できます。

メディアマーカー

「メディアマーカー」(**http://mediamarker.net/**)はウェブ上に自分の本棚をつくるクラウド・サービスです。購入した本の履歴や読書メモなどを記録できます。他にも読書管理用のサービスはありますが、メディアマーカーは**iPhone**アプリで提供されている電子書籍などもまとめて管理できるのが特徴です。買った日付や読み終えた日付などが記録されるので、細かい蔵書管理も可能になっています。

こちらも**iPhone**アプリが無料で提供されており、本を買ったその場で登録したり、読み終えたら簡単な感想をすぐに書き込むという使い方もできます。

ウェブサービスのログを自動的にEvernoteに転送する

この2つのサービスは、ウェブ上で自分のログを確認できるだけでなく「**RSS**フィード」も提供してくれています。このフィードによるデータを**Evernote**に取り込むことができれば、ウェブサービスを使っているだけで、自動的にEvernoteにライフログのデータがたまっていくことになります。

今のところ、直接フィードによるデータをEvernoteに取り込むことはできません。ここで役立つのが、フィード情報をメールの形に変換してくれるウェブサービスです。このサービスにもさまざまな種類がありますが、私は「blogtrottr」（http://blogtrottr.com/）を使っています。ここに「RSSフィード」の情報を設定すると、その情報が登録したメールアドレスに自動的に送られます。このメールアドレスをEvernoteのメール投稿用アドレスに設定しておけば、ライフログのデータを自動的にEvernoteに取り込む仕組みを作ることができます。

これは類似のサービスでも同じことが可能です。RSSフィードを提供しているサービスであれば、メールに変換することで簡単にEvernoteに情報を蓄えることができます。残したいデータを記録してくれるウェブサービスがあるならば、それを使うだけではなく、そのデータをEvernoteに蓄積することで、自分なりの「ライフログ」を残しておくことができます。

●foursquareのRSSフィードの取り込み

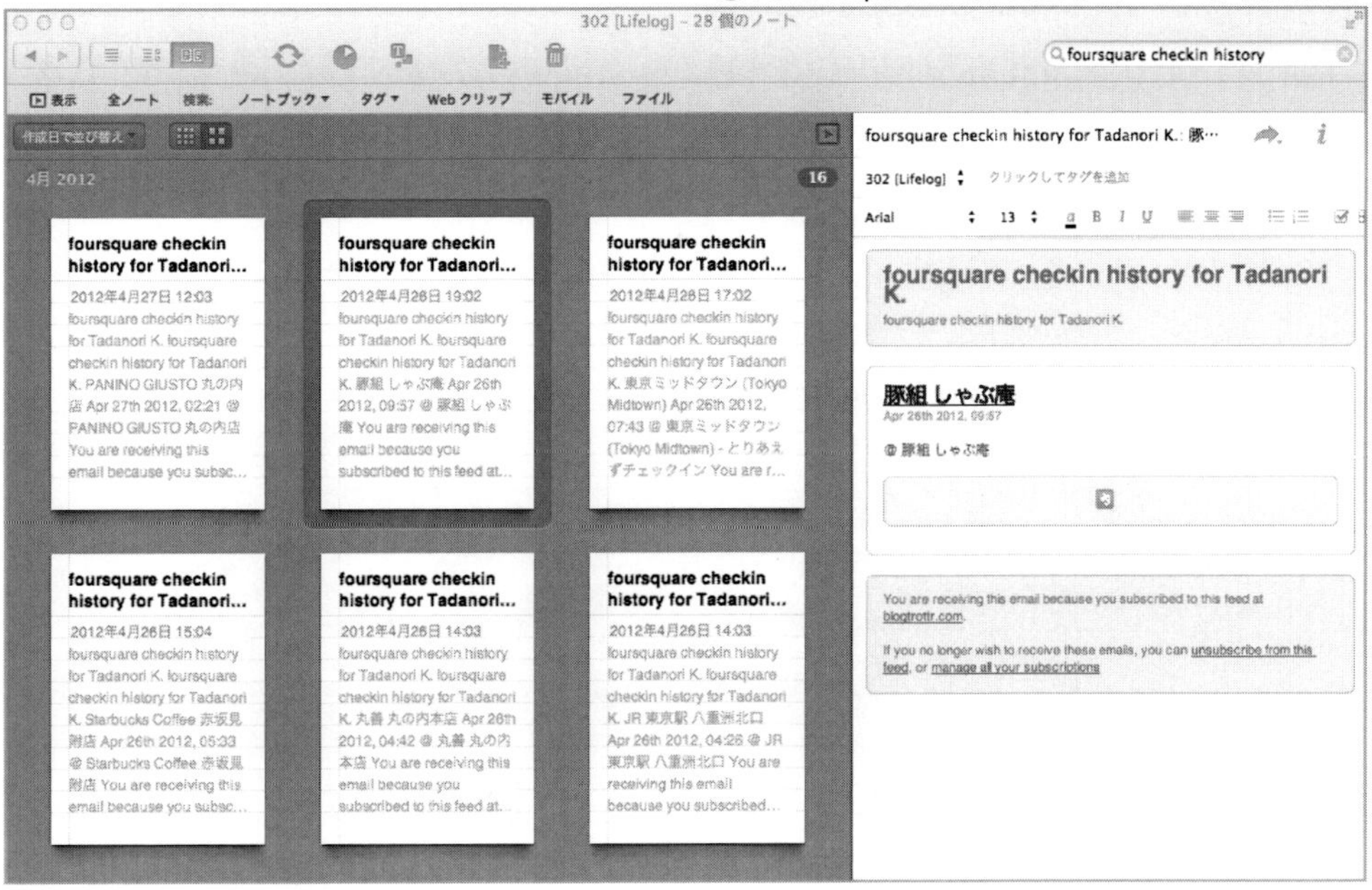

●自分のブログのRSSフィードの取り込み

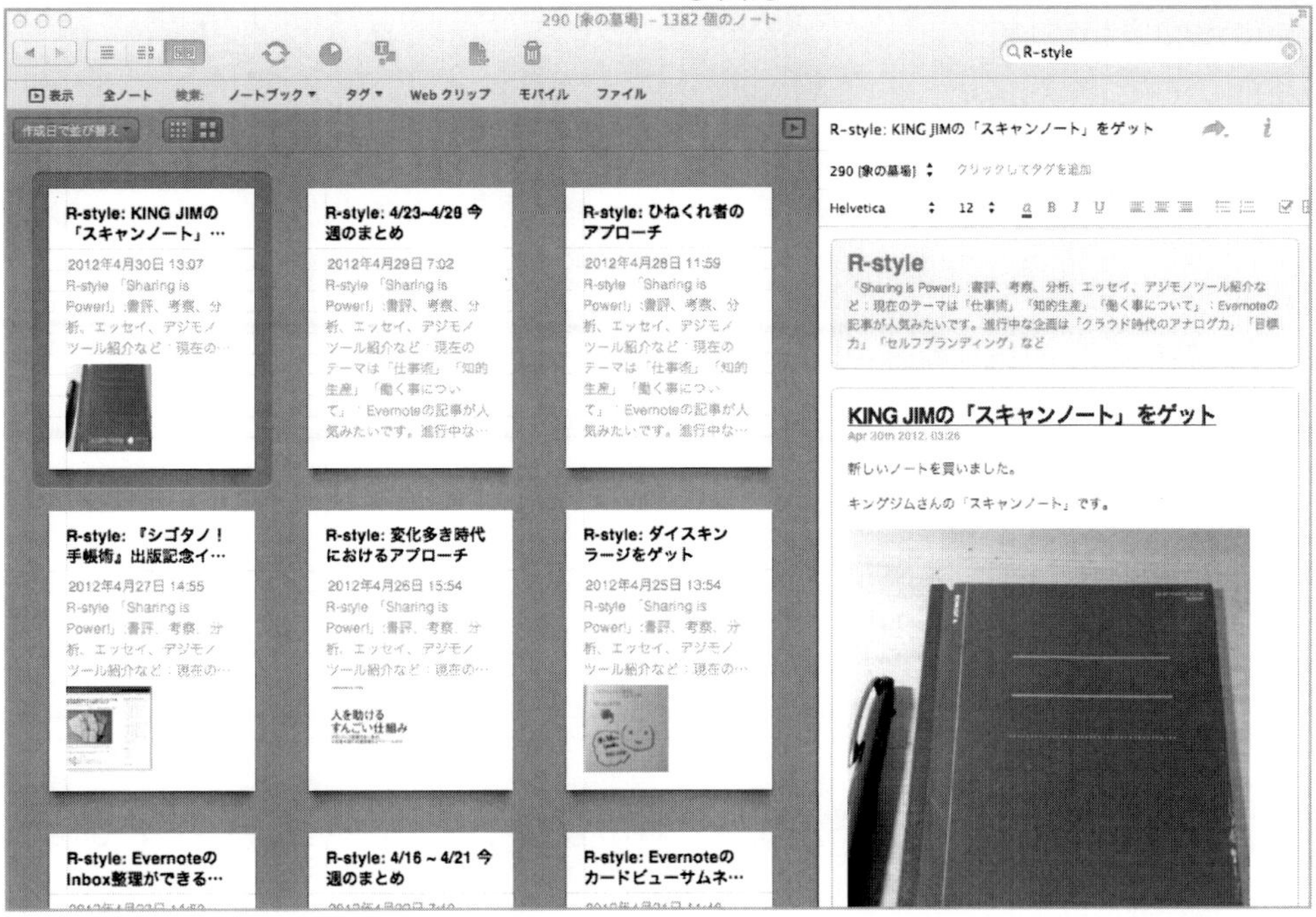

「blogtrottr」へのRSSフィードの登録

「blogtrottr」へRSSフィードを登録するには、次のような操作で行います。なお、「blogtrottr」を利用するには、事前にユーザー登録が必要です。

1 「blogtrottr」へのログイン

❶「blogtrottr」のトップページを表示し、[Login] ボタンをクリックして表示されるボックスで、登録済みのメールアドレスとパスワードを入力して[LOGIN]ボタンをクリックします。

2 登録済みRSSフィードの一覧表示

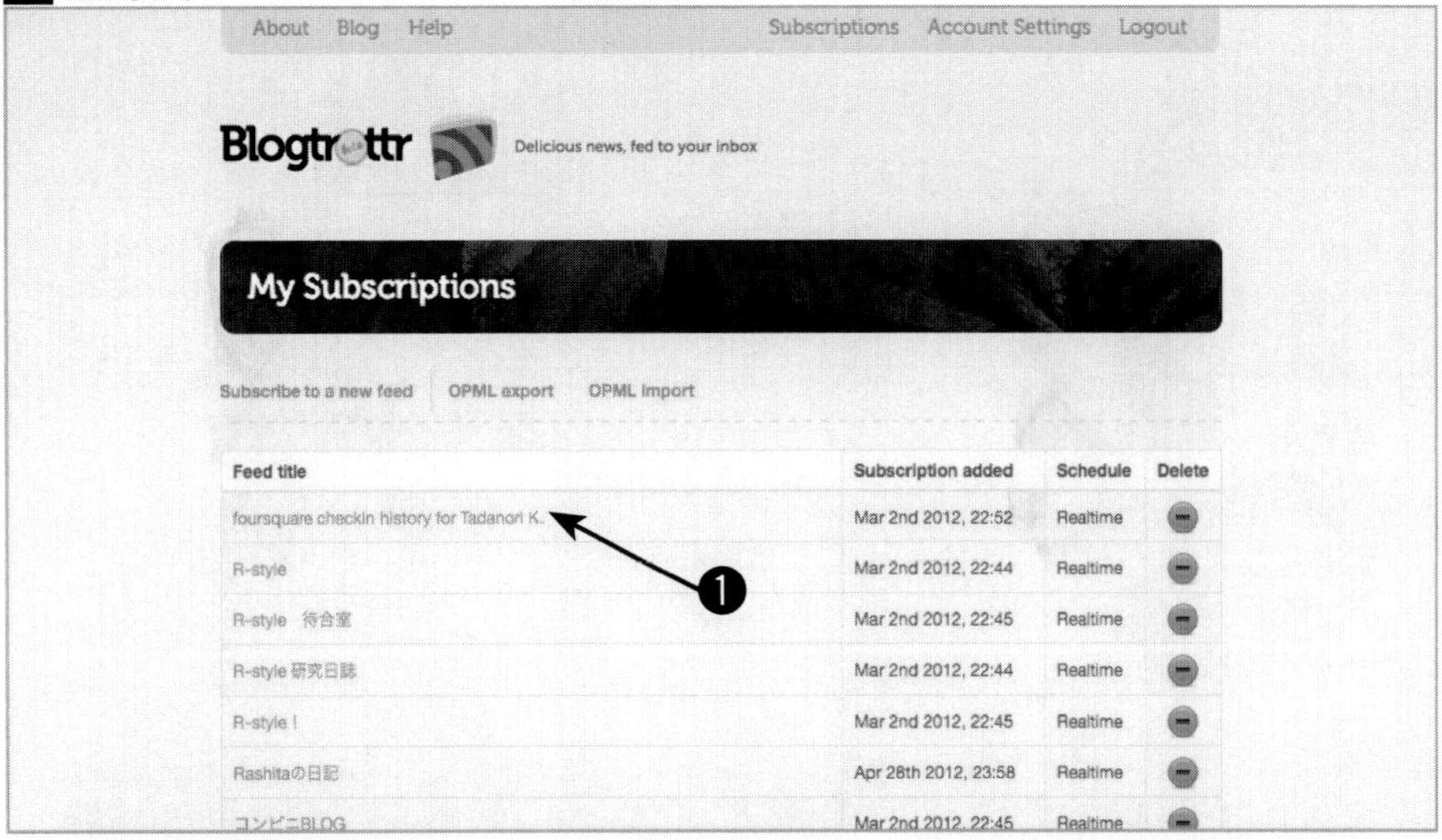

❶ 登録済みのRSSフィードが表示されるので、タイトルをクリックします。なお、「Subscribe to a new feed」をクリックすると新規登録が行えます。

3 RSSフィードの修正画面の表示

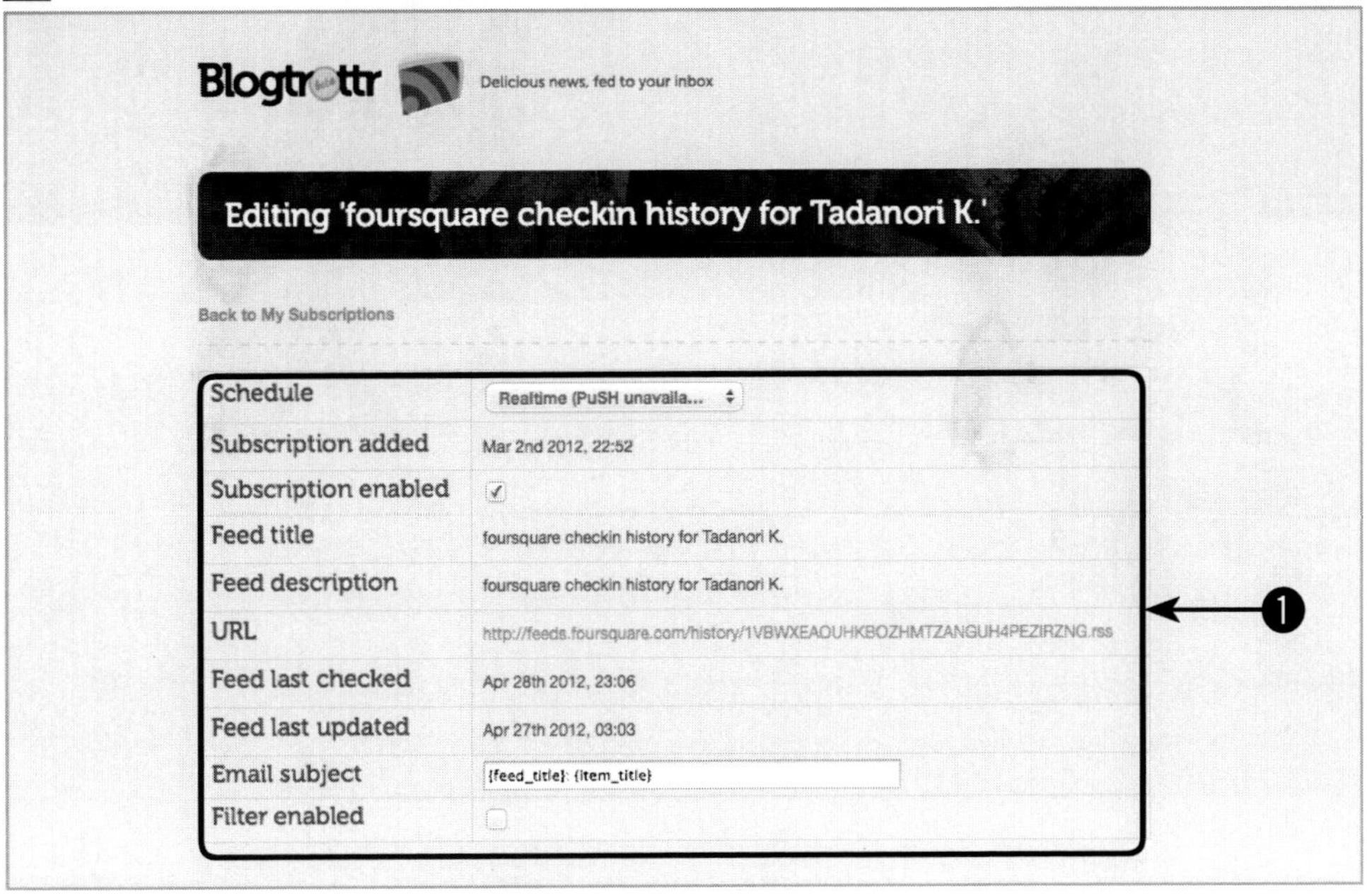

❶ 登録済みのフィードの情報が表示されます。

4 RSSフィードの修正

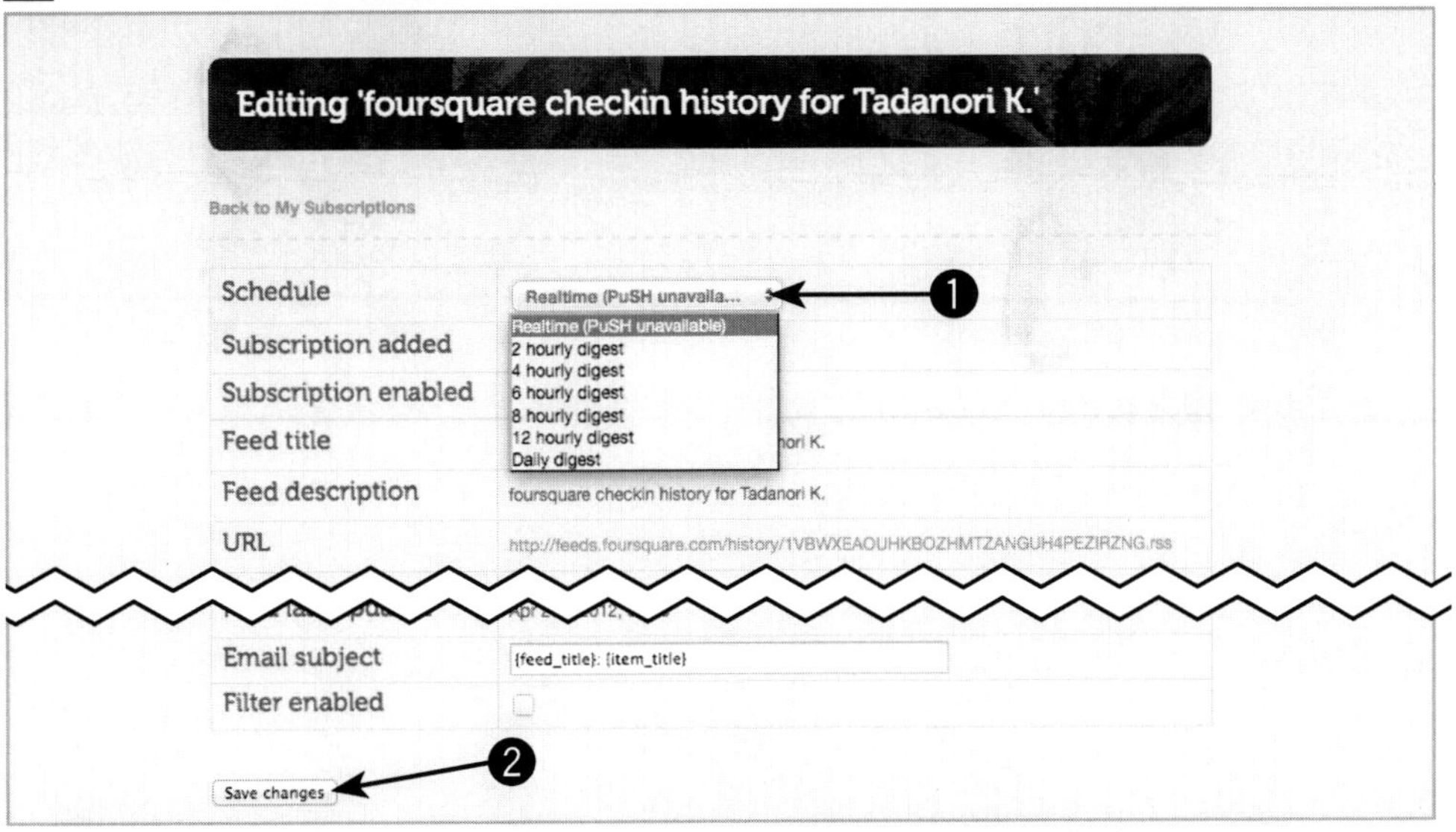

❶ [Schedule]のドロップダウンリストでは更新の間隔が指定できます。
❷ 修正後は[Save changes]ボタンをクリックします。

写真によるライフログ

日常的な風景を撮影したり、特別なイベントの写真を残したりというものもライフログの一部になります。

イメージとしては写真アルバムが近いでしょうか。特別な情報収集というわけではありませんが、面白そうな看板や気にとまった風景などを残しておくのも後から見返せば面白いはずです。こういったライフログを取っていくことで、自分の興味の足跡を残すことができます。

この写真によるライフログは第2章で紹介した「**FastEver Snap**」というアプリケーションが便利です。とにかく手軽に記録が残せることが、ライフログを実行していく上では重要なことです。もちろん、このアプリケーション以外にもさまざまな**Evernote**と連携したアプリケーションがあって、どれを使うかは個人の自由です。普通にカメラで撮影したものをメールで送ってもよいでしょう。

●食べ物･飲み物のライフログ

●買い物のライフログ

メールによるライフログ

これらに加えて電子メールのいくつかもライフログとしてEvernoteに保存してあります。基本的にすべてのメールはGoogleが提供しているGmailで管理しています。これもクラウド・サービスで、基本的に無料で使うことができます。**Gmail**は検索が強力でラベルやフィルタという機能があり、メールを一括管理するのに最適なサービスの1つです。

必要なメールがあれば**Gmail**を検索して簡単に探し出せます。ただ、添付資料や注意事項が書かれたメールなど、後々の参考資料になりそうなものは**Evernote**にも保存しています。あるいは、プロジェクトの発端となったメールや打ち合わせ内容が書かれたメールなども同様です。

これらは単純にバックアップ的な意味合いもあります。また、新しい企画を考える際に過去の資料を参照することもできます。将来のアウトプットにおいて役立ちそうなものは「ライフログ」でもあり知的生産の「素材」にもなり得るわけです。

進行中のプロジェクトでやりとりするメールは、やりとりする方の名前を目印にしてGmailの「フィルタ」を使って、自動的にEvernoteにメールが転送されるようにしています。

ライフログとして保存するメールは、そういった「素材」としての可能性を持たないものもあります。たとえば、応援や励ましのメールなどがそれです。こういったメールはGmailの中に埋没させておくのではなく、ライフログとしてEvernoteに取り込み、時折見返して自分のモチベーションアップに役立てています。

「自分情報」を残すことの意味

その時点では「たいしたことがない」と思っていたものに、時間が経って新しい価値が出てくることがあります。それが「物」の場合は、経済的な価値につながってくることもあります。たとえばビックリマンシールが数千円、数万円でやりとりされていたりするというケースがそれです。

手に入らなくなった物の希少価値が上がることで、当時からでは考えられない値段が付いているわけです。とあるカードゲームでは、とても希少価値の高いカード1枚に、車が1台買えるほどの価格が付いている物もあります。

情報に関しても同じことがいえます。どの情報が後にどのような価値を持つのかは、事前にはわかりません。また、写真アルバムを見返したときに、何気なく撮影した日常風景から過去の記憶がありありと想起されるということもあるでしょう。それは、すくなくとも自分にとって希少価値のある情報です。

意識的に残さなければ失われてしまう自分情報を、積極的に残していったほうがよいというのは、このような考えからです。確かに、ある時点での自分の体重にはそれほど意味がないかもしれません。しかし、後で何に価値が出るかはその時点ではわからないことがほとんどです。

Evernoteにログを残すのに、コストはかかりません。1カ月のアップロード上限に引っかからなければ、どれだけ情報を保存しても同じことです。そして、情報が増えたからといってEvernoteの使い勝手が悪くなることもありません。

将来、振り返ったときに「あの情報を残しておけばよかった」と後悔しても、それらの情報は二度と手にすることはできません。コストがほとんどかからないならば、「とりあえず」保存しておいても損はないでしょう。

LIFE HACK 19

知的生産の要となる「自分データベース」の完成

「メモを取る」を習慣化させることの重要性

本章では、知的生産における着想の重要性に注目しました。そして、それらを保存していくための総合的な「メモ帳」としてのEvernote運用法の考え方も合わせて紹介しました。このメモ帳があれば、自身の着想をメモ帳の容量や耐久年度を超えてすべて保存しておくことができます。またメモ帳の用途を拡大して、ライフログのデータを保存していく使い方も紹介しました。

重要なのは高価なメモ帳を新しく買ったり、メモアプリケーションをたくさんインストールすることではありません。頭の中に何か浮かんだら、即メモするという習慣です。言い換えれば、心の中に「メモ帳」を持つことです。そのためには日常的にメモ帳を持ち歩き、どんな些細なことでもメモする意識を持っておく必要があります。慣れてくれば、着想が出てきたときに、メモ帳なり、携帯電話なり、スマートフォンなりが自然と出てくるようになるでしょう。

「自分データベース」から知的生産が生まれる

第2章のスクラップ・ブックとしての使い方、そして本章でのメモ帳としての使い方を合わせることで、**Evernote**が自分自身の「知のデータベース」となっていきます。そこにライフログの自分情報も合わせて保存していくことで「自分データベース」ができ上がります。他の誰の役にも立たないけれども、自分が使う情報・自分に関する情報がもれなく入っている、これが「自分データベース」です。

この「自分データベース」作りが、知的生産のインプットの部分にあたります。次章はこの「自分データベース」の整理法についてです。

Column

達人のノートブック（1）北真也さん

Evernoteのノートブックの作り方には、さまざまなバリエーションが存在しています。使い込んでくると、Evernoteにも「個性」が出てくるので、単純に他の人のノートブックを見るだけでもなかなか興味深いものがあります。

今回はEvernote使いとして有名な若手ブロガーお2人に協力してもらい、ノートブックリストを公開していただきました。

1人目が、「Hacks for Creative Life」の北真也さん（TwitterIDは@beck1240）です。

北さんのノートブックは右のようなものです。仕事中にはクラウドを触れない環境なので、プライベート（ブログなど）に関する情報を集めて使っているようです。「オアシスノート」や「ネタ・オモロイ」など興味深いノートブックがあります。

◉北さんのノートブック

北真也さんのブログ：

「Hacks for Creative Life」

http://hacks.beck1240.com/

CHAPTER-4

Evernoteで自分だけの整理法を確立する

LIFE HACK 20

知的生産における効率的な情報管理

人によって「最適な整理」の方法は異なる

第2章と第3章ではEvernoteをスクラップ・ブックやメモ帳のように使い、知的生産の素材を集めていく方法を紹介しました。収集の次のステップは整理です。集めた資料を活用するためには、整理システムを持っておく必要があります。

知的生産における整理だけでなく、Evernoteでの情報の整理法は一見つかみ所がない印象があります。おそらく、多くの人がEvernoteでの情報整理のやり方について疑問を持っていることでしょう。「Evernoteではどんな整理法を使うといいのか？」という質問は、「Evernoteになにを入れていけばいいのか？」という質問とあわせてよくでてきます。

結論から言えば、**Evernote**でどのような整理法を使っていても問題ありません。アナログツールと違って強力な検索機能を持つ**Evernote**は、どんな形式で情報を整理してあっても、一応は必要な情報にたどり着くことができます。極端ないい方をすれば、一切整理をしなくても情報を探すことが可能です。

多くの**Evernote**ユーザーの使用事例を見ていても、その整理手法はさまざまです。各自その使い方は違っていても、必要な情報が見つけられているわけですから、

「最適な整理法」は必要なものをすぐに見つけられる環境作り

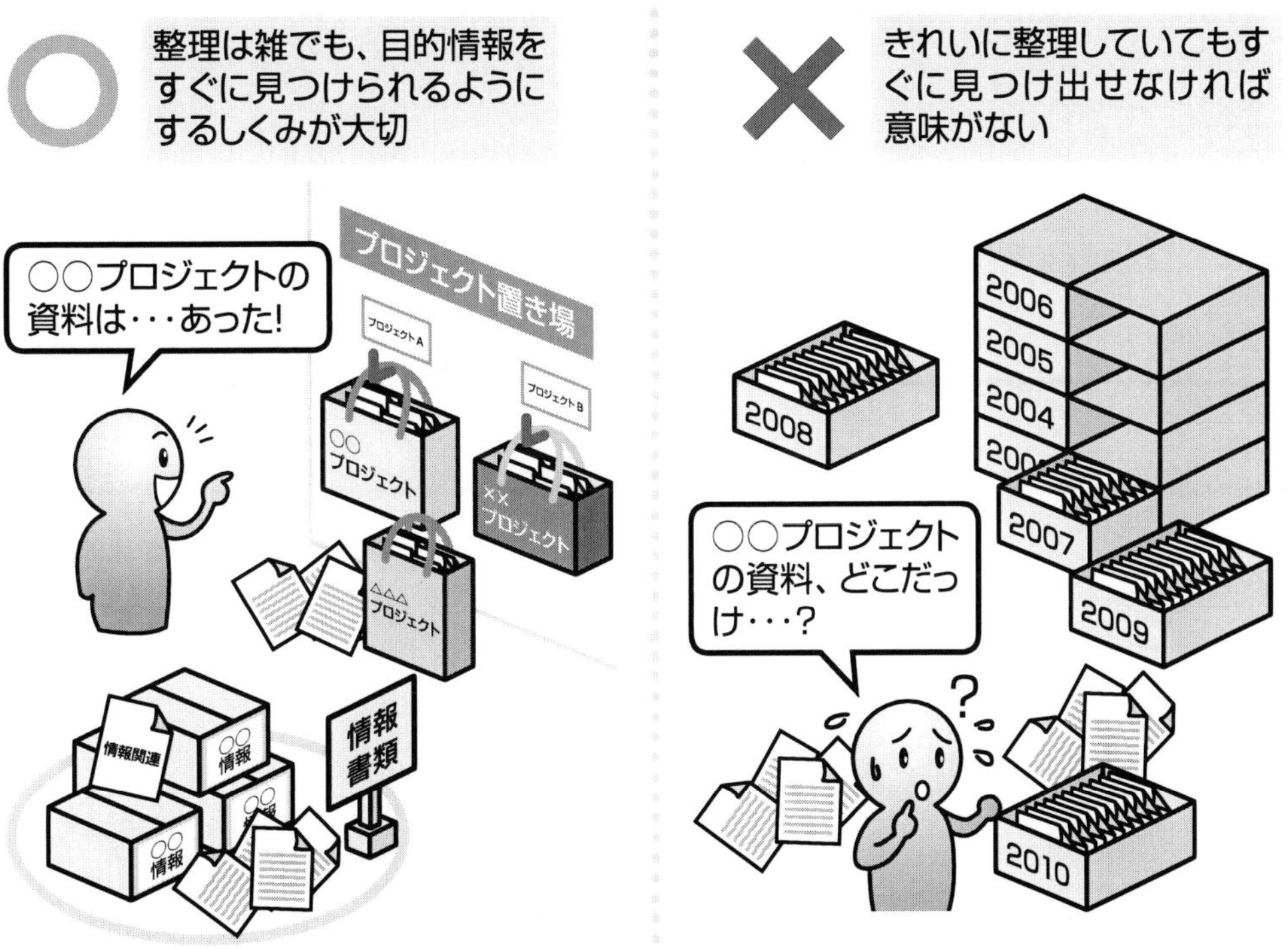
○
整理は雑でも、目的情報をすぐに見つけられるようにするしくみが大切
○○プロジェクトの資料は・・・あった!
プロジェクト置き場
プロジェクトA
プロジェクトB
○○プロジェクト
××プロジェクト
△△△プロジェクト
情報関連
○○情報
情報書類
×
きれいに整理していてもすぐに見つけ出せなければ意味がない
2006
2005
2004
2008
2007
2009
2010
○○プロジェクトの資料、どこだっけ・・・?

その人のなかでの「最適な整理」になっているのでしょう。そこに正解や優劣は存在しません。重要なのは、「人によって最適な整理法は異なる」ということなのです。

「自分にとっての最適な整理法」を見つけるには

そもそも、なぜ「整理」を行う必要があるのでしょうか。

なにかを整理する目的とは、「必要なものを、必要なタイミングで見つけ出せる環境」を作ることです。どこに保存してあるかわからない、置いてある場所がわかっても探し出すのに1時間もかかる、というのでは「整理」されているとはいえません。逆にいえば、どれだけ乱雑にものが置かれていても、必要なものがさっと取り出せるならば最低限の「整理」はできているといえるでしょう。

問題は、どのように「自分にとっての最適な整理」を作り上げればよいかということであり、本章のテーマはそこになります。

Evernoteにおける情報整理法を構築していく上で、基本的な考え方になるのは「マドルスルー」です。マドルスルーを一言でいえば、「使いながら最適な形を見つけていく」方法で、自分なりの最適な整理スタイルを構築していくことができます。

また、本章では知的生産の材料の扱い方についても考えてみますが、これには知的生産でおなじみのツール「情報カード」を参考にします。

本章で紹介するのは具体的な整理のやり方ではなくて、あくまで整理についての考え方と整理法を構築していく流れです。最終的には自分自身で形を作らなければ、「最適な整理」にたどり着けません。形作りの参考になるようにいくつかの実際例もあわせて紹介しておきます。

LIFE HACK 21

効率的な情報整理を実現するための3つのポイント

整理のための最小限のルールを作る

整理の基本となるのが「ルール」の存在です。ある種のルールに従って置き場所を決めるからこそ、私たちは後から探すときにそれを見つけ出すことができます。たとえば「ペン類はデスク上のペン立てに入れる」というルールがあるからこそ、ペンが必要なときにペン立てを探すわけです。

日常的には意識してないかもしれませんが、人がなにかを整理するときには、ある種のルールがその裏に働いています。逆にうまく整理できていないときは、このルールが曖昧であることがほとんどです。

Evernoteの整理におけるポイントは、自分なりに使いやすいルールを見つけることです。図書館で行われているようなしっかりした分類による整理は必要ありません。こういった整理は不特定多数の人が探すことを前提とした整理です。また、単にきれいに並べるための整理もいりません。

情報整理において、押さえるべき第一のポイントは、「必要なものを、必要なタイミングで見つけ出せる環境を作る」です。これを逆からみると、自分が「どんなときに、なにを必要とするか」がわからないと最適なルールは作れない、ということになります。

「整理のための整理」はしない

他の工程と同じように、知的生産の各工程は最終的にアウトプットを生み出すためにあります。もし細かい整理にこだわって手間や時間ばかり使ってしまったら、じっくり考え事をしたり、あるいはなにかを作り出していくための時間がなくなってしまいます。

知的生産の書籍を読んでいても、整理に時間を使いすぎるなというアドバイスはよくみられます。特に、資料を管理してくれる人など雇えない個人の知的生産作業では、手間をかけて整理などしていられない、というのが本当のところでしょう。整理などしないのが一番理想的なのかもしれません。

Evernoteでは整理をしなくても検索をすれば情報を探すことはできます。しかし、頻繁にアクセスする情報をいちいち検索していては、手間や時間がかかることも確かです。

情報整理の2つ目のポイントは、「整理に手間や時間を使いすぎない」です。目指すべきは、「整理しすぎない整理」です。手間や時間を最小限に抑えながらも、必要な情報に適切にアクセスできる環境を作ることが必要です。

アイデアの創出を阻害する「引き出し別々現象」を防ぐ仕組み

なにかを整理する場合に使われる「分類」もなかなかやっかいな問題を含んでいます。

山鳥重氏の『「わかる」とはどういうことか 認識の脳科学』(筑摩書房)では、分類についての面白い話が紹介されています。山鳥氏は長い間、電気髭剃り機(シェーバー)

を丁寧にブラシで掃除していたそうです。なかなか面倒な作業ですが、それをやらないと剃った髭がシェーバーのなかに溜まってしまいます。

あるとき、「これって掃除機で吸引すればええのとちゃうんか」とひらめき、実際やってみると驚くほど簡単にきれいになったそうです。この話のポイントは、「ひらめく」までは一切そういったことが頭のなかに浮かんでこなかったという点です。

シェーバー掃除の知識と部屋掃除の知識はそれぞれ別の引き出しにしまいこまれていて、つながっていなかったのです。知識がばらばらになってしまって、おたがい何の関係もなかったのです。

なぜ知識の引き出しが別々になっているのかというと、見かけの知識だけで納得してしまい、それ以上、見かけの裏に潜む共通の原理にまで、頭が働かなくなっているからです。こういうのは死んだ知識ということが出来ます。

こういう現象を、山鳥氏は「引き出し別々現象」と名付けています。

アイデアというのは、まさにこうした「ある引き出し」にはいっているものを「別の引き出し」に入れ直す作業です。いつまでも、同じ「引き出し」に入れっぱなしにしている知識・情報は、死んだ知識・死んだ情報なのです。

情報整理の最後のポイントは、「既存の分類に情報を閉じ込めない」です。既存の分類は、極言してしまえば他の誰かが作った「ルール」です。自分のルールでないものを使ってもうまく行くはずはありません。また、アイデアを生み出していくためには、固定化した分類を飛び越えられるような整理法が必要です。

「最適な整理」にたどり着くための道

ここまでで取り上げた情報整理における3つのポイントとそれを実現するために必要な項目をまとめておきましょう。

- 必要なものを、必要なタイミングで見つけ出せる環境を作る

　⬇自分がどのタイミングでどんなものを必要とするのかを知る

- 整理に手間や時間を使いすぎない
  ⬇自分が使用するルール以外の整理をしない
- 既存の分類に、情報を閉じ込めない
  ⬇自分自身の分類を見つける

この3つのポイントを踏まえた整理スタイルを作っていく上で、でてくるのがマドルスルーという考え方です。

LIFE HACK 22

自分の最適な整理法を作り上げる「マドルスルー整理法」

徐々に情報整理の最適化を実現する

「マドルスルー」とは、「まるで解決策が見つからないなか、泥のなかをもがくようにがむしゃらに突き進むことでいつのまにか解決策にたどり着くという考え」のことです。

最初に完璧な形や理想像を設定し、それに従って整理していくのではなく、とりあえず情報を入れていき、実際にそれを取り出して使いながら自分なりの整理方法を徐々に作り上げていく、あるいは目的の変化に対応して整理も変更する、というのが「マドルスルー整理法」です。

はじめから完璧な整理法に従って整理していくことに比べれば、その名の通り泥臭い印象を受けますが、最終的に自分にとって「効率的」な整理法を作るためにはこのような作業がどうしても必要になります。

誰かが使っている整理法は、効果を上げていればいるほど、その人にカスタマイズされたものになっています。それをそのまま真似したところで自分の効率化につながるとは限りません。逆に不必要な手間ばかりが増えて、全体の効率が落ち込んでしまうこともありえます。

「マドルスルー整理法」では、そういった「理想のシステム」からのトップダウン的な整理システムではなく、あくまでボトムアップの視点から整理システムを作り上げていきます。**Evernote**の柔軟な設計はマドルスルーの考え方で情報を整理していくのに最適な構造になっています。

まずは「とりあえず」で始めてみる

「最適な整理」は、自分が使うルールのみによって行われることになります。「必要な情報が引き出せさえすれば完璧に整理されている必要はない」と考えると、細かい整理の手間や時間を大きく削減できます。しかしながら、その「自分が使うルール」の大半は、実際に整理を始めてみないと発見できません。「自分がどのような情報をどのようなタイミングで必要とするのか」というルールを発見することが「最適な整理」には必要なわけです。

また、使っているうちに新しいルールが必要になることもあります。最初から分類をガチガチに固めた整理法では、こういう新しい状況にうまく対応することができません。

マドルスルー整理法の要点をまとめれば、次のようなります。

「望む情報が引き出せる必要最低限の環境を、使いながら徐々に作っていく」

これが、自分が使いやすい情報整理のスタイルを見つける効率のよい方法です。まずは情報を**Evernote**に蓄積していき、それを実際に使うところから整理が始まります。その際は暫定的なノートブックやタグを使えばよいでしょう。とりあえず思いついたやり方で始めても問題ありません。使っていくうちに最適な方法が見つかれば、それにあわせて変更すればよいだけです。そういうやり方を支えるだけの柔軟性が**Evernote**には備えられているのです。

LIFE HACK 23

「マドルスルー整理法」でEvernoteを活用する

マドルスルー整理法とEvernoteの相性がよい3つの理由

Evernoteにおいてマドルスルーのやり方が通用するのは、3つ理由があります。

- 「検索」で情報を見つけられること
- 「時系列」で情報を表示できること
- 「ノートブック」や「タグ」のような整理軸をあとから変更できること

それぞれについて、もう少し詳しく見ていくことにしましょう。

「検索」で情報を見つけられること

Evernoteで情報を探すときの基本になるのが「検索」です。「検索」は情報をデジタルの形で保存しておくことのメリットの最上位にくるかもしれません。

Evernoteには、とても強力な検索機能が備えられています。ノートのタイトルや本文を対象とした全文検索だけでなく、画像に含まれる文字すらも検索の対象になります。

また、第2章でも触れたノートのメタ情報も検索に使用することができます。含まれる単語、作成日時といったメタ情報を使って検索すれば、まったく整理されていない状態からでも必要な情報を引き出すことができます。

これは、使いながら整理の形を作っていくマドルスルーにぴったりです。うまく整理できていなくても、とりあえず情報が見つけられるならば、効率性はともかくとしても知的生産ができなくなるわけではありません。

「時系列」で情報を表示できること

Evernoteでは、基本的にノートは時系列に並んで表示されます。作成日時の時系列で並んでいることは重要なポイントです。情報は「新しいもの」の方が参照されやすい性質をもっています。ここ1週間で仕入れた情報と、3年前に仕入れた情報では参照される頻度は確実に前者の方が高いでしょう。

もし欲しい情報が最近のものであることがわかっていれば、特に検索する必要もありません。すべてのノートを新しいものから見返していけば、探している情報を発見できるはずです。

時系列の表示が重要である理由は、人の記憶のなかで時系列が強力な検索キーになっていることです。記憶そのものは曖昧でも、その情報を仕入れたのが最近だったのか昔だったのか、ということは案外、忘れないものです。

きちんとした整理ができていなくても、最近の情報は時系列で、昔の情報は検索を使うことで、情報へのアクセスを確立することができます。実際ノートの数が少ない間は、ノートブックやタグがなくても、この方法で目的の情報はすぐに探し出せるはずです。

この時系列で情報が保存されていることには別の側面もあります。立花隆氏の『知のソフトウェア』(講談社)には、時系列でのマスターとなるスクラップと、目的別のスクラップの2種類のスクラップ・ブックの例が紹介されています。最初に時系列のスクラップ・ブックと目的別のスクラップ・ブックを作っておき、通常は目的別のスクラップ・ブックを使い、何か別の目的でスクラップ・ブックを作りたいときには、時系列のスクラップ・ブックから再編集を行うという仕組みです。

Evernoteを使っていれば自然と似たようなシステムを実現できることになります。ノートブックで情報を分類したとしても、時系列の情報は残っています。そのノートブックでの整理をやめたとしても情報がばらばらになることはありません。

「ノートブック」や「タグ」のような整理軸をあとから変更できること

最後にノートブックやタグの柔軟性の高さです。ノートブックやタグは検索を補完するための機能で、うまく使い分ければ検索の頻度を下げてくれます。この2つの機能には、後でいくらでも変更が加えられるという特徴があります。

ある情報群をタグで管理していたとして、それをノートブックでの管理に変えるのはとても簡単です。その逆の作業もたいして手間はかかりません。

たとえばパソコンのファイルであれば、フォルダを使って整理してある場合がほとんどだと思います。いくつかのルールを決めてフォルダに階層を作りファイルを分けていく。それが機能しているうちはよいのですが、フォルダの構造を変えたくなったときが大変です。

私にも経験がありますが、パソコンのフォルダ構造を新しく作り替えるのは「ちょっと一手間」では済みません。新しいフォルダ構造を作り、入り組んだ古いフォルダのなかから必要なファイルを探して新しいフォルダにコピー／移動する。このような作業は、やり通すのに相当の根気が必要です。かといって途中でやめてしまえば、どこにファイルがあるのかわからなくなってしまいます。

Evernoteでは、整理システムの変更にそのような根気はたいして必要ではありません。もちろん手間がかかることはありますが、フォルダ構造を一から作り直すことに比べれば遙かに容易です。

後で簡単に変更が可能なので、「とりあえず」の整理ができます。情報をとりあえず入れておく、整理のルールを「とりあえず」仮決めするというやり方は、まさにマドルスルー整理法に最適です。

ノートブック内のノートに同じタグを付ける

Evernoteでは、ノートブック内のノートに一括でタグを付ける作業を、次の手順で行うことができます。

1 ノートブックの選択

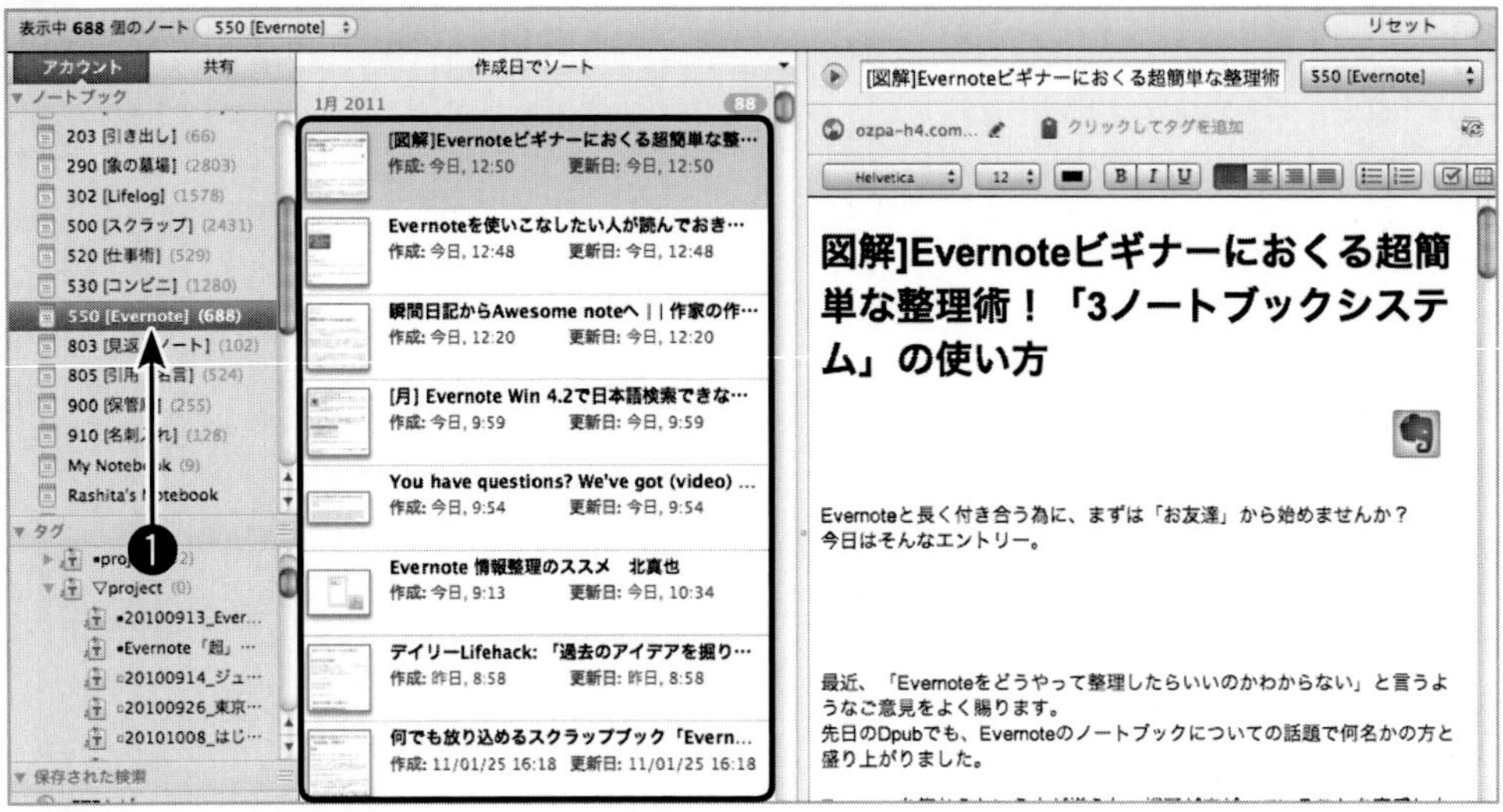

❶ タグ付けを行うノートブックを選択します。

2 ノートブック内のノートを全選択

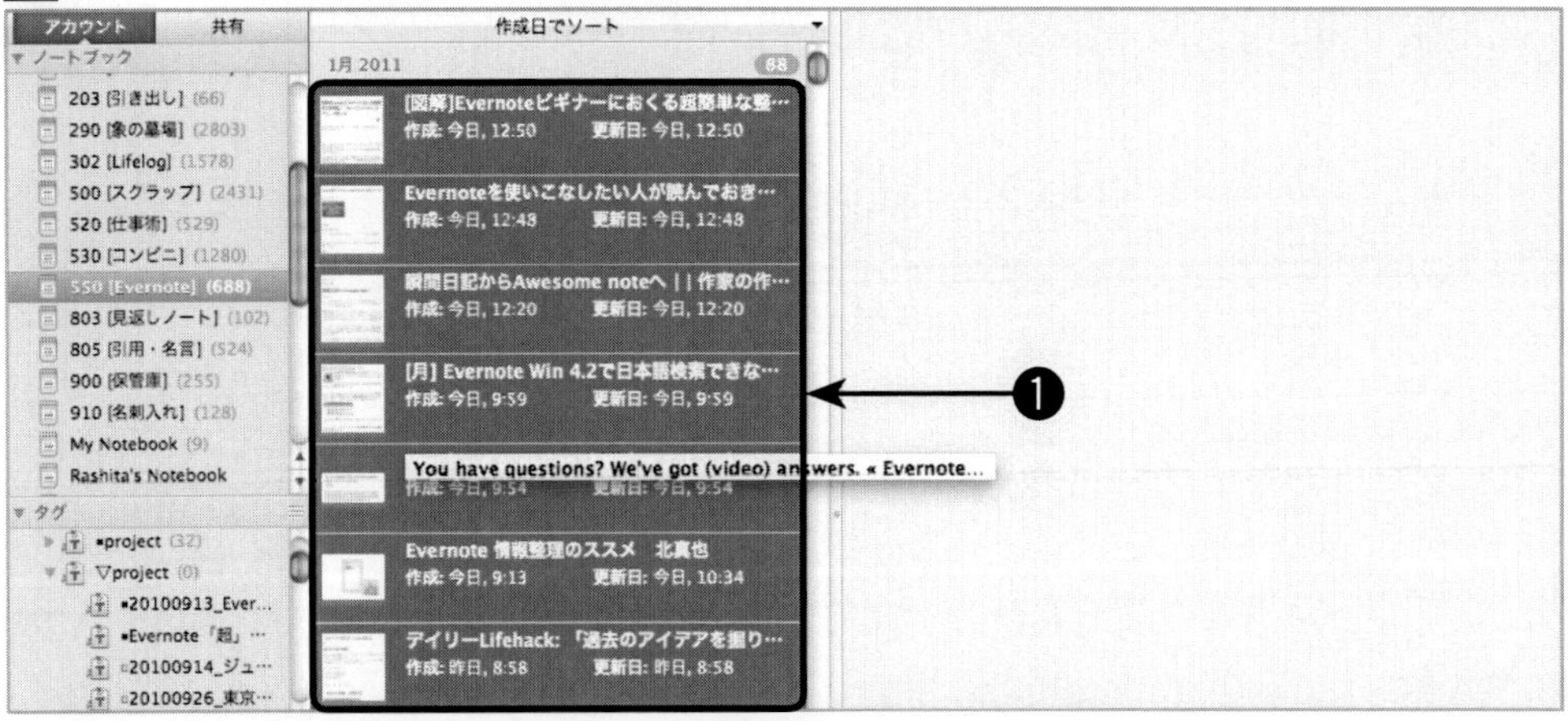

❶ ノートブック内のノートを全部選択します（全選択は、Windowsの場合は[Ctrl]＋[A]、Macの場合は[Command]＋[A]で行えます）。

3 タグをドラッグ&ドロップする

❶ タグ(ここでは[Evernote]というタグ)を、選択したノートにドラッグ&ドロップします。

4 タグ付けの完了

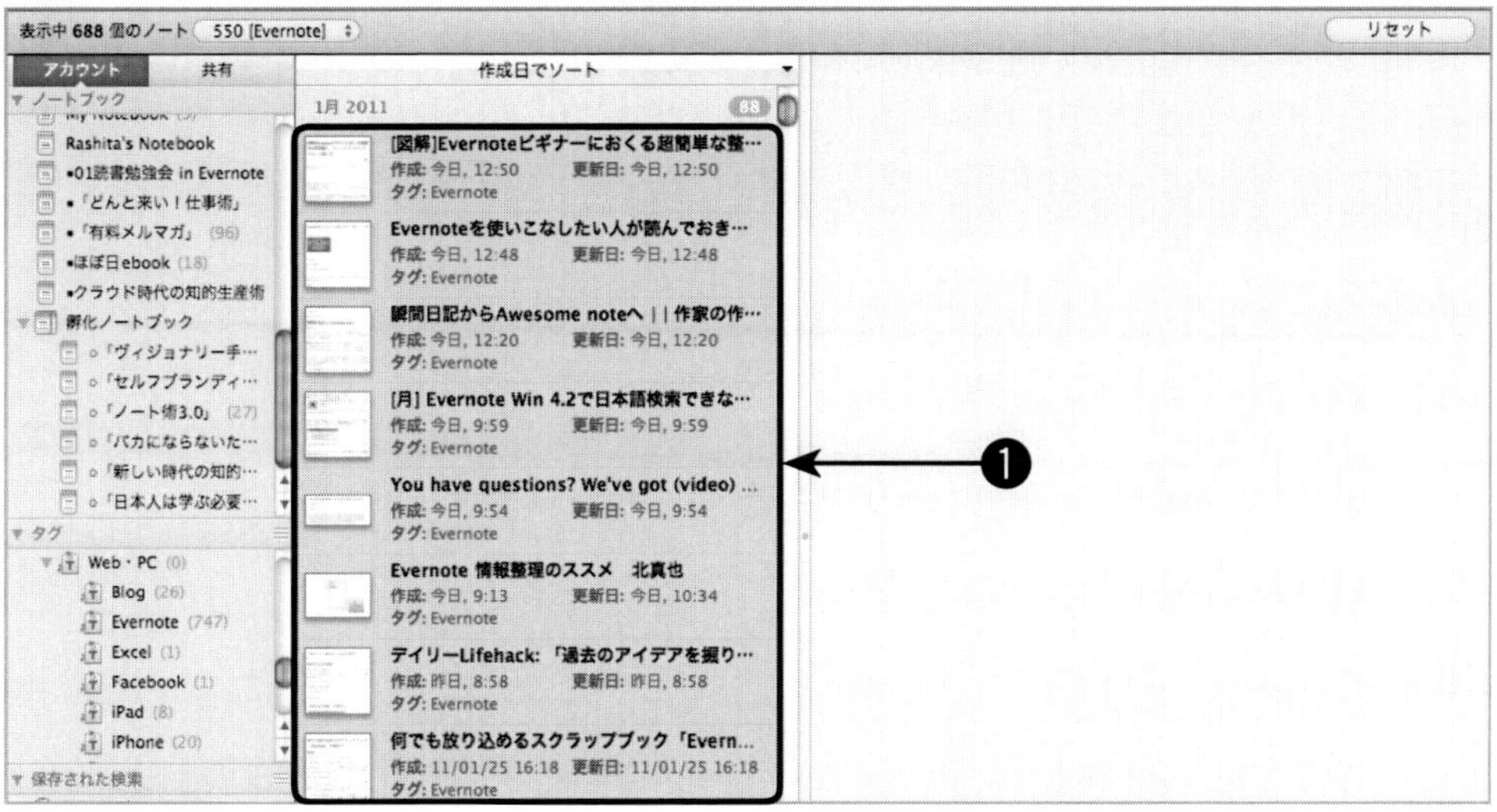

❶ 選択したすべてのノートに[Evernote]のタグが付きます。

簡単なルールの運用から整理をスタートする

自分なりのルールを決めて、整理をスタートするのが最初の一歩になります。そのルールはそれほど深く考える必要はありませんし、細かいルールも必要ではありません。

最初に決めたらルールがうまく機能しなくても、失敗ではありません。機能しない理由を考えて、それにあわせて新しいルールを作ればよいのです。機能しない理由とは、「自分が重要だと思っていた情報がそれほど重要ではなかった」とか、「よく考えれば頻繁に利用する情報だったのにアクセスが悪い状況になっていた」といったことが考えられます。

理由さえ見つかれば、より自分の現状にあったルールを決めることができます。

しかし、まったく何のヒントもない状況から、自分なりのルールを決めるのも難しいので、いくつか参考になる考え方を紹介します。

LIFE HACK 24

Evernoteを活かす「情報カード・システム」の整理法

カード・システムとEvernoteの類似点

情報の扱い方、あるいは整理の方法について参考になるのが「情報カード」によるカード・システムです。昔から知的生産に関する本にはこの「情報カード」がよくできます。たとえば、第1章で紹介した『アイデアのつくり方』『知的生産の技術』の他にも、『知的生活の方法』(渡部昇一著、講談社)でも、カードによる情報整理法が紹介されています。現代でも**PoIC(Pile of Index Cards)**という洗練されたカード・システムが存在しています。

使われているカードは、B6サイズあるいは3インチ×5インチというサイズが一般的です。市販されているカードには、サイズ、方眼や罫線の有無、紙質など、さまざまなバリエーションが存在しています。

世の中にあるカードの運用法で、共通しているのはカードをかっちりとは分類しないところです。たいていはカードを分類せずに時系列で並べることを推奨しています。これは『知的生産の技術』の著者である梅棹忠夫氏の「分類するな、配列せよ。そして検索が大事」という言葉にも通じます。

この言葉はぴったりとEvernoteに当てはまります。Evernoteは基本的に時系列で情報を保存し、それらを検索で見つけ出して使います。Evernoteのノート1枚を情報カード1枚として捉えると、こうしたカード・システムの考え方を使うことができるようになります。

Evernoteのノートは「1枚1事の原則」で作成する

なぜこれらのシステムでは綴じノートではなくカードを使うのでしょうか。

その答えは、「アイデアとは、既存の要素の新しい組み合わせ以外の何ものでもない」の原理にあります。発想に必要なのは1つひとつの情報ではなく、それらの新しい組み合わせです。

ノートのように綴じられた紙に情報を書き込んでしまうと、情報の位置が固定されてしまい、新しい組み合わせを試すのが難しくなります。つまり、前述の「引き出し別々現象」が起きやすくなってしまいます。

カードであれば、それぞれの情報が独立しているので、新しい組み合わせを自由に試すことができます。アイデアを作り出していくためには、こうした新しい組み合わせを試しやすい環境を持つことが必要です。

そのために守るべき原則が1つあります。それは「1枚のカードには1つのことを書く」という原則です。1枚のカードに複数のトピックスが混じっていると、カードを操作しにくくなります。別々のところに存在する「この情報とあの情報をくっつける」「あの情報とこの情報をくっつける」という操作をスムーズに行うためには、情報1つ1つが独立している必要があります。

この原則を**Evernote**に応用すれば「1枚のノートには1つの事柄」となります。これを「1枚1事の原則」と呼んでおきましょう。たとえば、ウェブページをクリップする場合、1つのページに興味を引くトピックスが3つ含まれているならば、それぞれの部分だけをクリップしたノートを3つ作るということです。

あるいはなにかアイデアを思いついてメモを**Evernote**に送る場合も、複数のアイデアを1枚のノートにまとめるのではなく、1つのアイデアに1枚のノートをあてる、という方法になります。

この「1枚1事の原則」を守っていれば、**Evernote**をカード・システムと同じ考え方で運用することができます。梅棹氏の京大式カードでは、「日付」「見出し」「内容」「引用元」というものを記載しますが、**Evernote**のノートでも同様のものを記入することができます。「日付」はメタ情報として自動的に保存されます。「見出し」はノートのタイトル。「内容」はノートの本文で、「引用元」は**Web**クリッパーであれば自動的に**URL**が保存されますし、任意のタグを付けて管理することもできます。

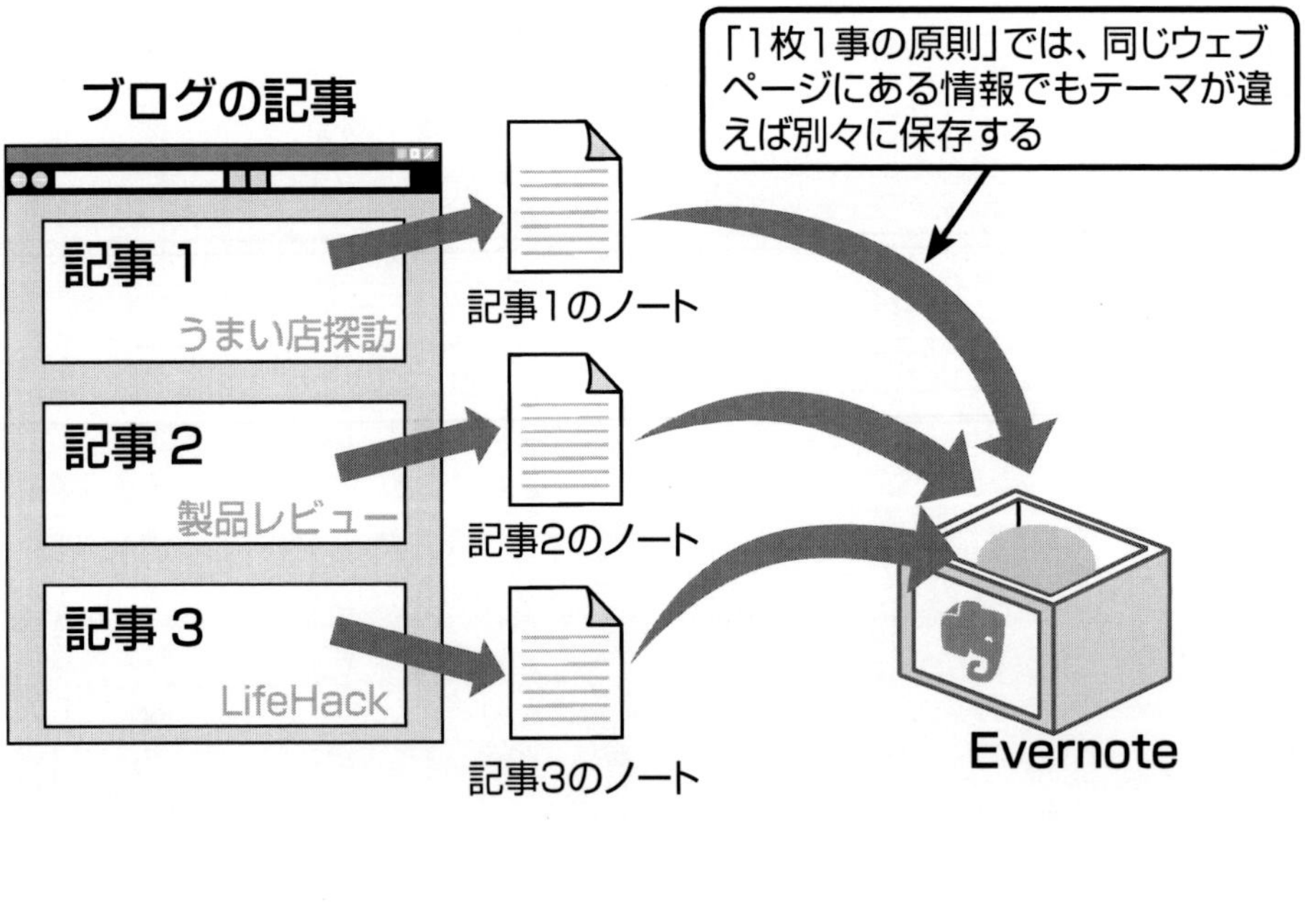

現実の「情報カード」の方が便利な面もありますが、「どこにでも持ち運べる」「置き場所に困らない」「手軽に作る」という点ではEvernoteの方が有利でしょう。

「ゆるやかな分類」が新しいアイデアを生む

「分類するな」と書くと、ノートブックを使うなという風に捉えられるかもしれません。しかし、そういうわけではありません。ノートブックは有効に活用できます。

カードの分類について『知的生産の技術』では次のように書かれています。

> 分類法を決めるということは、じつは、思想に、あるワクをもうけるということなのだ。きっちり決められた分類体系のなかにカードを放り込むと、そのカードは、しばしば窒息して死んでしまう。分類は、ゆるやかな方がいい。

要するにきっちりと決められた分類体系にカードを入れてしまうというのは、「引き出し別々現象」を引き起こしやすいということです。堅苦しい分類は、情報を殺します。誰もが理解できる客観的な分類に基づいて情報を整理していたのでは、新しい発見など起こりえません。むしろ自分の主観的な感じ方によって引き出しに情報をしまっておくからこそ、新しい組み合わせが見つかる可能性がでてくるわけです。

たとえば、私のEvernoteのノートブックには、Evernoteに関係する情報がひたすら入っていますが、なかにはEvernoteという文字が入っていないノートもあります。何か関係ありそうだと思った情報、一緒に使えそうなウェブサービス、使い方の参考になりそうな本からの抜き書き、というノートもこのノートブックには入っています。そういったゆるやかな分類に基づいた情報群から、新しいEvernoteの使い方やこの本の材料などが見つけ出せるわけです。

もし、これを「Evernote」「ウェブサービス」「読書メモ」という分類をしてそのまま放置しておけば、情報が死んでしまうことになります。

「分類するな」というのは、既存の分類法に従うな、あるいは分類そのものにこだわりすぎるな、という警句として捉えればよいでしょう。

目的別にカードを編成「タスクフォース」

　この「ゆるやかな分類」を一歩進めたものが「タスクフォース」です。タスクフォースは『知的生活の方法』という本のなかで渡部昇一氏が紹介しているカードの使い方です。蓄積してきたカードを、特定のテーマに基づいて集め、1つのカードボックスに入れておく。それを参照しながらアウトプットを行うわけです。このカードボックスに収められたカード群が、タスクフォースです。

　時系列やその他のゆるい分類で並べられていたカードを集め直すこのやり方を、タスクフォース、つまり「具体的な特定の目的のために一時的に編成される部局や組織」になぞらえているわけです。

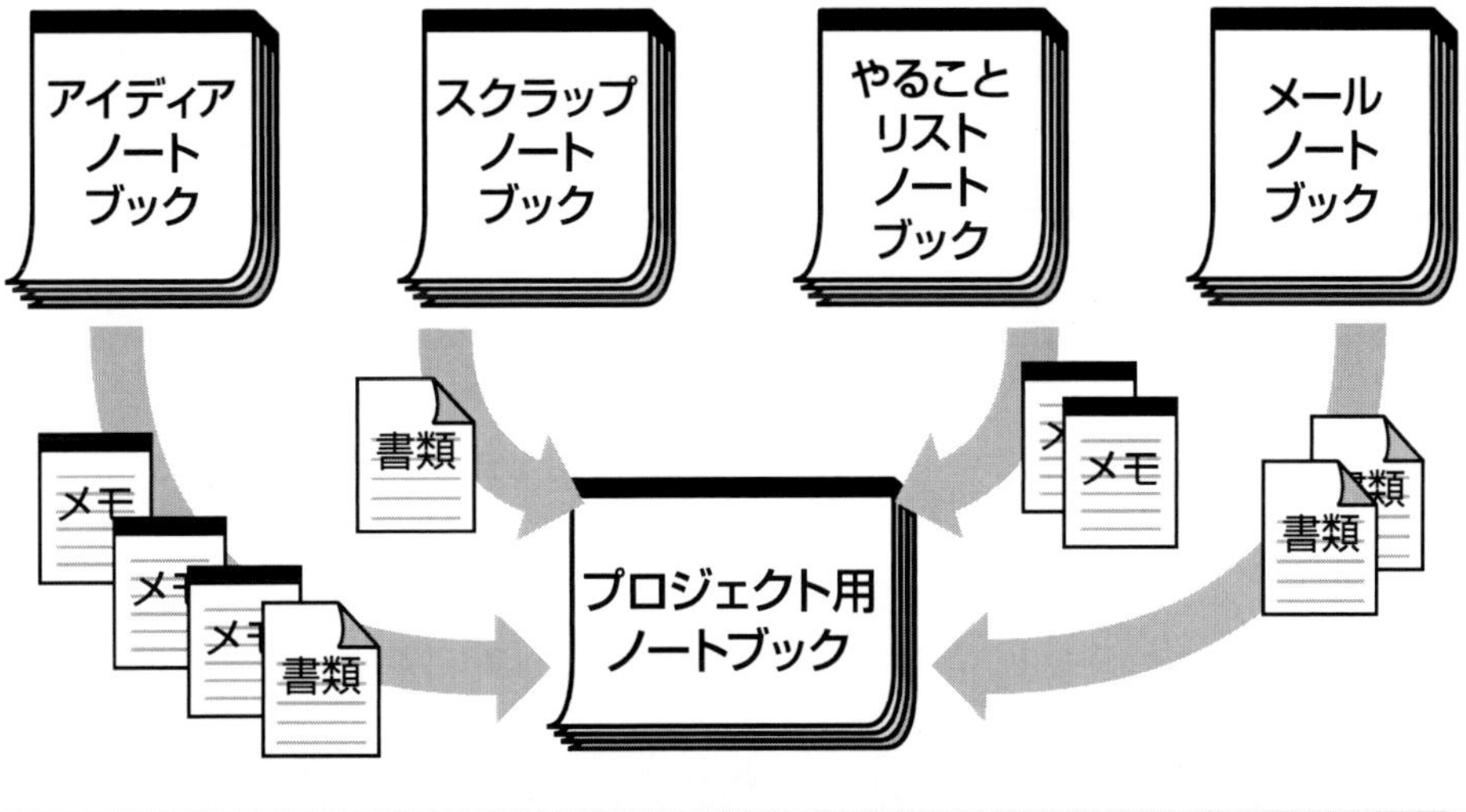

タスクフォースでは、各所から必要な情報を集めてプロジェクトとする

Evernoteでも同様の考え方が使えます。とりあえず集めたノートを、特定の目的が発生したらそれにあわせて編成し直します。この場合カードボックスにあたるのがノートブックです。特定の目的とは知的生産でいえば、新しい企画ということになるでしょう。そのアウトプットに必要な資料や情報をすべてそのノートブックに集めるという使い方ができます。

カード・システムから導かれるEvernoteの整理法

以上のようにEvernoteのノートを情報カードと捉えることで、いくつかの整理についての考え方が見つかりました。簡単にまとめると次のようになります。

- 「1枚1事の原則」を守る
- 自分の関心を中心にゆるい分類を行う
- 状況にあわせてタスクフォースを編成する

これは知的生産における情報整理の基本と呼べる考え方です。もちろんこれは新しいアイデアを生み出す、という目的にあわせた整理法です。**Evernote**には知的生産の材料以外の情報も保存できます。そういった情報の整理は、またその用途にあわせた整理を行えばよいわけです。

続いて、知的生産以外での情報整理についてのヒントになるように、**Evernote**の情報整理の基本となるノートブックやタグという機能について紹介します。

LIFE HACK 25

Evernoteにおける整理の基本

「ノートブック」「タグ」「ノートブック・スタック」の知的生産的活用

ノートブックとタグの使い分けの基本は、「ノートブックでざっくりと分類、タグは目印として使う」です。ノートブックによるざっくりとした分類をもう少し細かくしたい場合は、2010年12月に登場した「ノートブック・スタック」を使います。

まずは、ノートブックについての基本的な考え方を紹介します。

ノートブックの3つの使い方

Evernoteのノートブックについてはいろいろな使い方がありますが、ここでは3つの使い方について紹介しておきます。

「大まかな分類」を作る

一番わかりやすいのがこの使い方です。記事のスクラップならば「スクラップ」、アイデアであれば「アイデアノート」といった、そのノートの中身にあわせた大雑把な分類を作るという方法です。

「状態」を管理する

ノートの状態に分けて管理する方法です。「処理すべきこと」「処理中」「処理後」という分け方です。この状態はタグでも管理することができますが、タグは若干面倒な点が残ります。

「状態」は時間が経つと変化する要素です。これをタグで管理すると付いているタグを消去して、新しいタグに付け替える手間がでてきます。ノートブックであれば、1つのノートブックから別のものへ移動するだけで完了します。1つひとつの動作は細かいものですが、ノートの数が増えてくるとバカにできない時間となります。

この「状態」だけでなく、あらかじめ変化することがわかっている要素はノートブックで管理した方が便利です。

「特別な目的」を意識する

他の情報と混ぜる意味が特にない、あるいは混ぜたくない場合にこういう特別なノートブックを作っておけば便利です。

わかりやすい例としては、「後で読む」というノートブックをあげることができます。読み切れていない記事などを入れておき、時間のあるときに読むという使い方です。あるいは名言を集めて保存しておくというノートブックも「特別な目的」になるでしょう。この場合は、「そのノートブックに情報を保存するために、**Evernote**へ情報を送る」といった、通常の情報管理とは逆説的な使われ方をすることもあります。

「ノートブック・スタック」で「ミニ・Evernote」を作る

ここで、**Evernote**の新機能「ノートブック・スタック」について簡単に紹介しておきます。

ノートブック・スタックは、基本的にはノートブックの拡張で、複数のノートブックをまとめる機能です。ノートブックをグループ化する機能と言い換えることもできます。ノートブック・スタックを選択すれば、そのなかに含まれているノートブックの全ノートが表示されます。それぞれのノートブックはスタックに含める前と同様に扱えます。

この機能を使えば、スタックで大分類を指定し、より細かい中分類をノートブックで分類するという分け方ができるようになります。

ちなみに、このノートブック・スタッ

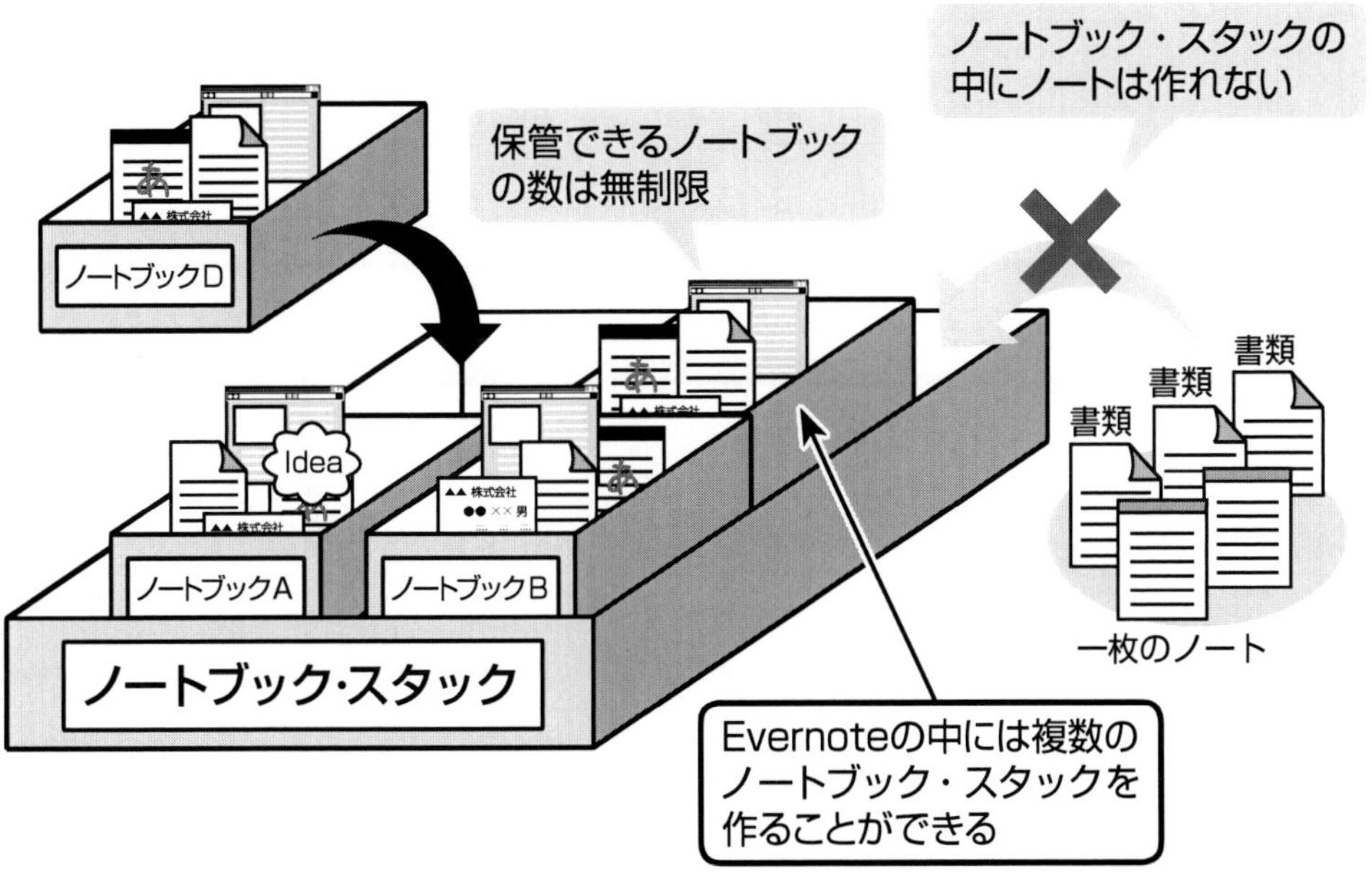
ノートブック・スタックの
中にノートは作れない
保管できるノートブック
の数は無制限
ノートブックD
ノートブックA
ノートブックB
ノートブック・スタック
書類
書類
書類
一枚のノート
Evernoteの中には複数の
ノートブック・スタックを
作ることができる

クは、階層構造を持たせることはできません。またノートブック・スタックには直接ノートを入れることもできません。

ノートブック・スタックは、**Evernote**のノートブック機能を小分けにしたようなイメージで捉えられます。**Evernote**の「全ノートブック」にあたるものが、個別の「ノートブック・スタック」です。階層構造を持てないことや、「全ノートブック」にはノートを入れられない、という機能はまったく同じです。

Evernoteのなかに「ミニ・**Evernote**」を実現する機能がノートブック・スタック。こう捉えておくと、それほど大げさに考える必要はありません。

あるノートブック内でもう少し細かい分類が必要になれば、もともとのノートブックの名前でノートブック・スタックを作り、細かい分類にあわせてノートブックを作成し、そこに情報を再分類していけば完了です。

「ノートブック・スタック」を作成する

「ノートブック・スタック」は次の手順で作成することができます。

1 「ノートブック・スタック」の作成メニューの選択

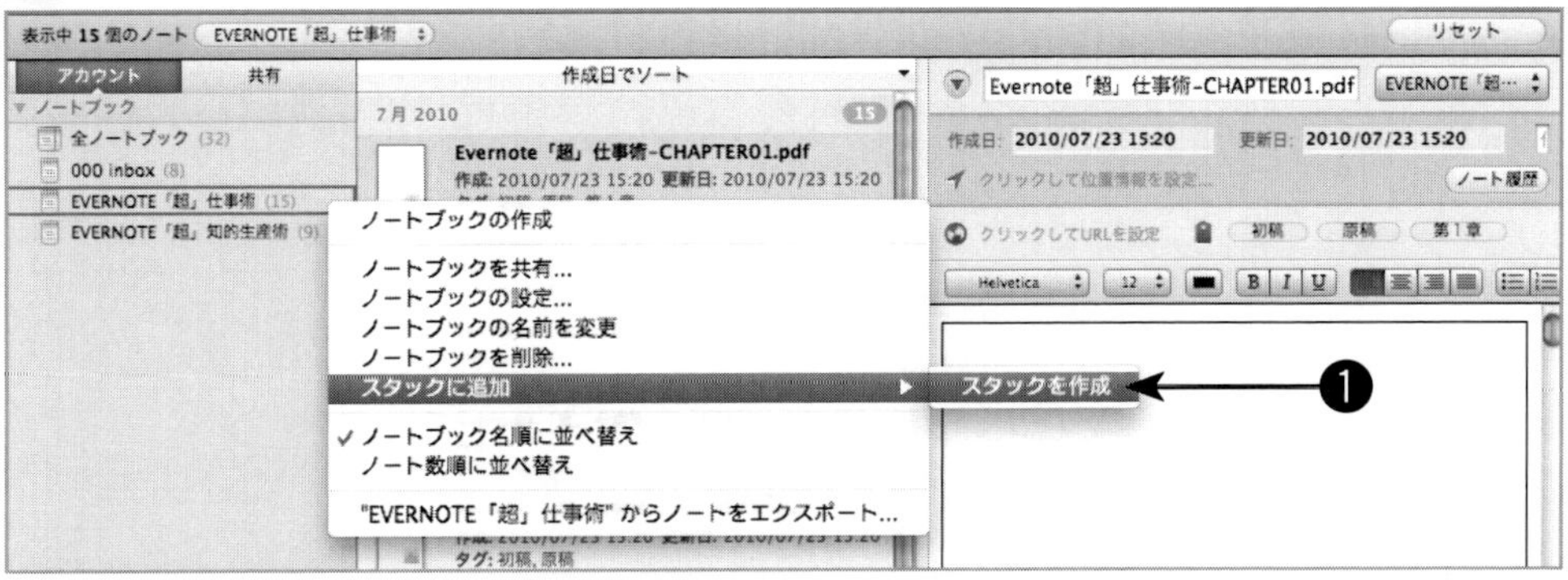

❶「ノートブック・スタック」に収録するノートブックを選択し、右クリックして表示されるメニューから、[スタックに追加]→[スタックを作成]を選択します。

2 「ノートブック・スタック」の作成

❶「ノートブックのスタック」という名称で「ノートブック・スタック」が作成されます。

3 「ノートブック・スタック」の名称変更

❶「ノートブック・スタック」をダブルクリックすると、名称を変更することができます。

4 「ノートブック・スタック」の名称確定

❶「ノートブック・スタック」の名称が変更されます。

5 「ノートブック・スタック」へのノートブックの追加

❶「ノートブック・スタック」にノートブックを追加するときは、追加したいノートブックを選択し、右クリックして表示されるメニューから、[スタックに追加]→「ノートブック・スタック名」を選択します。

6 「ノートブック・スタック」へのノートブックの追加の確認

❶指定した「ノートブック・スタック」にノートブックが追加されます。

「タグ」にはファーストインプレッションを登録する

整理の分類軸の2つ目がタグです。「後で見たいと思う可能性が高い」「見失いたくない」「このキーワードで探したときに見つかって欲しい」、こういった自分の感覚がタグの基本になります。

自分がその情報を見たときに「重要だと思ったのか」「使いたいと思ったのか」「どんな場面で使うと思ったのか」「この情報は何に関連すると思ったのか」というような印象を元にしてタグ付けするのがベストです。なぜかというと、その「自分の印象」が後に情報を検索する際にカギになってくるからです。

たとえば、何かの事件に関するニュース記事のクリップがあったとします。精緻にタグ付けしていけば「ニュース」「ウェブ記事」「○○新聞」「事件」「飲酒運転」「○○県」「深夜」「一般道路」といったタグを付けていくことになります。しかし、自分が飲酒運転による事故に興味を持っていて記事をクリップしたならば、「飲酒運転」というタグだけを付けておくだけで充分でしょう。その記事の存在を思い出すときには、この「飲酒運転」というキーワードがセットになって思い出されているはずです。

逆に「〇〇県」で起きた事故の情報を集めているならば、それがタグになります。また、何の興味もなく単に読んだだけの記事ならば、クリップだけしてタグ付けをしなくても問題ないはずです。

このように、自分自身の感覚の足跡を残しておくことがタグの役割です。自分の印象をノートのメタ情報として保存しておくことともいえるかもしれません。このメタ情報がノートを検索する際の1つの目印になるわけです。

タグについてのポイントをまとめると、あくまで自分の主観で付けること。そしてすべてのノートに対して平等にタグ付けする必要はないこと。この2つを押さえておけばよいでしょう。

属性を活用した検索方法

整理していない状態から情報を見つけ出すときに使えるのが、検索の絞り込みです。検索に使える属性はいろいろありますが、あまり知られていないものを2つ紹介しておきます。

PDFファイルが含まれるノートを検索する

検索窓に「**resource:application/pdf**」と入力すれば、**PDF**ファイルが含まれるノートが検索されます。探しているノートの名前がわからなくても、**PDF**ファイルであったかどうかは、よく覚えているものです。**PDF**ファイルの検索が多い場合は、この検索結果を保存しておくのがよいでしょう。

タグが付いていないノートを検索する

検索窓に「**-tag:***」を入力すればタグが付いていないノートを検索できます。この逆に最低でも1つはタグが付いているノートだけを表示する場合は、「**tag:***」で検索可能です。これらの検索はノートを見返してタグを付けたり、変更したりする作業に便利に使えます。

新規のノートは必ずinboxに作成する

Evernoteのノートブックの作り方は個人ごとに違いますが、共通する部分もあります。特に「**inbox**」を作ることは多くの人が実施されてます。

inboxとは、メールの受信箱と同じで、情報が入ってくる入り口です。**Evernote**の場合、最初から存在しているノートブックが「既定のマイノートブック」として指定されていて、これが**inbox**になります。メール送信など、他のサービスから送られてきたノートは、このノートブックに作成されることになります。設定次第では、この「既定のマイノートブック」以外のノートブックに他のサービスから送られてきたノートを作成することもできるのですが、「**inbox**」の考え方では、どのようなノートでもとりあえず最初はこのノートブックに入るようにしておきます。

そして、その後**inbox**からそれぞれのノートブックに振り分けるという作業を行います。こういった作業は若干手間ですが、自動的にノートブックに振り分けてしまうと、「その情報がどんな意味を持つのか」ということを考えなくなってしまいます。これでは新しい分類が生まれる要素がありません。

ウェブクリップでも、メモでも**Evernote**に取り込んだものは**inbox**に収集し、その後それぞれの行き先に振り分けるやり方をしてみることをおすすめします。

inboxのさらなる形：ダブルinbox

基本的にinboxは1つ、というのが原則ですがEvernoteの使い方によっては1つだけだとやや厳しい場面もでてきます。

私は、アイデアだけでなく、「～～にメールする」「～～を買う」「～～を実施する」といったタスクもEvernoteに保存してあります。これらも一度inboxを経由させてから、その後、別のノートブックに移動させる作業を行うわけですが、このinboxとウェブクリップが入ってくるinboxが一緒になっていると、進行処理時間がうまく合わないことがあります。

ウェブクリップのノートブックの移動は1週間に一度ぐらい行えば充分ですが、先ほどあげたタスクなどは最低一日のうちには見返して、それぞれの処理を考える必要があります。毎日きっちりとinbox内のノートを分別する時間がとれればベストですが、そうならないときも多いでしょう。

その状態を放置していると、処理すべきタスクが忘れ去られてしまう可能性すらでてきます。このような使い方の場合は、短期で処理する必要がある「inbox」と週一回程度の処理で問題ない「inbox」を分けてしまうやり方があります。

Evernoteに対象の情報が入って来すぎて、処理が追いつかないという場合はこのやり方を試してみてもよいでしょう。

「保存された検索」で特定のノートにダイレクトアクセスする

Evernoteにおける「検索」の利便性を向上させるのが「保存された検索」です。これは検索条件を保存しておく機能で、頻繁に行う検索をワンクリックで実行することができるようになります。

これも使い方によってさまざまな用途があります。一番わかりやすいのが特定のノートに直接にアクセスできる環境を作ることです。たとえば毎日使うノートがあるならば、そのノートだけを表示する検索を保存しておけば、毎回いちいち探す必要がなくなります。

また、検索条件が複雑だったり入力が面倒なものを保存しておくことでも手間を減らすことができます。

複数回行う可能性のある検索を保存しておく、というのが「保存された検索」の基本的な使い方になるでしょう。

情報の必要度と重要度で整理に掛ける手間を判断する

ノートブックとタグについて基本的な考え方を紹介しました。

Evernoteにおける情報管理の肝は「必要になったら取り出せる」という環境を作ることです。タグやノートブックで情報をきれいに整理していくことが目的ではありません。かといってそれらの機能をまったく使わなければ、探す手間や時間が増えることになります。整理に使う手間と得られる利便性のバランスをとっておくことが必要なわけです。

後で是非とも必要になると思う情報はしっかりとタグ付けや専用のノートブックを作り、検索で見つかればいいかという程度の情報はノートブックに放り込んでおくだけで充分です。

そして必要度や重要度が変化すれば、それにあわせてタグやノートブックの使い方も変化させていく。これが**Evernote**におけるマドルスルー整理法になります。

LIFE HACK 26

倉下式「マドルスルー整理法」の実際例

「inbox」は1日に一度は空にする

最後に、私のノートブックの使い方を参考例として紹介します。

取り込んだ情報(ノート)は一時保管の「**inbox**」というノートブックに入ります。そこでタグ付けをされてから別のノートブックに移動するという手順を踏んでいます。もちろんタグ付けしないで、単にノートブックに移動させるだけのノートも数多くあります。

基本的にこの**inbox**を毎日一度は空にします。移動先のノートブックとその使い方についていくつか紹介します。

「スクラップ」ノートブック

「スクラップ」ノートブックは、インプットして取り込んだ情報の多くが入るノートブックです。後述する用途別のノートブックに入らないものはすべてここに入ることになります。ウェブクリップでも雑誌のスキャン画像でも、明確な使用目的のない、あるいは関連するプロジェクトのないインプット情報はすべてこのノートブックでの保存となります。

このノートブックに入るノートにはタグはほとんど付けません。そのとき興味のある分野があればそのタグを付けることはありますが、割合でいうと少数です。具体例としては、現在であれば「電子書籍」というタグがそれにあたります。電子書籍ビジネスの話、自炊のやり方、日本の電子書籍リーダーの話、新しいプラットフォームなど、私が「電子書籍に何か関係がありそうだ」と感じたものには、すべてそのタグを付けています。

電子書籍についてなにか文章を書く必要がでてきたら、「スクラップ」ノートブックのなかにある「電子書籍」というタグが付いたノートを検索すれば、すべての情報が閲覧できるわけです。

もし、電子書籍について何かしらの企画が始まったり、実際に本を書く状況になっ

◉筆者の実際のノートブック

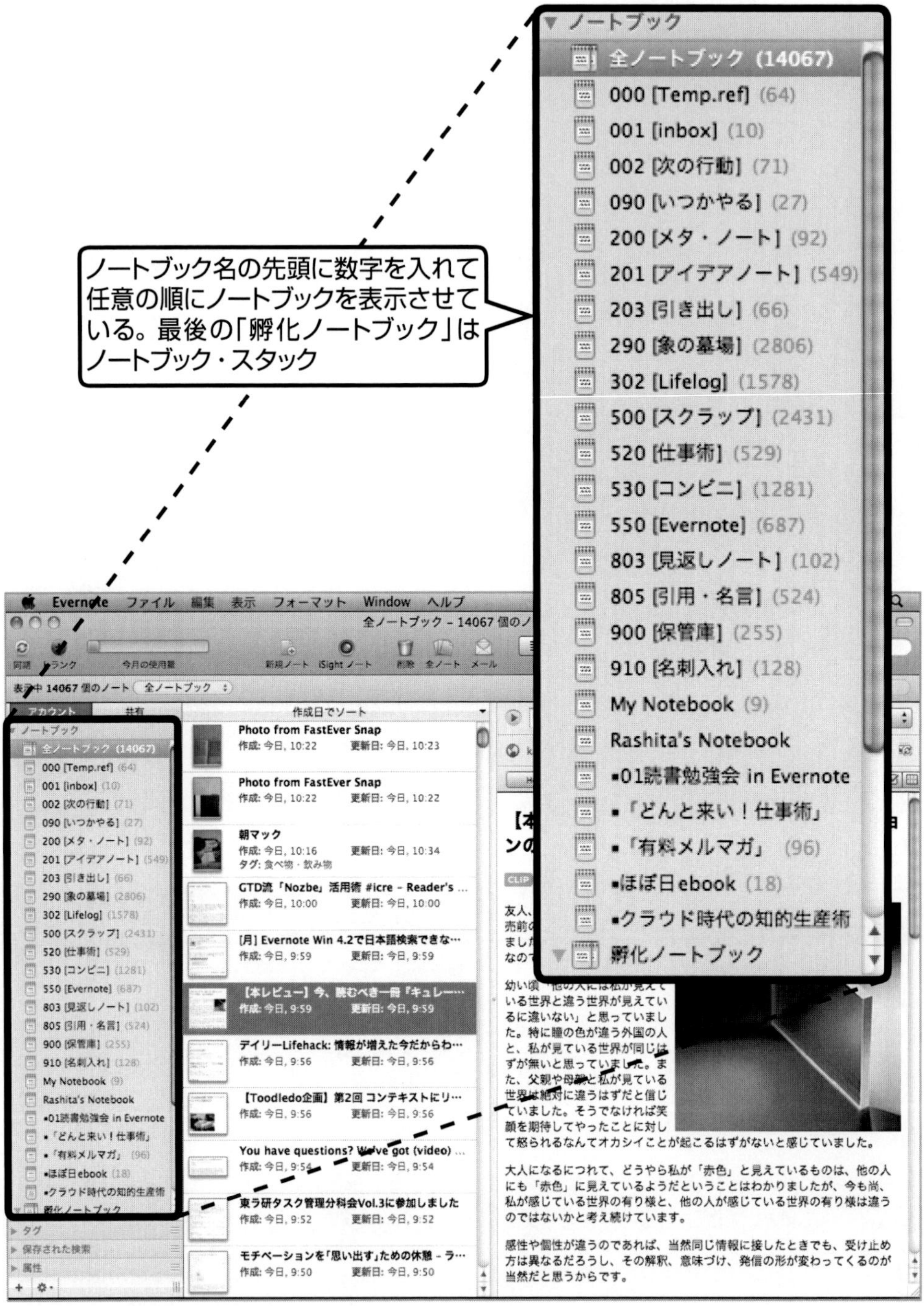

たのならば、それらの企画名にあわせたノートブックを新しく作って、「電子書籍」のタグが付いたノートをすべてノートブックに移動することになります。いわゆるタスクフォースの編成です。

それ以降に電子書籍に関する資料をスクラップした場合は、「電子書籍」というタグは付けずに、そのノートブックに移動するだけにします。

なぜタグを付けなくなるのかといえば、一度企画が動き出すと集める情報が飛躍的に増えてしまうからです。ちょっとした情報を集めているときはよいのですが、その数が増えてくるとタグ付けそのものが面倒になります。

また専用のノートブックを作成することにより、「スクラップ」内のノートの外にもテーマに関する自分のアイデアやタスクや関連書類をノートブックに移動し、関連する情報を一括管理することになります。

「Evernote」専用スクラップ・ノートブック

参考にしているブログやGoogleアラートで見つけたEvernoteに関する記事、関連アプリケーション、連携しているサービスなどの情報であれば、すべて「Evernote専用ノートブック」に入ります。「スクラップ」ノートブックの派生的な存在です。

Evernoteに関する情報は、最初は「Evernote」というタグを使って「スクラップ」ノートブックの中で分類していました。使い始めた頃はEvernoteに関する情報がそれほどなかったので、この方法でも特に問題はありませんでした。しかし、日本での普及に伴って集まる記事が増えたことと、徐々に「自分の興味ある分野」から「専門分野」の間ぐらいに移行してきたので専用のノートブックを作ったというわけです。

たとえばEvernoteと連携するiPhoneアプリケーションについての情報を探す場合は、そのアプリケーション名でこのノートブック内を検索することになります。名前がはっきりわからない場合は、「iPhone」や「アプリケーション」で検索して、でてきたノートをみていけば必要な情報が見つかります。そうやって、自分のブログ記事や本の執筆の際に必要な情報を探しています。

このノートブックも、「スクラップ」と同じように基本的にタグは使いませんが、

◉Evernote専用スクラップ

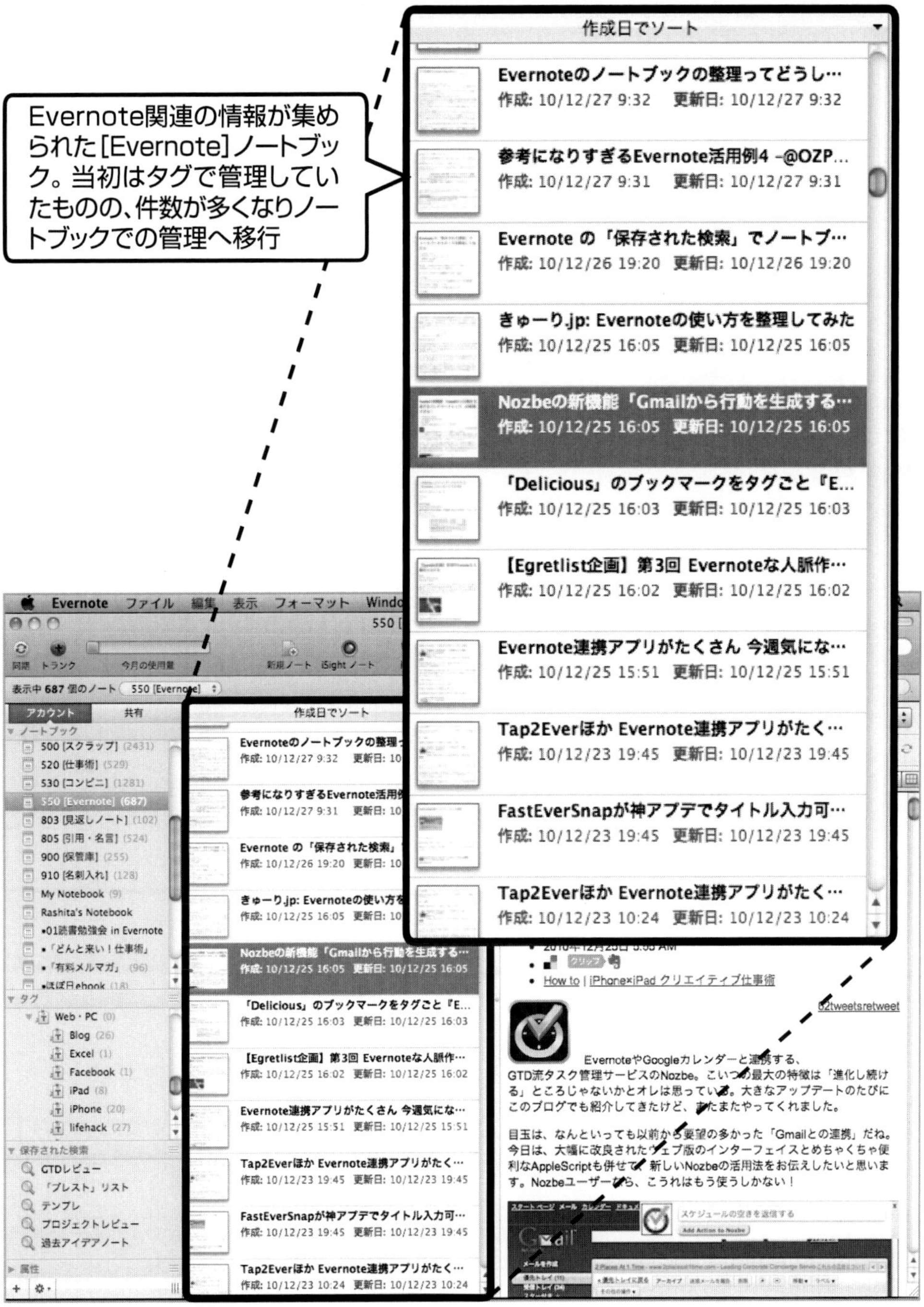

まれに使うときもあります。たとえば「Evernoteでタスク管理する」ということに興味が湧いてきたら、とりあえず「タスク管理」というタグを作って、それに該当するようなノートにそのタグを貼っていきます。

それ以降のスクラップも、「Evernoteでタスク管理する」ことに関係ありそうなものであれば、そのタグを付けていくわけです。その段階では実際に何かの企画になるかどうかはわからないので、しばらくタグ付けしてそのまま立ち消えることもあります。情報が集まり企画の概要がみえてきたら、新しいノートブックを作って移動となります。

「コンビニ」専用スクラップ・ノートブック

『コンビニ』専用スクラップ・ノートブック」は、コンビニに関するスクラップです。私の専門分野の1つなので専用のノートブックを作ってあります。

集まる情報が多種であり、それぞれ用途が違うので用途別にタグを付けています。

「コンビニ方向性」「コンビニネタ」「コンビニ事件」「コンビニ売上」「コンビニ店舗情

報」などのタグを付けています（なお、頭の言葉を揃えておくと、タグをキーボードから設定する際に便利です）。

これらの情報は、ブログのネタにしたり、仕事上のデータとしてまとめる目的があります。その他のスクラップに比べて参照する可能性・利用頻度が高いので、ある程度のタグ付けをしています。また1つの情報やデータについて、複数の使い方が存在する場合があるので、ノートブック・スタックにはしていません。それぞれがまったく独立した用途しかないのであれば、ノートブック・スタックを使ってもよいでしょう。

孵化ノートブック・スタック

「孵化ノートブック・スタック」は、企画の切り口が見つかった、あるいは方向性がみえてきたアイデアがでてきたときに作るノートブックです。既存のスクラップ用のノートブックからこのノートブックに関連するノートを移動させるという手順をとります。このノートブックができたら、以降は関連するクリップやアイデアはこのノートブックに移動させます。
数が結構増えてくるので、表示の邪魔にならないようにスタック形式にしてあります。

プロジェクト・ノートブック・スタック

「プロジェクト・ノートブック・スタック」は、実際に始まった企画についてのノートブックです。孵化ノートブックは、まだ準備中の企画ですが、このノートブックはコミットメントが発生している企画です。つまり締め切りやタスクが存在している企画ということです。

孵化ノートブックから移動してくるものもあれば、新規で一から立ち上げるものもあります。その場合は、同じように今までのクリップやアイデアから必要なものを移動させる作業が発生します。
このノートブックに入るのは、そういったクリップやアイデア以外にも、やりとりのメールや関連資料、あるいはタスクなども入ってきます。

進行しているプロジェクトをスタック形式でまとめておくと、検索でタスクが一覧できるというメリットがあります。

「ライフログ」ノートブック

先ほどまでの例は知的生産に関係するノートを集めるノートブックでしたが、それ以外の情報も**Evernote**には蓄積されています。その1つが第3章で紹介した「ライフログ」のデータを保存するためのノートブックです。

フィード・メール経由で入ってくる情報は、特定のキーワード（そのサービスの名前など）で検索すれば簡単に一覧できるため、特にタグ付けはしていません。

もし、読書履歴のデータを見たければ、このノートブックのなかを「**mediamarker**」というキーワードで検索すればよいわけです。

メール経由で自動的に入ってくる情報以外のもの、たとえば写真だけのノートブックなどはタグを付けています。「食べたもの・飲んだもの」「贈り物・贈られもの」「買い物」というタグです。こういったタグを1つだけでも付けておけば、そのタグと作成日時を使ってノートを見返すことができます。

「保管庫」ノートブック

取扱説明書、契約書、クレジットカードの明細書という生産活動には直接関係ない情報が入っています。必要が生じたら参照すべき情報がこのノートブックに集まることになります。ここに入ってくるノートには目的に応じたタグを付けてあります。「取扱説明書」「税務書類」というタグです。

この「取扱説明書」は実際に取扱説明書をスキャンしたものから、コールセンターへの電話番号、なにかの手順を書いた紙なども含まれます。なにかを進めていく上で、つまづいたときに参照すべき情報であればすべて「取扱説明書」扱いになります。

このノートブックに入ったノートは別のノートに移動することはありません。

「保存された検索」の例

「保存された検索」についてもいくつか紹介しておきます。

ブレストリスト

アイデアを考える際に使用します。思いついたアイデアは「アイデアノート」というノートブックにすべて移動してあります。そのなかで重点的に考えたいものについては「考えたい」というタグを付けてあります。毎日10分ほど、この検索結果を見ながら新しいアイデアにならないかを考える、という使い方です。

テンプレ

ブログ記事やメルマガのテンプレート(ひな形)が検索結果として表示されます。これらのテンプレートはノートブックの保存先が別々なので、すべてのノートブックを対象に「テンプレート」というタグが付いたノートを抽出する検索となります。

GTDレビュー

週次レビューや月次レビューという振り返り作業で使うリストを参照する際に使います。タグに「**GTD**」「チェックリスト」が付いたノートが抽出されます。

◉「保存された検索を利用した」ブレストテーマの抽出

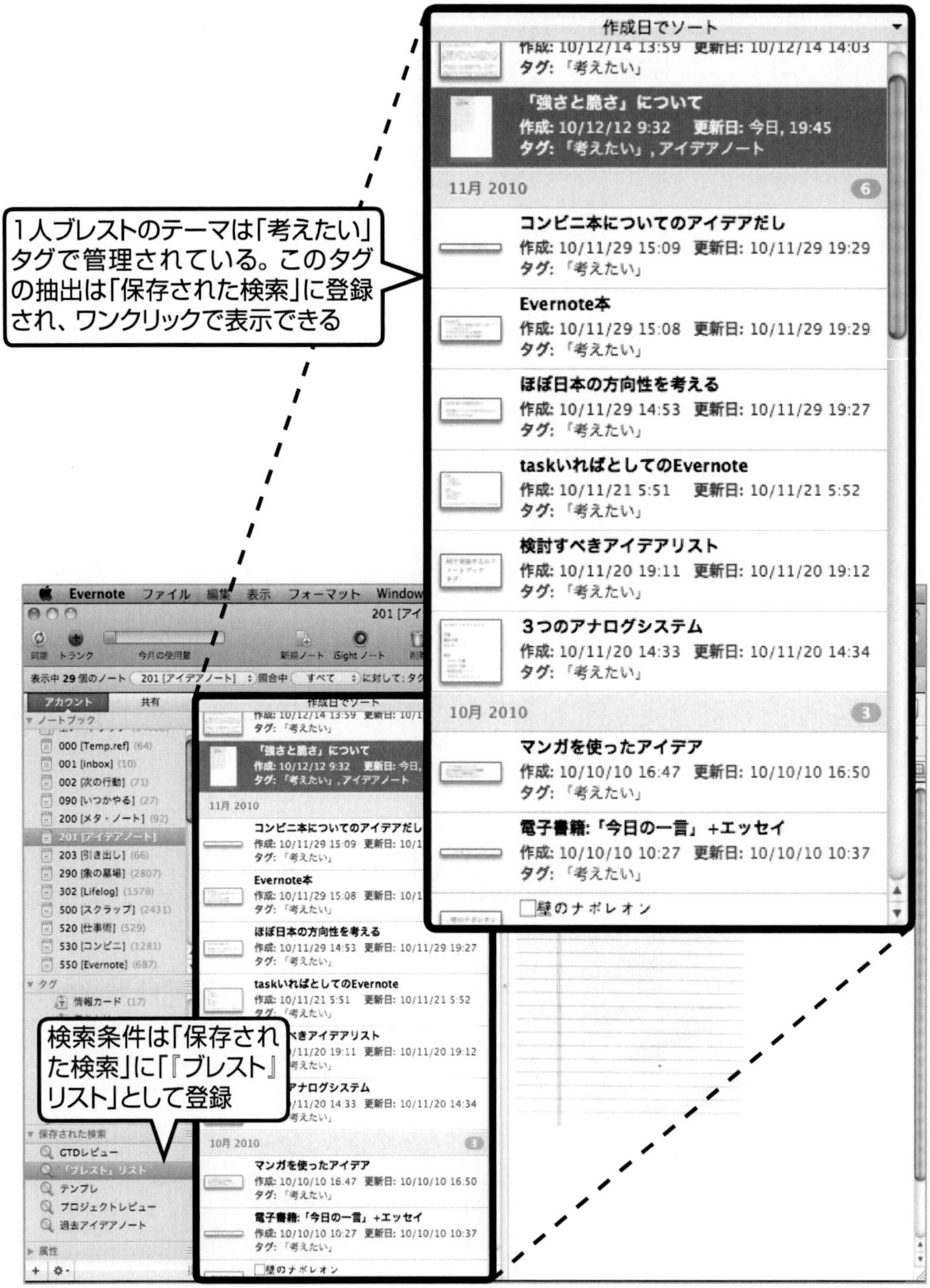

このように最低週1回程度使うノートへのアクセスとして「保存された検索」を使っています。使用頻度の高いノートであれば、このように検索を保存しておくことで、情報を検索する必要がなくなります。

自分ルールによる整理法の構築

このように現在ノートに付けているタグは「こういう状況で使う」という明示的なルールが設定されています。このルールも**Evernote**に情報を蓄積し、引っ張り出してくることを繰り返してきたなかで見えてきたものです。

巻にはさまざまな「整理術」が存在しますが、こういった自分ルールに基づく整理術ほど効果的なものはありません。自由度が高く、さまざまな使い方ができる**Evernote**においては、さらに自分ルールの存在が重要になってきます。他の人の使い方にあわせた整理術はほとんど役に立ちません。**Evernote**が「自分データベース」であるとすれば、その整理方法もまた「自分整理法」でなければならないでしょう。

↖ 整理には「はじめから完璧」はない

「とりあえず」の気持ちで整理を始められ、必要に応じてシステムを変更でき、整理に失敗していても検索で情報を見つけることができる。このような特徴がある**Evernote**は自分で整理法を構築していくのに最適なシステムです。

情報は集めてなんぼ、ではありません。それを使い、何かを生み出してこそ集めた情報に価値がでてきます。忙しい現代だからこそ、「整理しすぎない整理」の心がけはアウトプットを行う上で必要です。

それは「はじめから完璧を求めない」というマドルスルーの考えにも通じてきます。必要最低限の整理だけはしておいて、状況にあわせて形を変えていく。あるいは自分なりの整理法を徐々に見つけていくというやり方が、使いやすい整理法を構築する道のりです。そういう意味で、使う人の数だけ**Evernote**の整理法というのは存在することになります。

大量の情報を保存していきながら、必要な情報にアクセスできて、整理にかける手間と時間を必要最低限に抑える、という欲張りな情報管理が知的生産における**Evernote**の使い方として最高の形です。それをマドルスルーのなかで見つけてください。

Column

達人のノートブック（2）五藤隆介さん

若手ブロガーのお2人目が、「goryugo, addicted to Evernote」の五藤隆介さん（TwitterIDは@goryugo）。ブログ界隈では、「Evernoteといえば、この人」の中のお1人です。

五藤さんのノートブックの構成は次のような感じです。ノートブック・スタックを活用されています。お話によるとノートブックによる管理がメインで、タグはほとんど使っていない様子です。こういう使い方でもEvernoteは問題なく機能します。

◉オリジナルの状態

◉スタックを表示

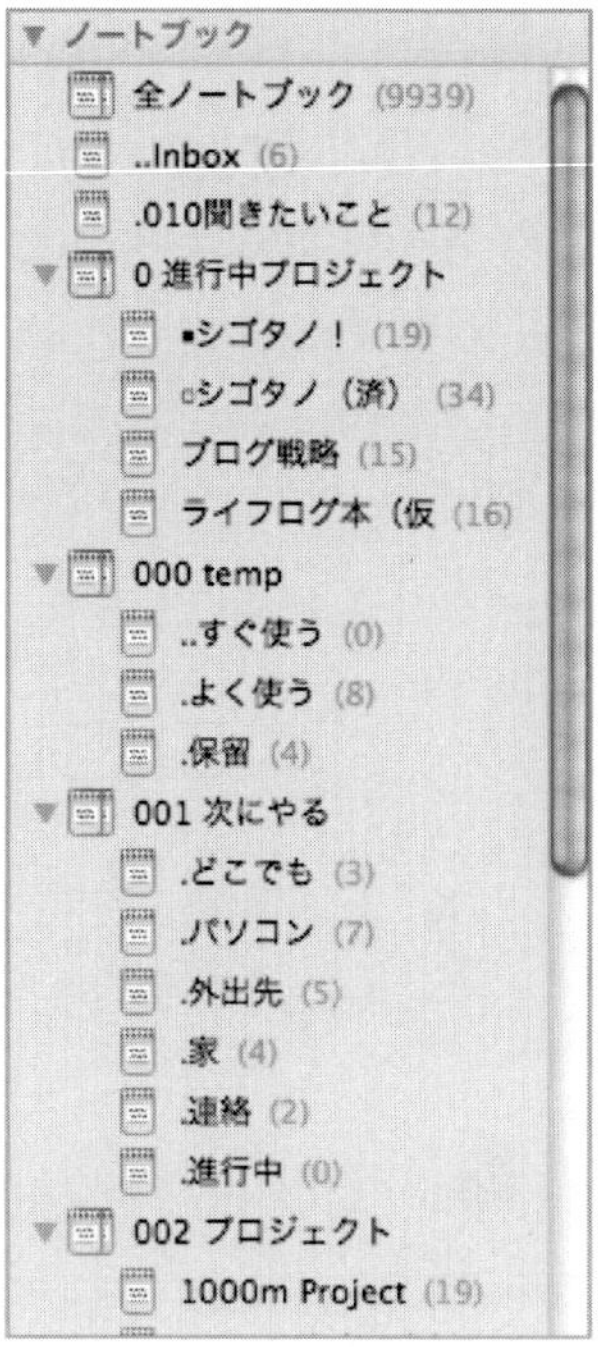

北さんも五藤さんも、Evernoteに関する情報発信を積極的に行われていますので、気になる方はブログをチェックしてみてください。きっと「Evernote」に関するフィルタになってくれるでしょう。

五藤隆介さんのブログ：

「goryugo, addicted to Evernote」
http://goryugo.com/

CHAPTER-5

Evernoteを
発想のツールとして
使いこなす

LIFE HACK 27

誰でもマスターできる発想の技術

情報に付加価値を持たせるには「思考」や「発想」が不可欠

集めた情報をアウトプットに結びつける前には、「思考」や「発想」と呼ばれるプロセスが必要です。このプロセスを経ないアウトプットは、単に情報を切り貼りしているだけの付加価値の小さいものになります。独自の切り口や新しいアイデアを使ってアウトプットをするからこそ、付加価値を生み出すことができます。

アイデアの形は人それぞれですが、アイデアを生み出す行為そのものに特別な才能は必要ありません。何か必要なものがあるとすれば、発想の基本的な技術と発想のトレーニングです。発想の基本的な技術としては、「KJ法」や「メタ・ノート」、発想のトレーニングとしては、「1人ブレスト」「ソーシャルブレスト」「智慧カード」などがあります。これらを知っておけば、誰でもスタートラインには立てます。そこから実際にどのようなアイデアが生み出されるのかは、集めた情報やその人の経験などによって変わってきます。

発想の基本的な技術

残念ながら、発想における基本的な技術は即効性のあるものではありません。技術を習得したからといって「1週間でみるみる頭がよくなる」わけでも、「誰にも考え付かないアイデアをすぐに思いつく」わけでもありません。

「発想の基本的な技術」と

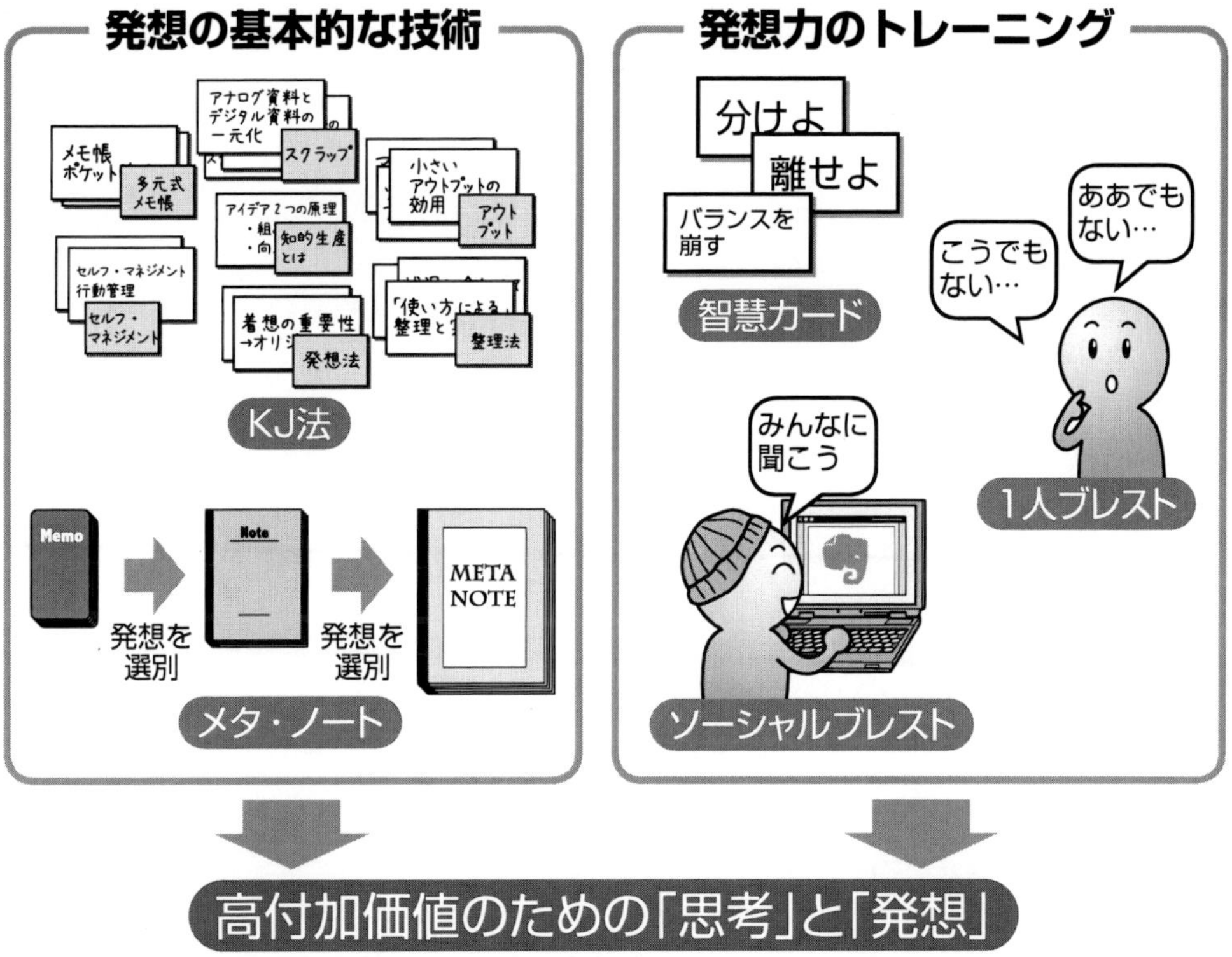

知的生産に付加価値を持たせるためには、「思考」や「発想」が必須となる。「思考」や「発想」をスムーズに出せるようにするには、上記2つが必要となる。

は、誰もが日常的に持っているはずのアイデアの種を回収し、それを育てていくための基本的なアプローチです。いわば発想の基礎体力作りです。基礎体力さえあれば、日常的にアイデア出しが可能になるでしょうし、特殊な発想法をより活用することもできるようになるでしょう。

本章で紹介するのは発想法では基本的なものばかりです。それら既存の発想法をどのように**Evernote**と連携させるのかが、本章の1つ目のテーマになります。

発想の技術を身に付け発想力を鍛える

もう1つは「発想力の鍛え方」です。

アイデアの原理である「新しい組み合わせを作りだす才能は、物事の関連性を見つけ出す才能によって高められる」によれば、発想を促す力は鍛えることができることになります。それでは、どのようにしてその発想力を高めていくのか、というのが2つ目のテーマです。

LIFE HACK 28

ＫＪ法で発想の骨組みを組み立てる

ＫＪ法による「組み合わせ」を見つける方法

発想法といえば、川喜田二郎氏の「ＫＪ法」を思い出す人は多いでしょう。アイデアの新しい組み合わせ、つまり情報と情報の「つながり」を見つけ出すのがＫＪ法の基本的な姿勢です。これは**Evernote**に集めた情報を、積極的に発想の材料にする場合に大変役立つ方法論になります。

ＫＪ法の具体的な手法については、川喜田氏の『発想法 創造性開発のために』（中央公論社）を参照してみてください。今回はその手法の中で「組み合わせ」を見つけるのに使える部分だけを取り上げます。具体的な手順は次のようになります。

❶カードに情報を記入する

カードに情報を記入します。重要なのは、１つの情報を１枚のカードに要約して記入することです。1枚のカードに複数の情報を入れることは厳禁です。これは第4章でも触れた「情報カード」の扱いと同じです。

❷カードを似た属性で分類し、グループに見出しを付ける

情報を書き出したカードの中から、似通ったものをグループ化していきます。関連性のあるものを集めていくということです。グループに分け終えたら、それらのグループに見出しを付けます。

基本はこれだけです。このグループ化されたデータはアウトプットの骨組みとして使うことができます。でき上がった見出しを論理的なつながりが生まれていくように配置すれば、それでアウトラインができ上がります。単発に存在していた情報が構成案や企画案の骨格になっているわけです。

これを元にして図化や文章化というアウトプットにつなげていくのがＫＪ法になります。データが多い場合は、グループ化したものをさらにグループ化し、見出しを付けることで構造化していくこともできます。

KJ法の簡単なやり方

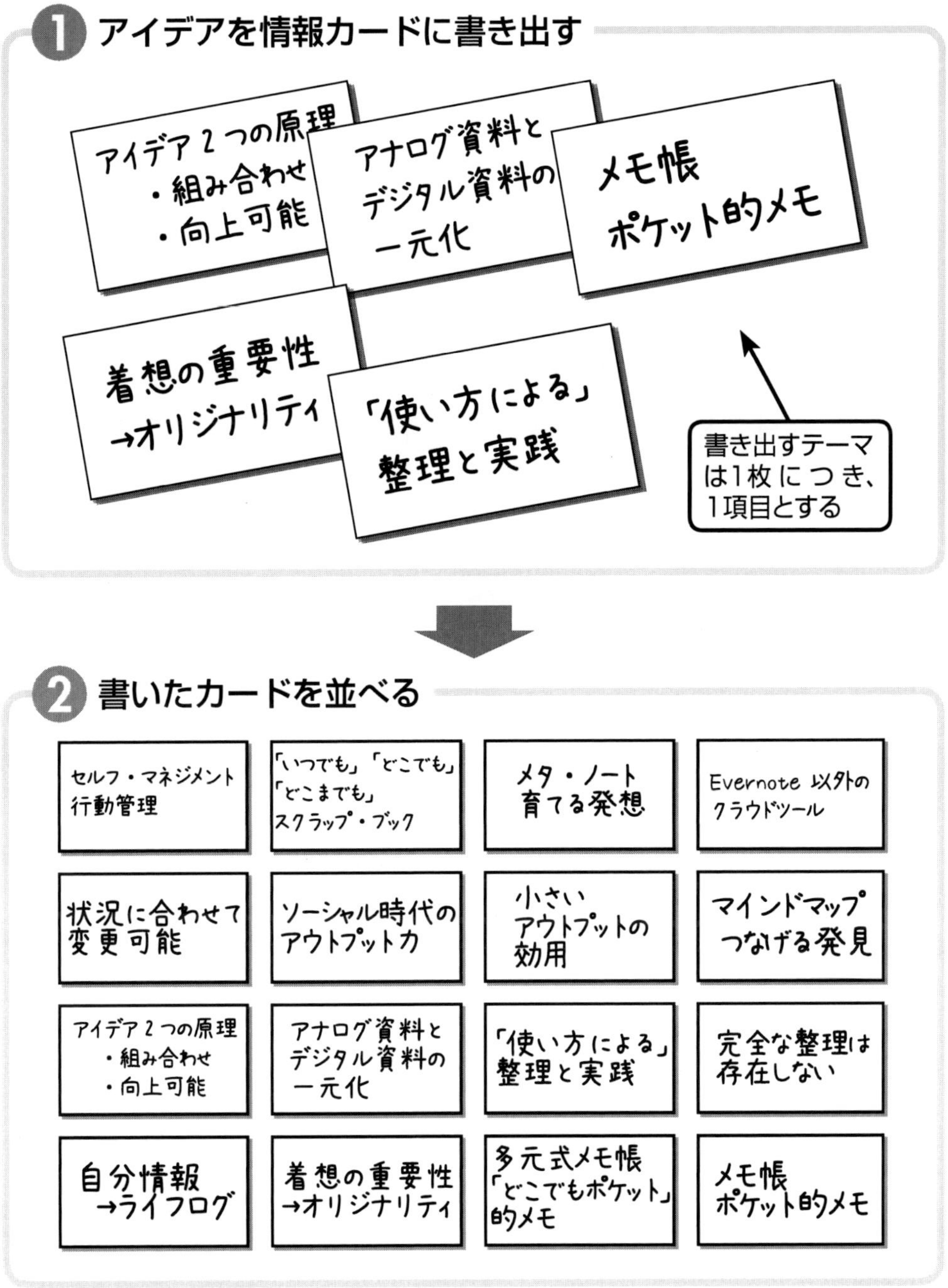
1 アイデアを情報カードに書き出す
アイデア2つの原理
・組み合わせ
・向上可能
アナログ資料と
デジタル資料の
一元化
メモ帳
ポケット的メモ
着想の重要性
→オリジナリティ
「使い方による」
整理と実践
書き出すテーマは1枚につき、1項目とする
2 書いたカードを並べる
セルフ・マネジメント
行動管理
「いつでも」「どこでも」
「どこまでも」
スクラップ・ブック
メタ・ノート
育てる発想
Evernote以外の
クラウドツール
状況に合わせて
変更可能
ソーシャル時代の
アウトプット力
小さい
アウトプットの
効用
マインドマップ
つなげる発見
アイデア2つの原理
・組み合わせ
・向上可能
アナログ資料と
デジタル資料の
一元化
「使い方による」
整理と実践
完全な整理は
存在しない
自分情報
→ライフログ
着想の重要性
→オリジナリティ
多元式メモ帳
「どこでもポケット」
的メモ
メモ帳
ポケット的メモ

③ 関連しそうなカードをまとめる

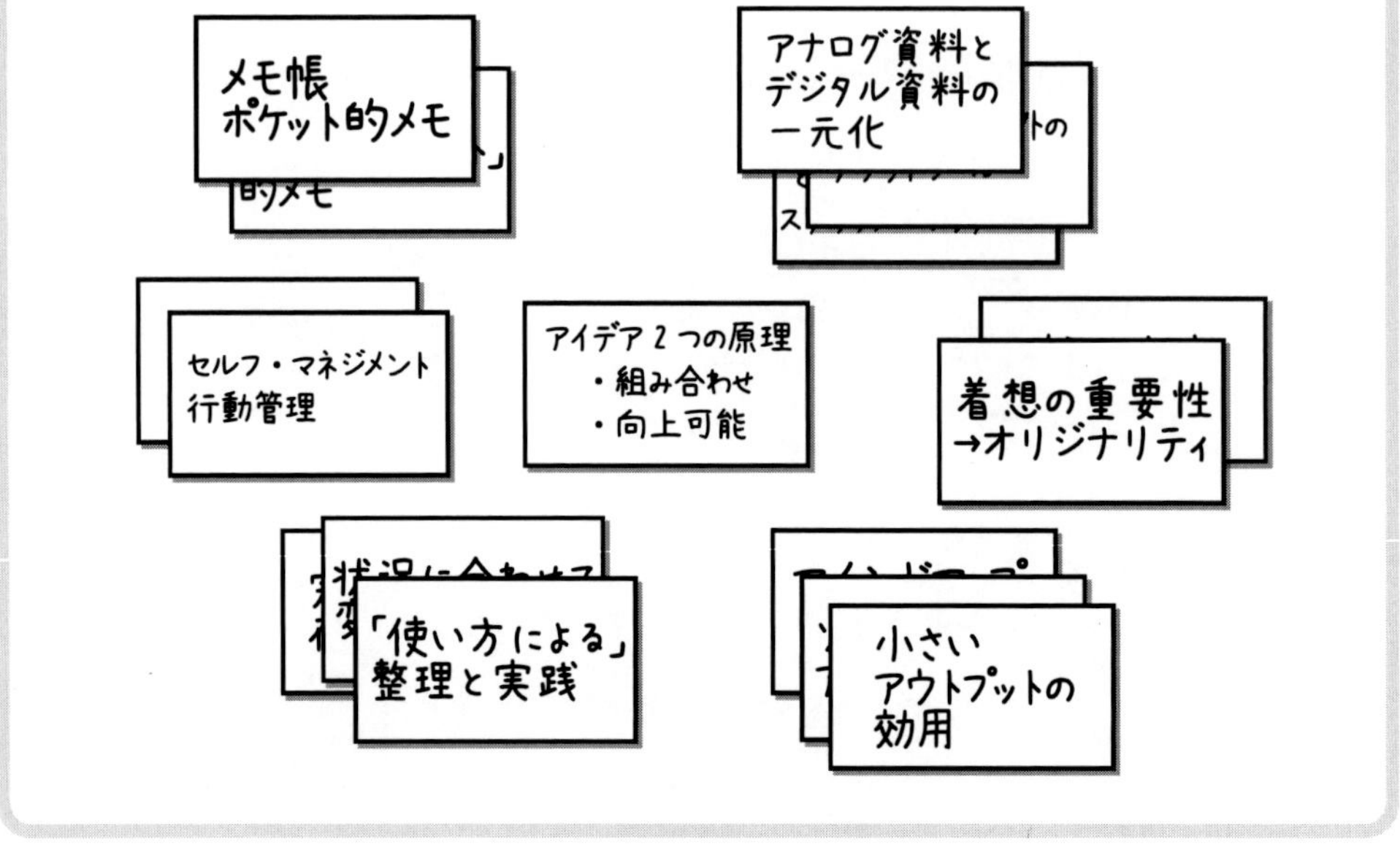

④ まとめたカードに見出しを付ける

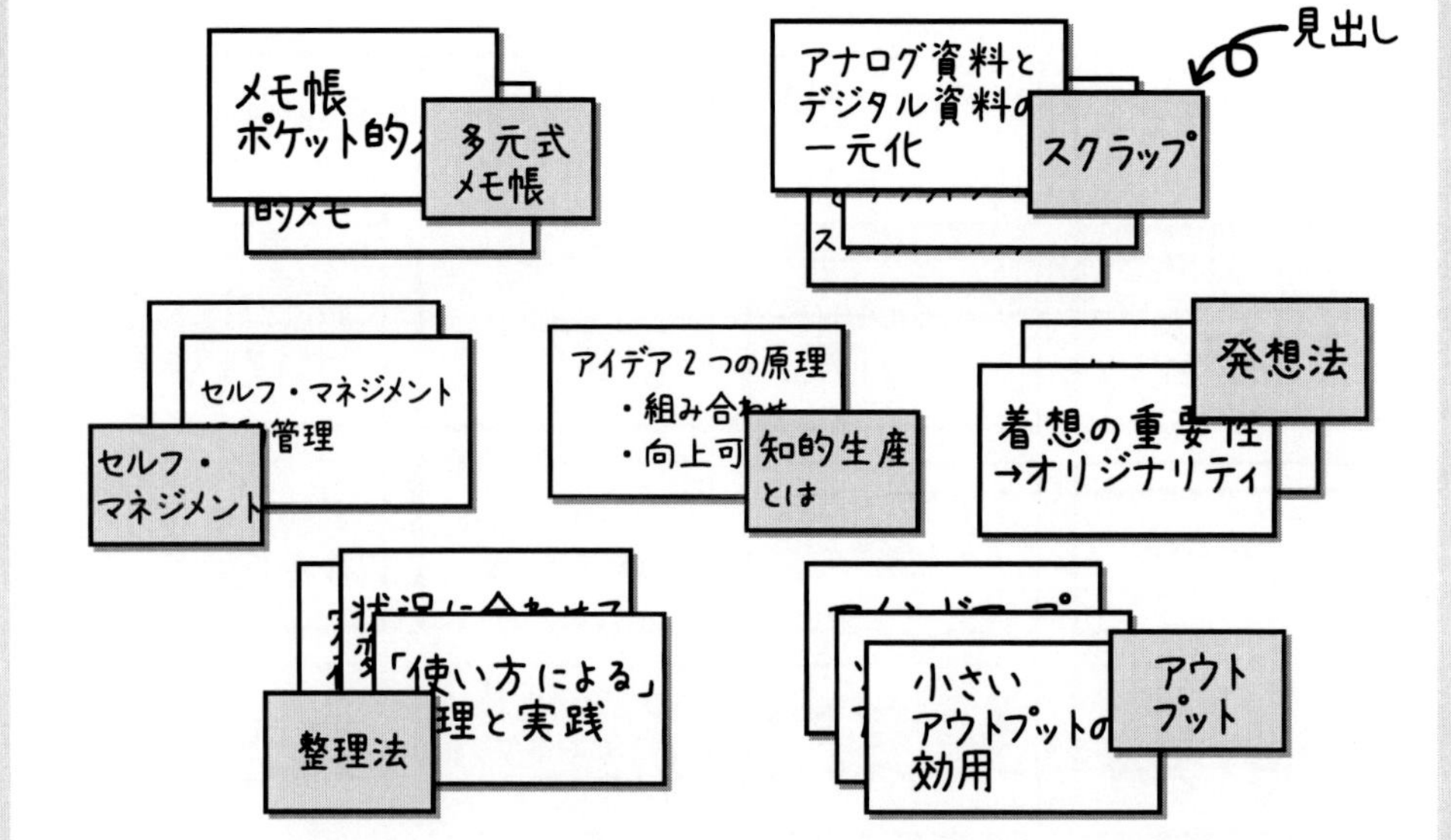

LIFE HACK 29

EvernoteによるＫＪ法の実践

「ノートブック・スタック」でＫＪ法を実践する

「ＫＪ法」を**Evernote**の中で行うには、「ノートブック・スタック」を使用します。ノートブック・スタックを使うことで、ノートブック・スタイルに総合的なタイトルを付けることができる、使わないときは表示を折りたたんで邪魔にならないようにすることができる、というメリットが生まれます。

ちなみに、1つのノートブック内でＫＪ法を実行するのには、かなり無理があります。関連性のあるデータを「同一のノートブックの中で分類・集める」作業がやりにくいからです。**Evernote**は、ノートブック内のノートを時系列や名前順で並べ替えることはできますが、任意の順番に分類・並べることは基本的にはできません。

ノートブック・スタックを使って「KJ法」を実践する

Evernote上でKJ法を実践する方法を解説します。ここでは、ノートブック・スタックを使います。

1 分類用ノートとノートブック・スタックの作成

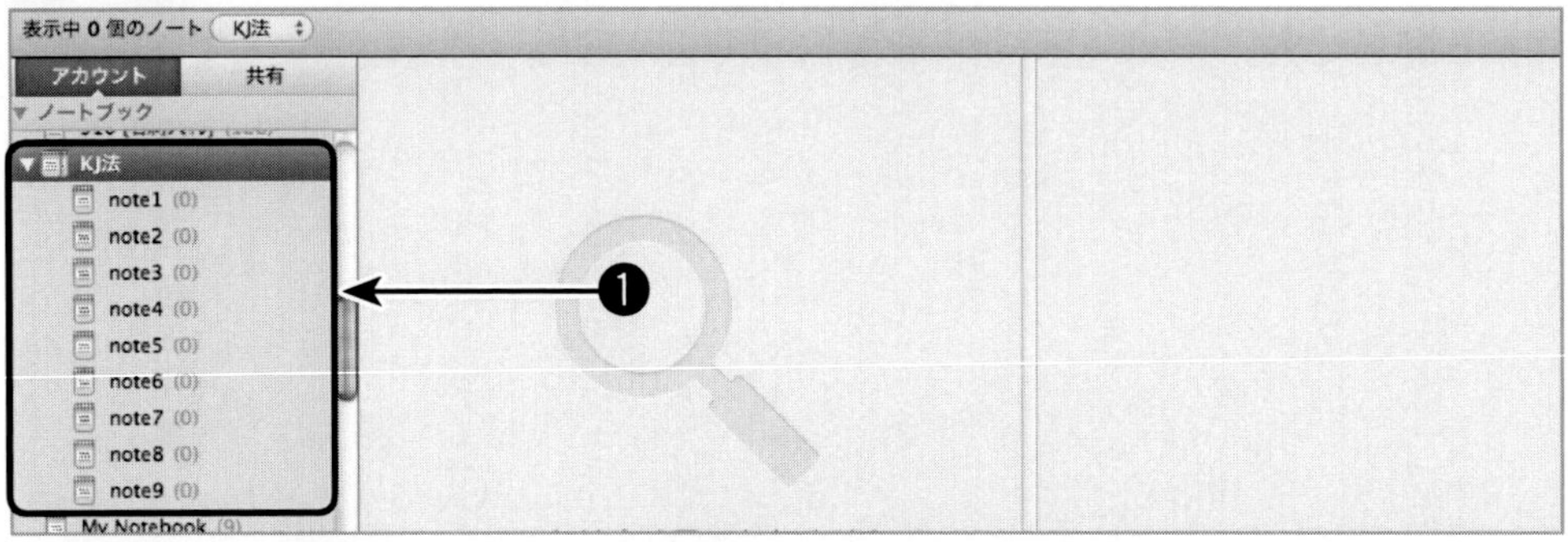

❶ ノート分類用のノートブックを複数作り（上図では「note1」から「note9」）、そのノートでノートブック・スタックを作ります（上図では「KJ法」）。

2 アイデアを入力したノートの作成

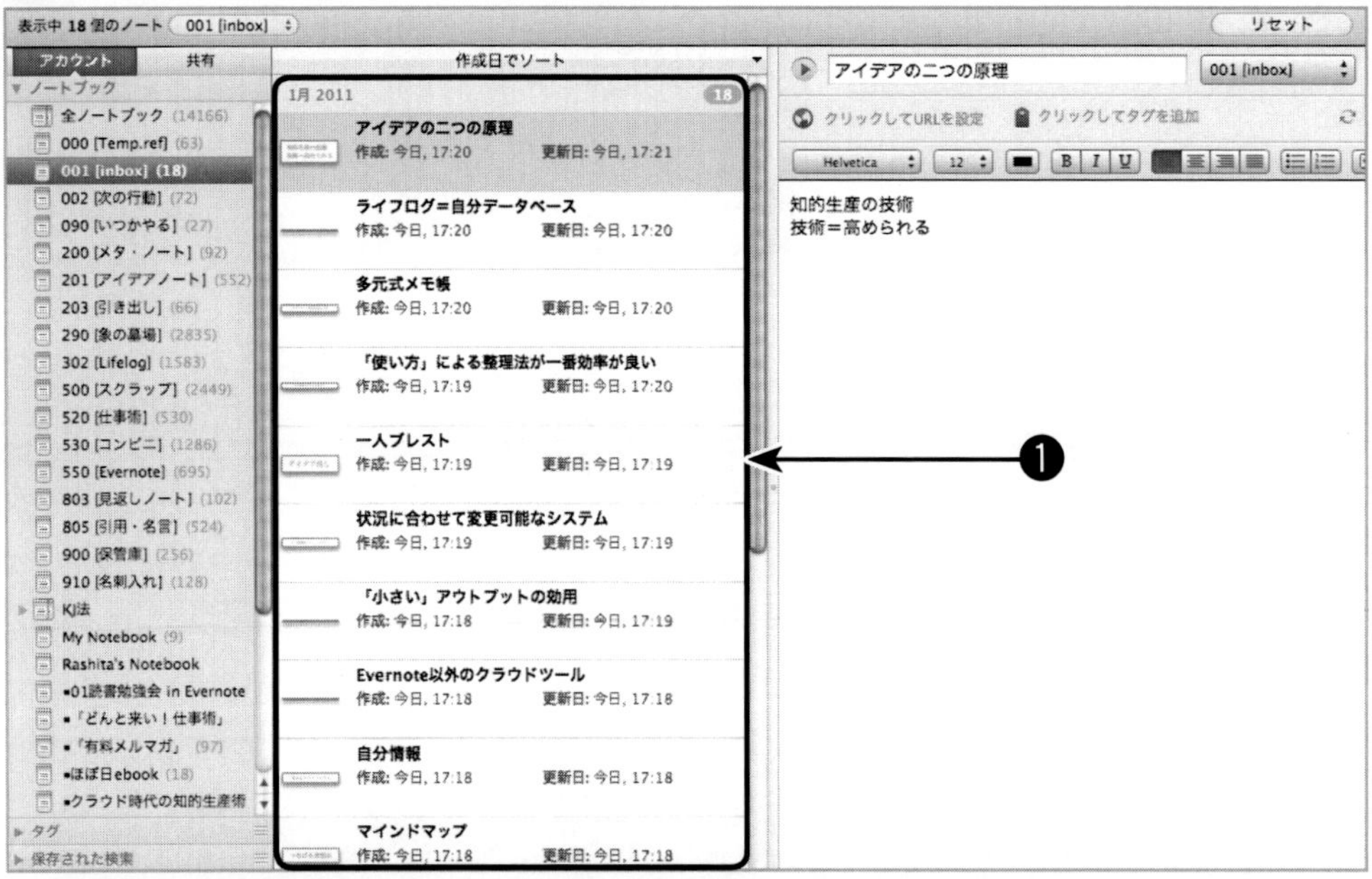

❶ アイデアを入力したノートを作成します。アイデア1つごとに、1つのノートが必要です。ノートは1つのノートブックにまとめておきます。

3 ノートの分類

❶ すべてのノートを、ノートの内容が関連する項目ごとに、分類用のノートブックに移動します。

4 ノートブックの名称変更

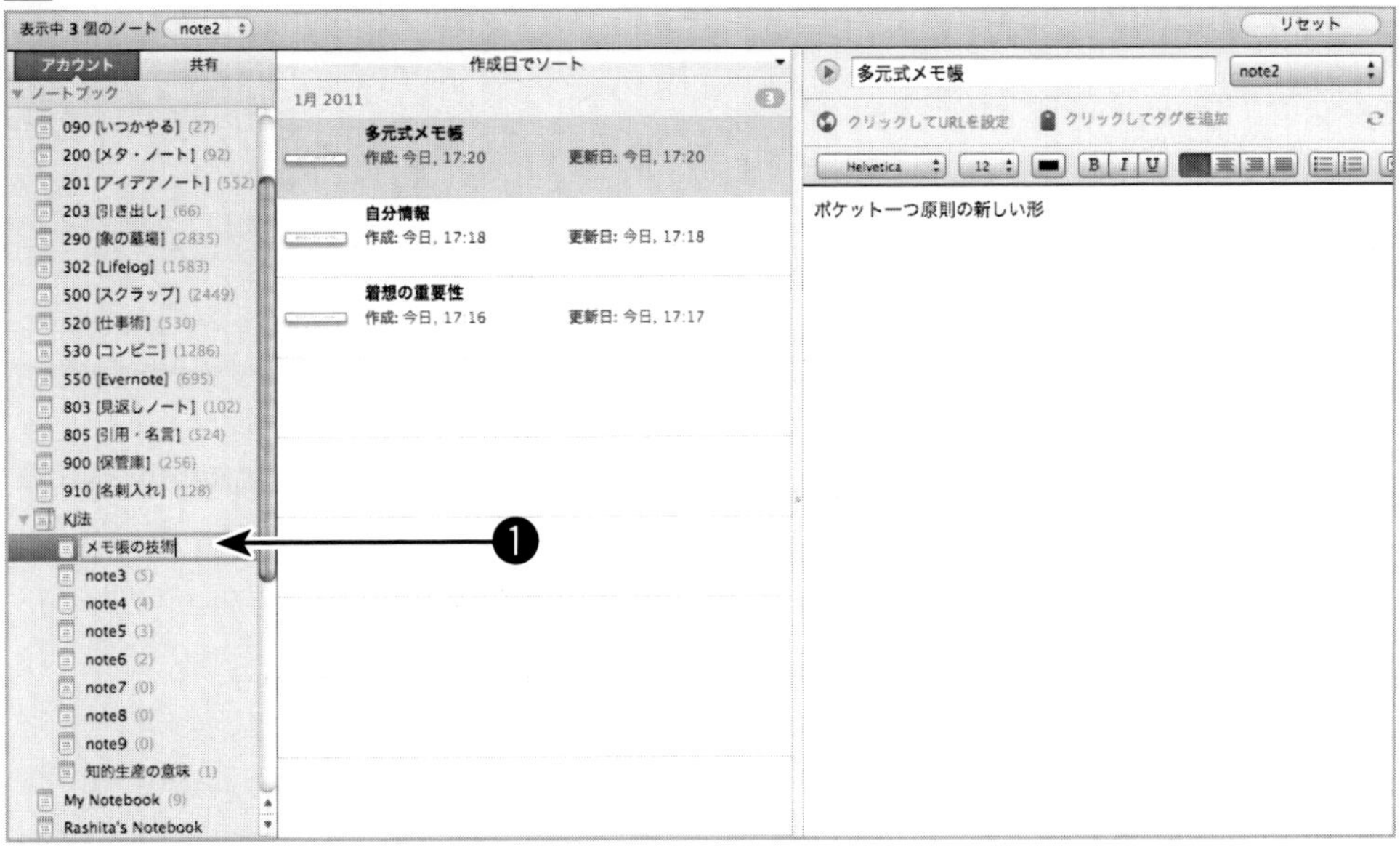

❶ すべてのノートを分類し終わったら、分類用のノートブックの名称を分類の内容に応じたものに変更します。

5 KJ法による分類の完成

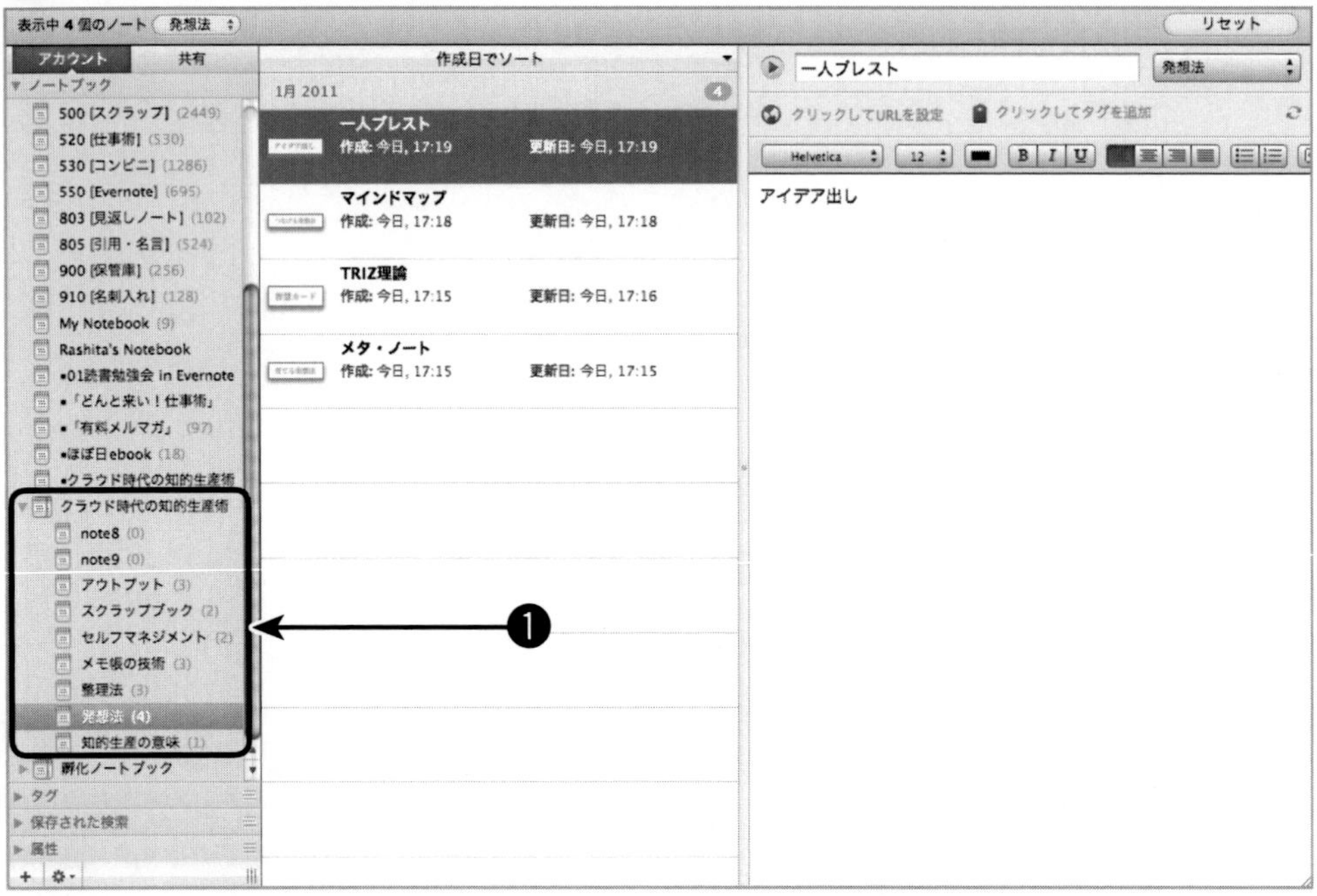

❶ アイデアを分類したすべてのノートブックに分類名が付いたら完成です。

直感的なKJ法を実現する

より直感的にKJ法を行うならば、「**Evernote Sticky**」を使います。「**Evernote Sticky**」は、**Windows**や**Mac**で使うことができるアプリケーションで、**Evernote**に保存されたノートをPCの画面上に「付箋」として表示することができます。

これを使うと、実際のKJ法をやるように、関連のある付箋を近くに集めることができます。現時点でまだ開発中のアプリケーションなので機

●Evernote Sticky

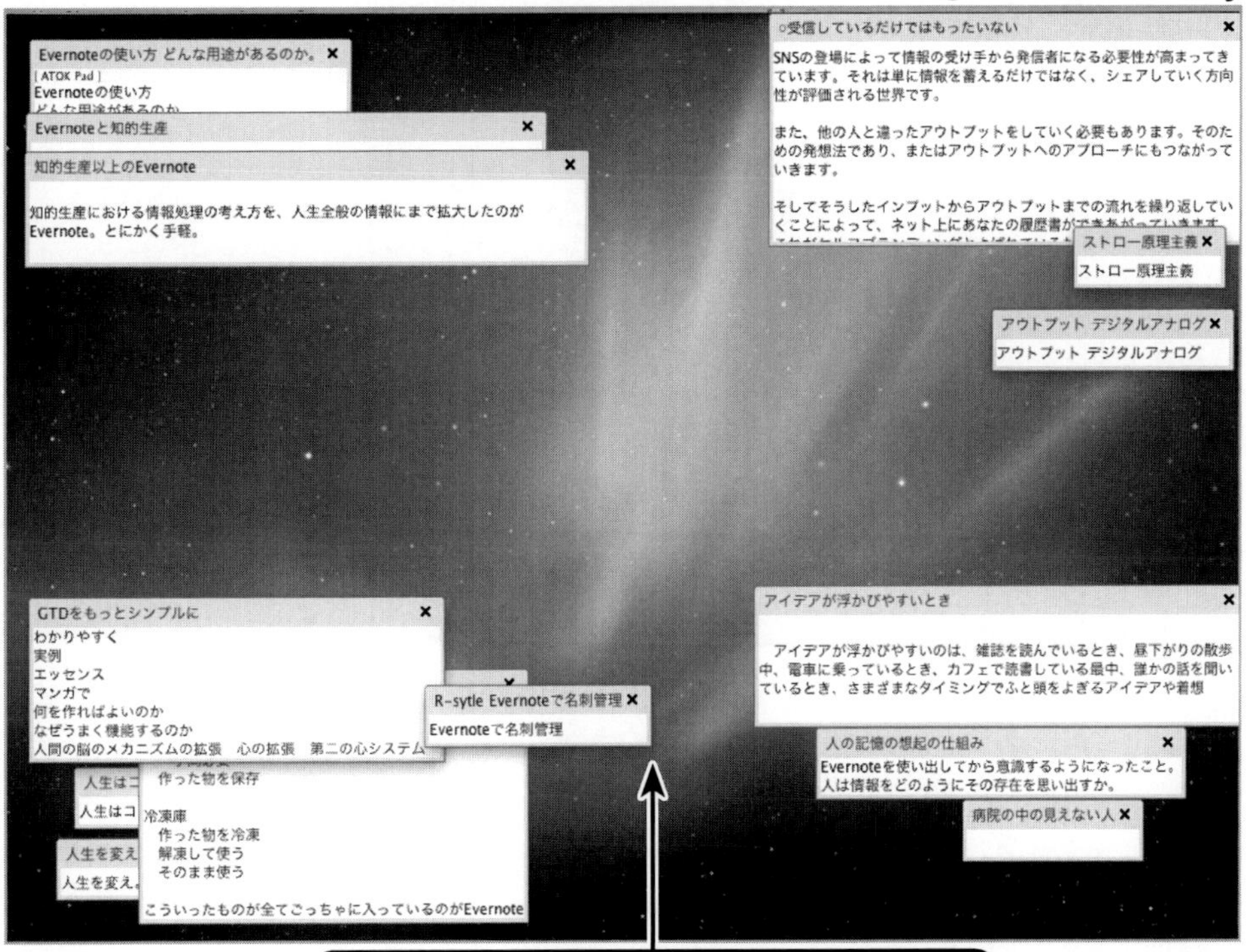

Evernoteの使い方 どんな用途があるのか。
Evernoteと知的生産
知的生産以上のEvernote
知的生産における情報処理の考え方を、人生全般の情報にまで拡大したのがEvernote。とにかく手軽。
○受信しているだけではもったいない
SNSの登場によって情報の受け手から発信者になる必要性が高まってきています。それは単に情報を蓄えるだけではなく、シェアしていく方向性が評価される世界です。
また、他の人と違ったアウトプットをしていく必要もあります。そのための発想法であり、またはアウトプットへのアプローチにもつながっていきます。
ストロー原理主義
アウトプット デジタルアナログ
GTDをもっとシンプルに
わかりやすく
実例
エッセンス
マンガで
何を作ればよいのか
なぜうまく機能するのか
人間の脳のメカニズムの拡張 心の拡張 第二の心システム
R-sytle Evernoteで名刺管理
Evernoteで名刺管理
冷凍庫
作った物を冷凍
解凍して使う
そのまま使う
こういったものが全てごっちゃに入っているのがEvernote
アイデアが浮かびやすいとき
アイデアが浮かびやすいのは、雑誌を読んでいるとき、昼下がりの散歩中、電車に乗っているとき、カフェで読書している最中、誰かの話を聞いているとき、さまざまなタイミングでふと頭をよぎるアイデアや着想
人の記憶の想起の仕組み
Evernoteを使い出してから意識するようになったこと。
人は情報をどのようにその存在を思い出すか。
病院の中の見えない人
「Evernote Sticky」を使うとノートを付箋としてデスクトップに表示することができる

Evernote Sticky の URL ▶ http：//sourceforge.jp/projects/evernote-sticky/

能的に足りない部分はありますが、情報カードを操作するようにEvernoteのノートを扱えるのは独特の感覚です。

現在のバージョン(2011年1月時点)では、このEvernote Sticky上から新しいノートを作成することができないので、集めたノート群に見出しを付けることができません。その意味で、まだこのツール単体ではKJ法が完結しない状況です。このあたりはアップデートでの機能追加を待ちたいところです。

なお、「Evernote Sticky」はJavaで作成されているため、あらかじめJREというJavaを動かすアプリケーションがインストールされている必要があります。

積極的につながりを求める

Evernote Stickyに限らず、Evernoteの知名度が上がり、ユーザーが増え続ければ、今後も連携アプリケーションを作る人は増えてくるはずです。その中で外部からノートを操作できるアプリケーションなども増えてくるでしょう。そういったアプリケーションを応用すれば、Evernoteに貯めてある資料や着想を知的生産に活用できるようになります。

しかし、個別のやり方やツールそのものは重要ではありません。ポイントは、「情報同士のつながりを見い出そうとする行為」なのです。情報を単に集めても、それだけで構成が出来上がるわけではありません。個々の情報のつながりを見つけ、それを1つにまとめることで、初めてアウトプットとして形ができていくのです。

この「つながり」を見つけることは、やり始めたばかりではうまくいかないことも多いでしょう。それは、関連性を見つけ出す能力があまり鍛えられていないからです。逆にいえば、そこが鍛えられていればKJ法をより活用していけるはずです。

KJ法だけに限りませんが、発想法は、ただひらめきやアイデアがやってくるのを待つのではなく、積極的な姿勢で求めていくことも必要です。

まずはノートブックに蓄積してある資料や着想を日常的に見返して「つながり」はないだろうか、と考えてみることをおすすめします。

LIFE HACK 30

アイデアの種から着想を育てる発想法

着想を徐々に大きくする「メタ・ノート」

第3章では頭に浮かんだ着想を即座にメモしておくことを紹介しました。書き留めた着想はちょっとした思いつきや、だいたいの方向性、あるいは大雑把な疑問など、アイデアとしてはまだまだ力不足なものが多いはずです。

そういった小さなアイデアの断片を、時間をかけながら育てていくのが「メタ・ノート」という手法です。

メタ・ノートは外山滋比古氏の『思考の整理学』(筑摩書房)という本の中で出てくるアナログのノートの使い方です。さまざまに浮かんでくる着想の中から、価値のありそうなものを見極め、それをじっくりと育てていく方法になっています。

具体的な手順を簡単に3ステップにまとめると、次のようになります。

❶何か考えが浮かんだら、それを手帳などに書き留める
❷書き留めたものをあとで見返して、脈がありそうなものを別のノートに転記する
❸転記したノートを見返し、まだ脈がありそうなものをさらに別のノートに転記する

最後に移動させたノートがメタ・ノートと呼ばれるノートで、自分の中で相当関心度の高い情報だけが抽出されているはずです。このメタ・ノートをさらに見返し、思いついたアイデアや追記すべきものがあれば、書き加えていくわけです。

手帳やメモ帳などを持って、日常的に思いつきを記録しているならば、別のノートを2冊準備するだけで簡単に実行できる方法です。

時間の力を使って、着想を育てる

メタ・ノートの特徴は「時間の力」を二重に使っている点です。

アイデアを選り分ける

「あるテーマに関する考え」をすべて集めて時間をおいて見返すと、その中から質の高いものを選び出すことができます。「古典とは時の試練を乗り越えたものだ」、という表現がありますが、自身のアイデアにもわずかながらそのときの試練を与えるわけです。

思いついたときには「これ凄いアイデアだ！」と思っていても、時間が経てば案外そうではなかったことはよくあります。それとは逆に、あまりぱっとしなかった着想でも、あとで見返すと意味が見いだせたりもします。

こういった「時間の力」でアイデアを選り分けるというのがメタ・ノートの特徴の1つです。

己の考えを熟成させる

メタ・ノートのもう1つの特徴は、「考え」を時間と共に熟成させることができる点です。メタ・ノートを何度も見返す中で、関連性のある思いつきや考えを追記していくことになります。こうして、徐々にアイデアを付け加えていくことで、はじめは小さな断片だったものが、大きな構想へと育っていきます。あるいは構成の枠組みだけあって中身が足りていないものも埋めていくことができます。

人間の脳の記憶には、いろいろと制約が多いので、こういった熟成を頭の中だけで進めていくのは難しいものがあります。1カ月前に思いついた着想に関係あることを今日思いついたとしても、どこかに書き留めておかない限り、その2つを関連付けるのは不可能に近いでしょう。

この「何度も見返す行為」には別の意味合いもあります。日頃から育てたい着想に触れていることで、日常の情報収集を行う際にも、関連しそうな事柄が目に止まりやすくなります。これを「カラーバス効果」と呼ぶそうです。感覚的には、集めたい情報に向けてアンテナが向けられることで情報感度が高まる、というところでしょう。

こういった情報感度は、日常的に大量のウェブ情報を**RSS**リーダーでチェックしたり、あるいは周りの風景で目にするものからアイデアの素を見つけ出す際に大きな違いを生みます。

資本主義社会では「お金がお金を生む」という表現が使われますが、発想で言い換えれば「着想が着想を生む」というのがメタ・ノートの特徴です。

LIFE HACK 31

Evernoteでメタ・ノートを実装する

Evernote単体で「メタ・ノート」を作る

メタ・ノートをEvernoteでも取り入れる方法は、前著『EVERNOTE「超」仕事術』でも触れています。前著では、Twitterやブログを使ったソーシャルアレンジを使った方法を紹介しましたが、今回は純粋にEvernoteだけで完結するやり方を紹介します。

ステップ1：情報の取り込み

まず「考えたこと」「思いついたこと」（以下、合わせて「アイデアメモ」と呼びます）をすべて書き留めておき、Evernoteに蓄積します。Webクリッパー、メール、スキャンなど保存するまでの経路は問いません。手書きのメモや、スマートフォンのアプリケーションなど複数のツールを使っていても、最終的な終着駅をEvernoteに設定しておくことです。これは第3章で紹介したメモの技術の基本です。

これらのアイデアメモは専用のノートブックに集約します。これがメタ・ノートでの1冊目のノートにあたります。この段階ではまだ選別は行いません。すべてのアイデアを集約するノートブックを作るのが目的です。

ステップ2：情報を見返し、脈があるものは「メタ・ノート」に移動する

ノートブックを、ある程度の時間をおいて見返します。脈がありそうなアイデアメモは別のノートブックに移動させます。移動先のノートブックが「メタ・ノート」です。この「脈がありそう」というのは、「面白そうな方向性の考えだが、まだ情報不足」という感じです。

移動させたノートも、定期的に見返します。見返しの際に追記すべきものを思いつけば、ノートの続きに書いておくことです。こうして徐々にそのアイデアメモを肉付けしていきます。

「メタ・ノート」で熟成したアイデアはノートブックに独立させる

このやり方だと、アナログ式の「メタ・ノート」に比べて抽出の行程が1回少なく

なっています。アナログ式のメタ・ノートであれば、次のような流れで情報が推移していきます。

❶すべての着想を書き付ける手帳
❷一次選別先の「ノート」
❸二次選別先の「メタ・ノート」

これが**Evernote**では、次のような流れになります。

❶アイデアを総合的に集めるノートブック
❷一次選別先の「メタ・ノート」ノートブック

間にもう1つノートブックを作って選別回数を増やすことは簡単にできます。しかし、**Evernote**の場合は、ノートブック間の選別は1回だけで充分だと考えています。理由は、この後に「メタ・ノート」の中に発見された有望なノートで、関連情報も含めたノートブックをメタ・ノートから独立して作る作業があるからです。

Evernoteに集まるのは、「アイデアメモ」だけではありません。資料もあれば、その他の雑多な情報も集まってきます。そういったものを別々の場所に直しておくのは「引き出し別々現象」の原因になります。アナログ式のノー

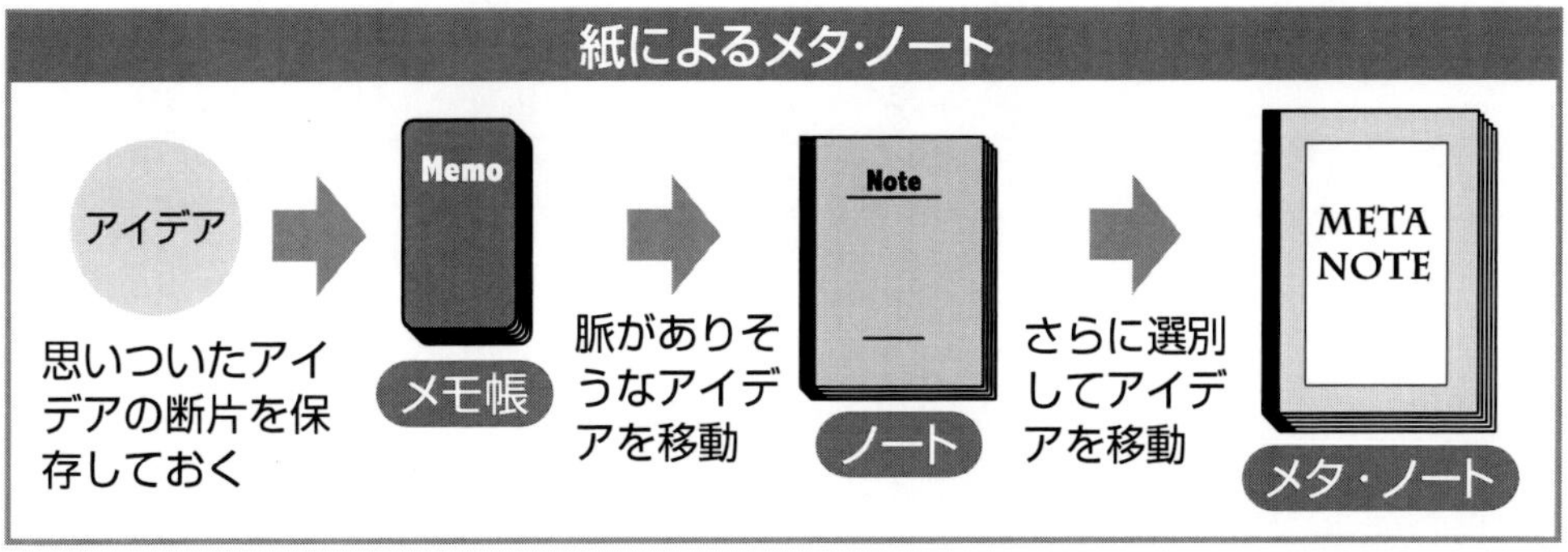

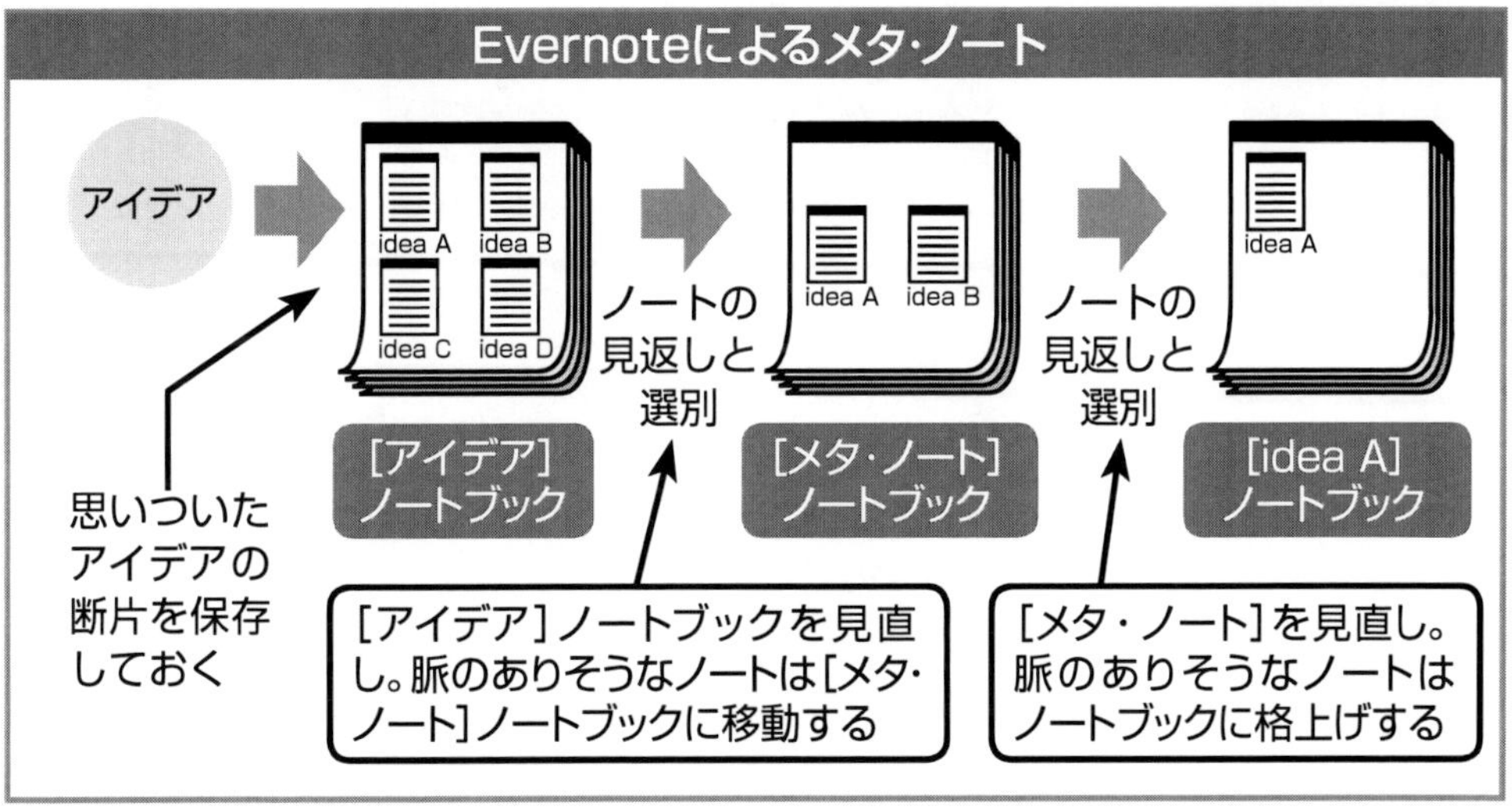

一見、Evernoteでの仕組みのほうは、ノートだけの2段階の分類に見えるが、[メタ・ノート]ノートブックから、そのテーマのノートブックを作ることになるので、実質は3段階となる

トと違い、こういった関連性のある情報をまとめておけるのが**Evernote**の特長です。ですから、その機能を活かせるようにメタ・ノートも形を変えた方がよいのです。

1つのアイデアメモをノートブックにすることで、関連する情報が1つにまとまるというのが、この方法のメリットです。加えて、ノートブックは**Evernote**を表示させれば、いつでも目につきます。前述した「カラーバス効果」がより強く働く、というのもメリットの1つです。

メタ・ノートによる着想の育て方には、さまざまな実装法が考えられます。ポイントは着想を蓄積すること、それらを選別すること。そして、それを見返しながら、時間をかけてその着想を育てていくこと、です。このポイントさえ押さえておけば、どのようなやり方であっても着想を育てていけます。

LIFE HACK 32

「新しい切り口」を求める発想術

アウトプットのテーマとなる「新しい分類」を考える

ここまでで、集めた資料のつながりを見つけて、「アウトプットの下地を作る」「小さなアイデアの素を徐々に育てていく」という2つの方向からの発想法について紹介しました。次はもう少し大きな枠組みでの発想について考えてみます。

『「知」のソフトウェア』(立花隆著、講談社)の中で、立花隆氏は「分類は現実に即す」と書いています。これはどういう意味でしょうか。

情報を収集していると、もともとの整理軸では収まりきらない情報を発見することがあります。「どこに入れようか?」と悩むような情報です。そういうときに無理に既成の整理軸に入れてしまうのではなく、既成の分類に収まらない情報が存在する現実をまず認識し、それに合わせて新しい分類を作り替えられないだろうか、と考えることが重要だというわけです。

以上の過程で一番大切なのは、現実に即した新しい分類があるのではないか、その分類を通してみると、同じ事象が違って見えてくるような新しい分類があるのではないか、と常に考えてみることである。

「同じ事象が違って見えてくるような新しい分類」というものが、まさにアイデアと呼べるものです。この本もある意味ではそういったアイデアから成り立っています。クラウドメモツールやウェブクリップツールとして捉えられがちな**Evernote**を知的生産という視点から捉え直した、というのがこの本の骨格です。書店にならんでいる本も、こういった「よくある事象を違った視点から見つめ直した」というコンセプトでできているものが多いでしょう。

「新しい分類」を考えること自体が知的生産

ルールがきっちり決められた静的な整理ではなく、現実に即した分類を探す動的な整理は、行為そのものが知的生産の一部といえるかもしれません。第4章でマドルスルーの整理法を紹介したのも、既存の分類で満足するのではなく常に新しい軸がないかを探すためにはこのやり方が一番だからです。

Evernoteに情報を集めてノートブックに移動するときや、過去のノートブックを見返しているときに、「新しい分類はできないだろうか」と考えてみる作業も発想の一部です。実際に新しい分類が作れないとしても、そう考える習慣が発想力のトレーニングになります。

自分のアイデアを「検索」する

発想においてEvernoteを使う大きなメリットの1つは、過去の自分のアイデアを「検索」できることです。アナログ式のメモやノートでもアイデアを書き留めておけますし、それをパラパラと見返していくこともできます。しかし、今までのメモやノートすべてを対象にして検索することはできません。

Evernoteに自分のアイデアを蓄積していけば、過去の自分のアイデアと再会することができます。それが10個でも100個でも1000個でも関係ありません。むしろ多ければ多いほど、使えるアイデアと再会できる可能性は高まるでしょう。

◉自分のアイデアを検索する

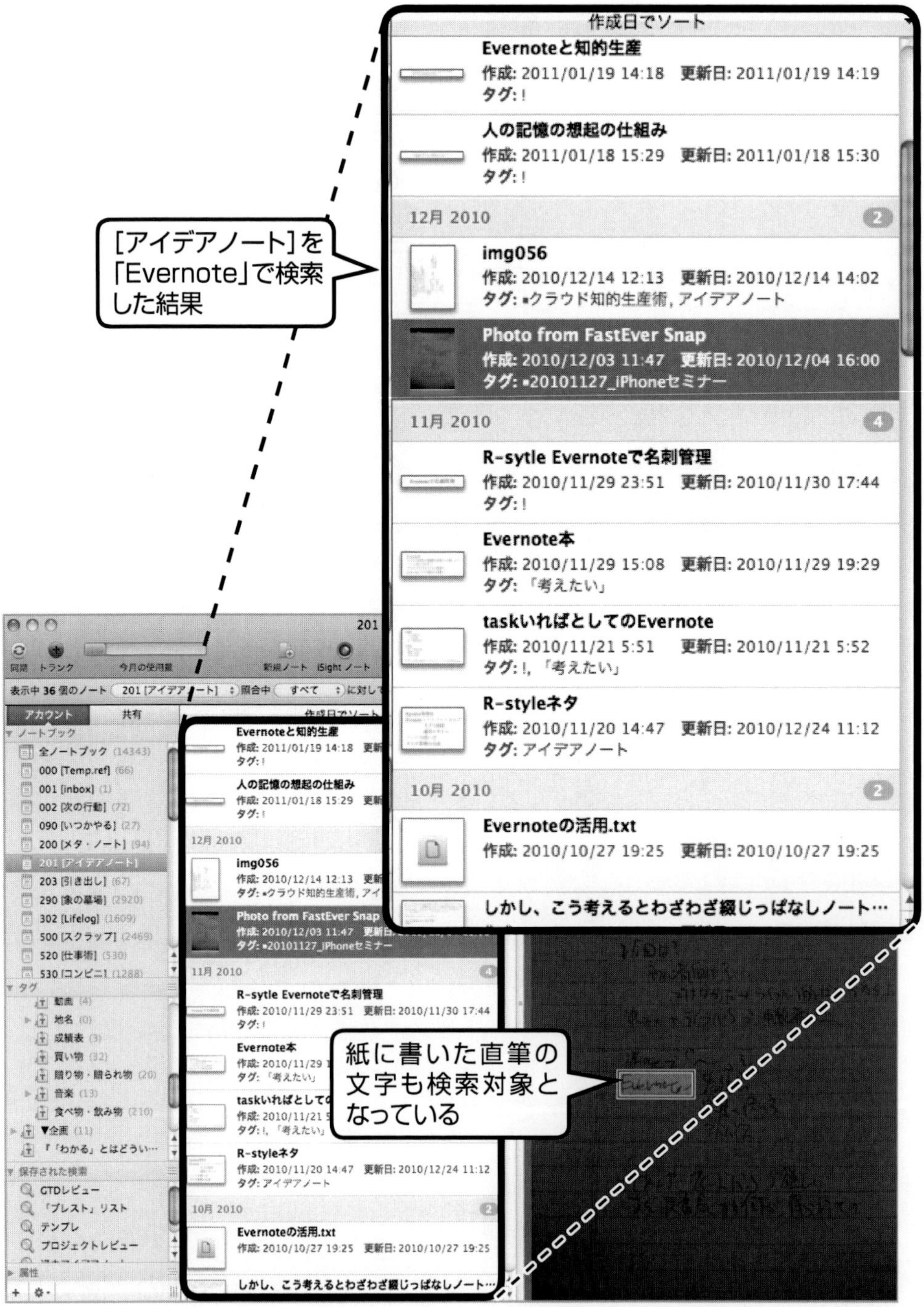

LIFE HACK 33

発想力をトレーニングする

発想力の「瞬発力」を鍛える

Evernoteに蓄積した情報を使っての発想を紹介してきましたが、違った場面での発想というものもあります。たとえば、先に考えるべきテーマが存在している状況での「アイデア出し」などがそれにあたります。先ほどまでに紹介したやり方に比べるとこういった発想には「瞬発力」が必要です。書斎でじっくりと考える発想と違って、「現場」で要求される発想には、関連するアイデアをぱっと思いつく力も含まれているでしょう。

こういった瞬発力のあるアイデアの出し方に使える発想法を紹介します。これらの発想法は具体的なテーマがあるときだけではなく、日常的に意識しておくことで、自身の発想力を鍛えることにもつながっていきます。

TRIZによる発想トリガーカード

アイデア出しの有効的な手法として「**TRIZ**」（トゥリーズ）という手法があります。**TRIZ**は「発明的問題解決理論」という小難しい意味で、ごく簡単に説明すると、発想を支援するための手法となります。

TRIZは、過去のアイデアを分析して、その中に潜む問題解決パターンからエッセンスとなる部分を抽出し、それを定式化し、体系としてまとめたものです。それを利用することで、発想を行うときに取るべき手順を誰でも辿ることができるようになります。

TRIZは、狭くなりがちな個人の視点に新しい「ものの見方」を与えてくれるものです。言い換えれば、「これを別の引き出しに入れてみたらどうなるだろうか」という考えを触発させるものです。つまり発想のトリガーと呼べるものです。

このTRIZを応用して作られた「智慧カード」というツールもあります。

このカードには発想のトリガーとなるフレーズがカード1枚につき1つずつ書かれています。問題に直面したときに、このカードに書かれてあるフレーズを自分の問題に当てはめて考えてみることで、アイデアを引っ張り出すわけです。

たとえば、「分けよ」「離せ」「一部を変えよ」「バランスをくずさせよ」「2つを合わせよ」というフレーズがあります。カードという形式を取っているので、問題について考えたり、アイデア出し作業がゲーム感覚で行えるというメリットもあります。

私はEvernoteにこれらのカードを取り込んでいます。実際にカードを持ち歩いてもよいでしょうし、情報カードを使えば自分なりの発想トリガーカードを作ることもできます。

◉智慧カードのウェブページ

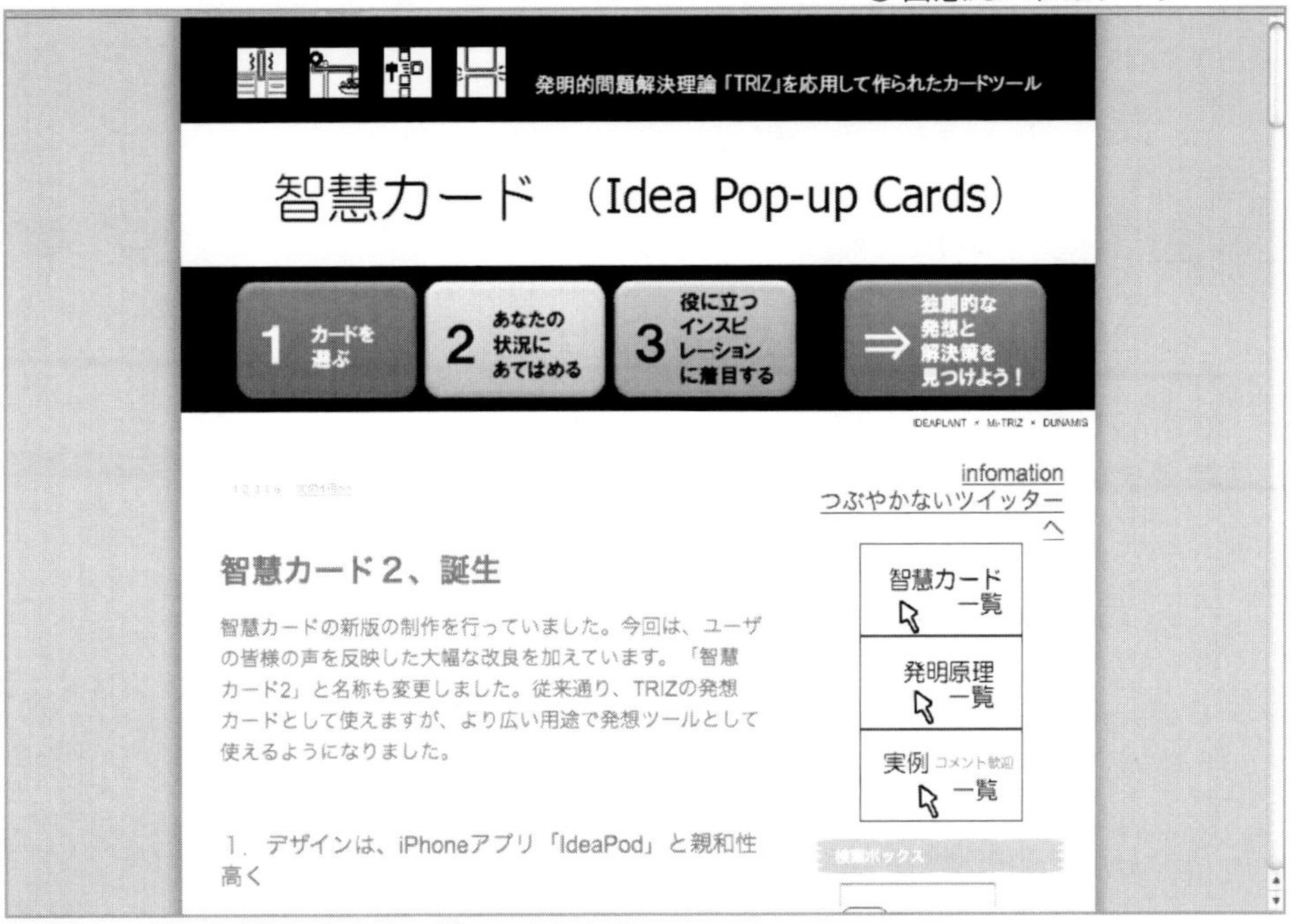
発明的問題解決理論「TRIZ」を応用して作られたカードツール
智慧カード (Idea Pop-up Cards)
1 カードを選ぶ
2 あなたの状況にあてはめる
3 役に立つインスピレーションに着目する
⇒ 独創的な発想と解決策を見つけよう！
IDEAPLANT × Mi-TRIZ × DUNAMIS
infomation
つぶやかないツイッターへ
智慧カード一覧
発明原理一覧
実例 コメント歓迎 一覧
智慧カード2、誕生
智慧カードの新版の制作を行っていました。今回は、ユーザの皆様の声を反映した大幅な改良を加えています。「智慧カード2」と名称も変更しました。従来通り、TRIZの発想カードとして使えますが、より広い用途で発想ツールとして使えるようになりました。
1．デザインは、iPhoneアプリ「IdeaPod」と親和性高く

「智慧カード」のURL ▶ http://triz.sblo.jp/

どちらにせよ、既存のトリガーだけでなく、自分自身の思いついたものがあればそれも追加しておくことです。自身の発想のトリガーリストを持っておくことは、それ以降の発想に大きな影響を与えます。

このようなトリガーカードを利用した発想を何度も行っていると、徐々にカードを見なくても頭の中で自然とそれらの着想が導かれるようになります。これが発想力として身に付いていくわけです。

アイデアを絞り出す「一人ブレスト」

ブレイン・ストーミング(以下ブレスト)と呼ばれる発想法があります。あるテーマについて何人かを集めてアイデアを出していく手法ですが、このコンセプトを取り入れながら、自分一人でも似たようなことをするのが「一人ブレスト」です。

ブレストの基本は「アイデアをどんどん出していくこと」。それを支えるルールとして「相手の意見を否定しない」「より広げていくことを考える」などがあります。

一人ブレストもこれに習って、自分一人でアイデア出しする場合に、1つひとつのアイデアについて深く考慮せず、思いつくものをただただ書き出していく作業を行います。しかし、人の意識というのは案外「検閲」を行っているので、奥底に眠っているアイデアがなかなか出てきにくいという問題があります。自分のアイデアを自分の無意識が否定してしまっているわけです。これでは「ブレスト」としては成立しません。

そこで、ノルマを設定します。「10分で10個のアイデアを出す」という感じの多少難しいレベルにノルマを設定すると、「これがよいアイデアかどうか」について判断している余裕がなくなります。結果として自由にアイデアが出てくるようになる、というわけです。

そういう場合、最後の方に出てくるのは荒唐無稽なものばかりでしょう。しかし、まったく新しいアイデアはだいたい荒唐無稽なものです。むしろ、他の人が普通では思いつかないものこそが、アイデアの質になりえます。一人ブレストはそういった「常識外」のアイデアを出していくために有効です。

ノルマの設定などは自由ですが、まずは「ただ数を出すこと」を目標としてアイデアをどんどん書いていくというのがポイントです。そして、出てきたアイデアに関しても、さらに広がりがないかを、追求するというのが「一人ブレスト」のコツです。

実際のやり方には、さまざまな方法が考えられます。アナログのノートを使う方法もありますし、パソコンのテキストファイルを使う方法もあるでしょう。**iPad**をお持ちならば、それを使うこともできます。

私は、1日1回15分程度の時間を設定して、この作業を行っています。一人ブレストのテーマにしたいアイデアは**Evernote**のノートに保存し、「考える」というタグを付けています。その検索を保存しておくことで、すぐにそのアイデアにアクセスできる環境を作ってあります。

ソーシャル・ブレストで幅広い発想を

このブレストの考えを用いて、ソーシャル・メディアを発想力のトレーニングの場として使うこともできます。**Twitter**や**Face book**という**SNS**にはさまざまな人が存在しています。その中には発想力を持った人や、アイデア出し作業が好きな人も多くいます。そこに向けてアイデアの種となるものを投げ入れれば、思いも寄らないリアクションが返ってくることがあります。もちろん全部が全部というわけではありませんが、やってみると面白いかもしれません。たとえば「こんな手帳が欲しい…iPhoneのカレンダーと同期できる紙の手帳」というつぶやきを流せば、関心を持っている人が、新しいアイデアを返してくれる、という具合です。

出したアイデアに対して、わざわざ「面白くない」とコメントを返してくる人がいたとしても、ごく少数ですので、「否定」される可能性は低いといえます。逆に、乗ってくる人はどんどん乗ってくるので、ソーシャル・メディアは使い方次第でブレスト向きといえるかもしれません。

これと同じように、人のつぶやきを見て、面白そうなものは自分で何かアイデアを出して乗っかるというのも、トレーニングになります。ソーシャル・メディアは情報収集にも使えますが、このように発想力を鍛える場としても活用することができます。

ソーシャル・メディアで「現場」の声を拾う

ソーシャル・メディアには別の活用法もあります。アイデアの元になるのは「面白い考え」だけではありません。「困っていること」「疑問に思っていること」なども、アイデアを考える出発点になります。

『デザイン思考は世界を変える』(ティム・ブラウン著、早川書房)という本で紹介されているデザインコンサルタント企業「**IDEO**」(アイディオ)の発想のプロセスは、徹底的な現場の観察がスタートになっています。ユーザーが何をどのように使い、どんな場面でつまずくのかをじっくりと観察することで、問題点をあぶり出し、そこを手がかりにして新しいデザインを作り上げるというのが**IDEO**流のイノベーションの生み出し方です。

Twitterを使っていれば、その「現場」はいくらでも発見できます。日常のつぶやきの中には「何がどう使いにくいのか」「こんな機能が欲しい」「こういうものがあったらいい」という不満の声や要望がたくさんあります。これらは、改善、機能追加の足がかりになりますし、未だ形になっていないニーズの源とも考えられます。

そういったつぶやきを見かけたときに、「じゃあ、どうすればいいだろうか」と自分なりに解決法を考えてみる、というのも発想力のトレーニングにつながります。私自身も「こういうコンテンツがあったらいいな」という発言には注目していま す。そういう発言を見かけたら、自分ならどういうコンテンツ展開ができるのか、を常日頃から考えるようにしています。

Column

ライフログ用のiPhoneアプリ

自分の見た風景や、食事などを残しておくには写真を使うのが一番簡単です。iPhoneにはそういった用途に使えるアプリが何種類も登場していて、なかなか選択が難しいところです。簡潔さでは、第3章で紹介した「Fastever」が最適ですが、あのアプリは写真にコメントが付けられません。そういった部分をカバーするアプリとしては「瞬間日記」や「Awesome Note」などがあります。

「瞬間日記」は手軽に写真+コメントの記録が残せて、Evernoteにエクスポートすることも可能です。さらに「Time Trip」という独自の機能もあります。これは過去のノートにランダムでアクセスするというものです。日記や手帳を適当に開ける感覚を味わえます。

◉瞬間日記

「AwesomeNote」はノートアプリですが、Evernoteと同期できるのが特徴です。コメントを書くだけでなく、1枚のノートに複数の写真を入れることもできます。

今回紹介したもの以外にも沢山のアプリがありますし、今後もどんどんと出てくるでしょう。選ぶ際のポイントは、「記録を取るまでの手間」「Evernoteとの連携」「ノートの見栄え」の3点です。

CHAPTER-6

クラウドツールで
アウトプットを強化する

LIFE HACK 34

アウトプットは知的生産の最終目的

「自分データベース」から人に役立つ情報を抽出する

「知的生産」の最終的な目的は、「何かを作り出すこと」、つまりアウトプットです。この「アウトプット」を行わなければ、いくら潤沢な情報を蓄え、たくさんのアイデアを持っていても意味はありません。これまでの行程はすべて、何かを生み出すために存在しています。

情報を収集するのは、物知りになるためではありません。集めた情報から自分なりの考えを導きだし、それを他の人に提供するためです。何か新しいアイデアを考えるのも、考えた結果に満足して終わりではなく、それらを外に出して役立てることです。

ドラッカーは『プロフェッショナルの条件』（ダイヤモンド社）の中で、知識労働者に必要なものを「自らの成果を他の人に供給するということである」と書いていますが、まさに知識、アイデア、情報は他人の役に立って初めて意味を持つわけです。

こうしたことは昔から指摘されていることですが、現代ではアウトプットの持つ意味合いが大きく変化してきています。

その変化を生み出したのが、ブログに代表されるセルフ・メディアと**Twitter**（「つぶやき」と呼ばれる短文を投稿・閲覧しあうコミュニケーション・サービス）などのソーシャル・ツールの存在です。

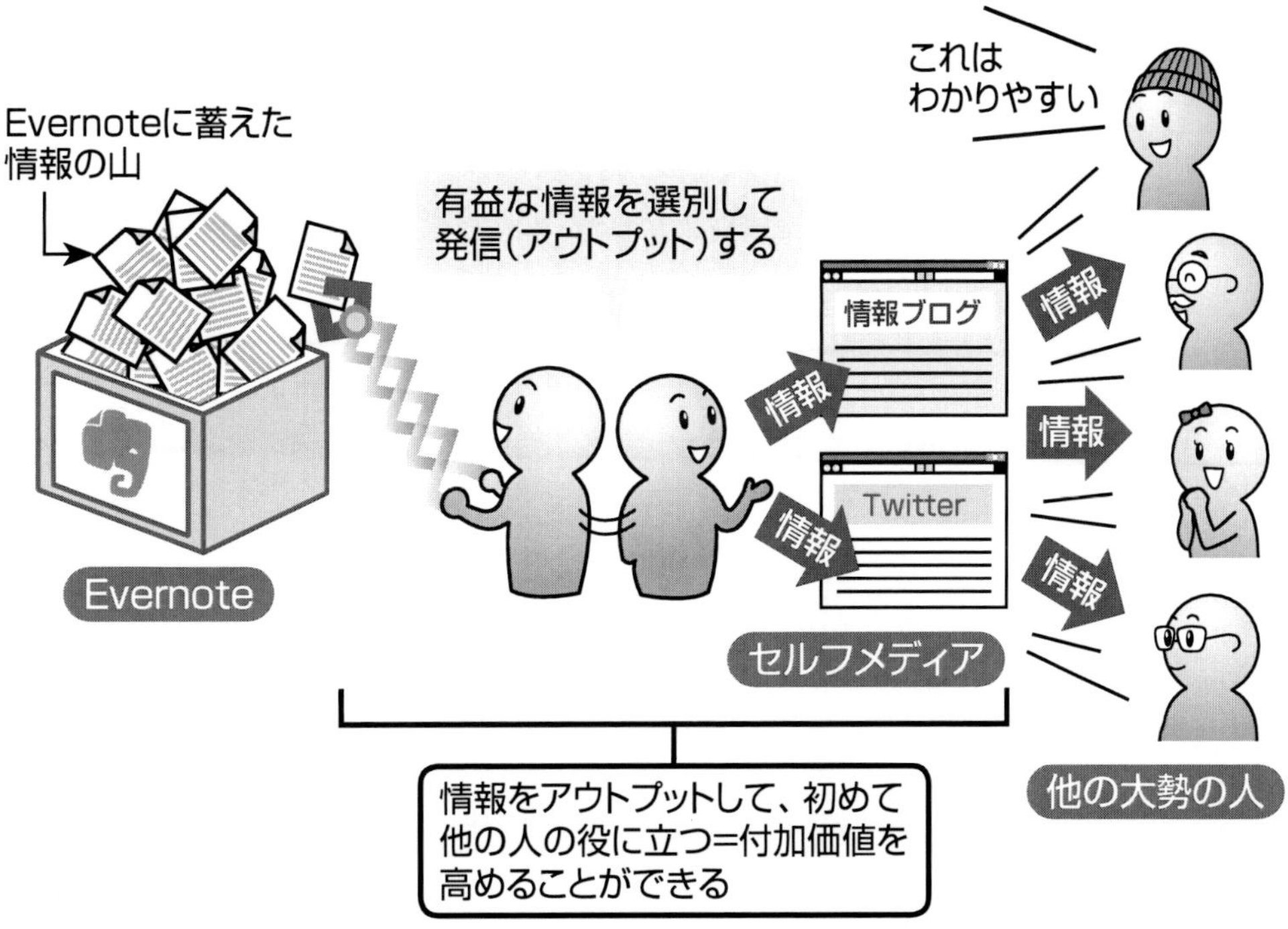

ソーシャルネットワーク時代のアウトプットのスタイル

現代は、「誰もが情報発信できる場を持てる」時代です。だからこそ、「情報を発信している人」と「していない人」には大きな差ができつつあります。

知的生産活動においては、昔から「アウトプットしなさい」というアドバイスが行われてきました。昔は「情報を集めることばかりに専心していては意味がない」という程度の意味合いでしたが、現代ではアウトプットしないことが大きな損失を生み出している、とすらいえる状況になってきています。

本章では、現代におけるアウトプットの特徴である「ショート・アウトプット」と「ブランディング・アウトプット」について紹介します。ブログなどを使って情報発信していく行為は、単に情報に付加価値を付けることだけではなく、発信者自身への付加価値へとつながっていく行為でもあります。

LIFE HACK 35

ブログでアウトプットのトレーニングをする

アウトプットの媒体として最も身近な「ブログ」

「定期的に情報発信する場」として第一候補に挙がるのが、ブログです。ブログの特徴は、「自分以外の読者が存在する」「比較的サイズの小さいアウトプットにまとめることができる」「締め切りを自分で決定できる」という点です。

これ以外にもメルマガや独自のウェブサイトを構築する方法もありますが、ブログが一番簡単に始められるでしょう。ブログを使って定期的に情報発信していくことには3つのメリットがあります。

- アウトプット力のトレーニング
- 大規模な知的生産物作成の無駄のない遂行
- セルフ・ブランディング効果

まずは「アウトプット力のトレーニング」から見ていきましょう。

「わかりやすさ」を鍛える

どのようなトレーニングにおいても回数をこなすことは欠かせない要素です。1回やっただけで実力が著しく向上することはありません。また、負荷がかからないトレーニングもあまり意味がありません。

日常的な生活の中に、「アウトプット力」を鍛えることができる機会はほとんどありません。回数もこなせないし、また必要以上の負荷もかからないからです。特に「わかりやすさ」については1人で文章を書いているだけでは、まず鍛えられないでしょう。それは「読者」の存在があってこそ、初めて意識されるものだからです。

知的生産において「わかりやすさ」というのは、重要なファクターです。有用な情報や知識であっても、それが他の人に伝わらなければ意味がありません。「わかりやすく説明する力」というのは、最低限必要なものです。

ブログという媒体でのアウトプットは、そのトレーニングに最適です。「他の人が読む」ことが前提であるブログでの情報発信は、読者の存在を意識せざるをえません。これがトレーニングにおける負荷になってきます。

「わかりやすく書く」という心がけを持って、1つひとつのアウトプットを行うことにより、わかりやすく説明する力が徐々に鍛えられます。こういう力はプレゼンテーションや会議という場面においても役立つはずです。

「アイデア力」を鍛える

「何か書くことができたら書こう」と考えていると、いつまでたっても着手しないのが人間です。このときに役立つのが「締め切り効果」です。ブログでも「週1回更新します」と宣言すれば、必然的に締め切りが生まれます。週に1回きっちりネタが見つかればよいのですが、毎回うまく見つかるとも限りません。アイデアがないところからアイデアを作り出すのは、負荷がかかっている状態です。このときがアイデア力のトレーニングになります。**Evernote**の情報から何か書くことはないか、面白いことはないかと探す行為がアイデアを生み出す力を鍛えます。

特に日常的にアイデアを必要とはしない環境に身を置いている人ほど、こういった「締め切り」を設けて意識的に発想するタイミングを作ることは重要です。

LIFE HACK 36

ショート・アウトプットがアウトプットの質を上げる

ショート・アウトプットのメリット

こうした「アウトプット力のトレーニング」以外の要素として、小さなアウトプットを「とりあえず」出しておく効果も、ブログにはあります。じっくりと完成形になってからまとめ始めるのではなく、とりあえずの形、あるいはプロトタイプのままでアウトプットすることが可能なのもブログの特徴です。書籍や論文ではこういうわけにはいきません。こういった「とりあえず」の形のアウトプットを「ショート・アウトプット」と呼ぶことにします。

ショート・アウトプットをブログやTwitterというソーシャル・メディアに流すことによって、より洗練された形や、より大きなアウトプットへとつなげることができます。

「問題」を提示して他者にヒントをもらう

　ドン・タプスコットとアンソニー・D・ウィリアムズの共著『ウィキノミクス　マスコラボレーションによる開発・生産の世紀へ』（日経ＢＰ社）の中で、「イノセンティブ（**InnoCentive**）」というウェブサイトの事例が紹介されています。

　イノセンティブは科学的な問題の解決を募集するウェブサイトで、企業側が解決困難な課題を提示し、ウェブ上の参加者がその課題に答えるという形になっています。そして、実用的な解法を提供した参加者には報酬が現金で支払われる仕組みです。企業は世界中の科学者やそれに類する知識を持つ人からの意見を集めることができるようになっています。

　また、サーバなどで利用されているＯＳである**Linux**は、オープンソースという方式（バザール方式）で開発されているのも有名な事例です。参加者を限定せずに、好きな人が勝手に改良しそれを公開していく。これによって多様なフィードバックをより早く受けることができます。こうした方法は一般的な開発に比べて、開発の速度が速いのが特徴です。

どちらの例でもネットに存在する膨大な数の「他者」を有効に活用しています。報酬の有無の違いはあるにしても、共通点は「問題を提示していること」です。

ネットで積極的に活動している人の中には、「問題」に関心を示す人が多く存在しています。そういう人々は自分がアドバイスや解決策を提示できるならば、積極的にそれを提示してくれます。

Twitterでも、何かわからないことを疑問としてつぶやくと、答えてくれる人がいます。ネット上では、さまざまな分野の人が入り交じって存在しているので、自分１人では考え付かないようなアドバイスや指摘が飛んでくることもありえます。

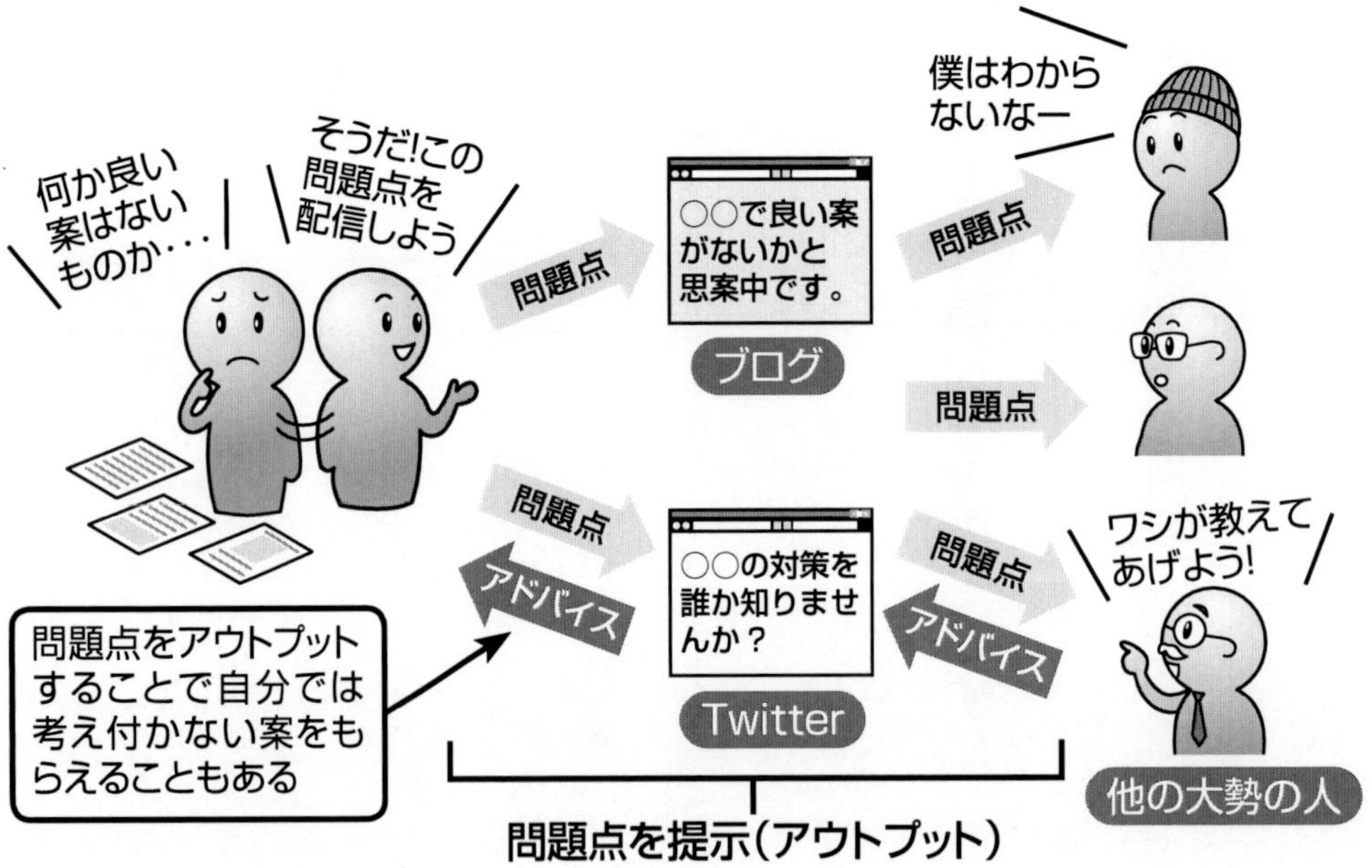

何か良い案はないものか・・・
そうだ!この問題点を配信しよう
問題点
○○で良い案がないかと思案中です。
ブログ
問題点
僕はわからないなー
問題点
問題点
アドバイス
○○の対策を誰か知りませんか？
Twitter
問題点
アドバイス
ワシが教えてあげよう!
他の大勢の人
問題点をアウトプットすることで自分では考え付かない案をもらえることもある
問題点を提示（アウトプット）

ショート・アウトプットを行う理由はここにあります。ある時点での「とりあえず」のまとまりでもネット上にアップしておけば、それについて詰めの甘い部分や論理的な説明が破綻している部分、あるいは別の視点からの意見や、感想というものがもらえる可能性があります。

もし、大きくまとめてからアウトプットをして、そこで大前提となるようなものが崩れている場合は、修正がかなり大変なことになります。小出しにしておけば、細かいフィードバックに合わせて、部分部分の事実確認や論理の組み立ての修正が簡単に行えます。また、反応の大きかったもの、小さかったものを確認することで、最終的に何をアウトプットすべきなのか、という方向性も見えてきます。

小出しのアウトプットは、大きなアウトプットを作る上での過程として捉えることができるでしょう。

書くことを通して考える

ショート・アウトプットを行う理由の2つ目は「形にしていく中で考えが整理される」ことが多いからです。自分の体験からいうと「アイデアが整理されてから考えよう」というアプローチでは、なかなかゴールにたどり着けません。そういった未着手の状態では、いつまでたっても整理が行われないからです。

不完全な状態でも、とりあえずまとめようとする中で新しい考えが出てきたり、あるいは足りていない情報が見えてきたりします。頭の中では「だいたいこうだろう」と考えていたことも、文章化する中で曖昧な部分がたくさん見つかることもあります。当初は重要だと考えていたことが、まとめる作業の中でさほど重要ではないと気が付くこともあります。

まとめようとする、形にしようとする行為そのものが「考える」ことの一部になっているわけです。

「とりあえず」出せる場の効用

現代ではブログというアウトプットを行う場所を誰でも持つことができます。そしてその場所は「とりあえず」の気持ちでアウトプットを出せる貴重なところでもあります。

大きな完成物を作ろうとすればするほど、取りかかるための気持ちはより大きなものが必要になります。そうなると結局のところ、なんだかんだと着手するのが後回しになってしまう、ということはないでしょうか。これは複数の意味でもったいないことです。

小さくても数を重ねることで鍛えられるものがあり、作っていく中で見えてくるものもあります。もし、何かしらの大きなアウトプットを作ってみたいと考えている人は、ブログを活用して小さいところから始めてみることです。一歩でも歩き出すことができれば、徐々にゴールは近づいてきます。逆に着手しなければ、いつまでたってもゴールにたどり着くことはできません。

ブログを持って定期的にアウトプットしていく行為は、現代ではさらなる意味合いがあります。それは発信者そのものに付加価値を付けていくセルフ・ブランディングと呼ばれるものです。

LIFE HACK 37

ブランディング・アウトプットの実践

積極的な情報発信で自分の価値を高める

知的生産の工程である、情報の収集、加工、そして発信を行うことは、情報に付加価値を付ける行為です。それはモノ作りにおいて、素材を加工して製品を作り出すのと同じ構造です。よい製品を作り続ける企業や職人に「ブランド」が生まれるように、知的生産においても「ブランド」が生み出されます。言い換えれば、付加価値が付いた情報を発信し続けることで、発信者にも付加価値が付くようになるわけです。

第2章では、専門家や達人のアウトプットを使った情報収集を紹介しました。自身に「ブランド」が生まれるというのは、他の人から見たときの専門家や達人になるということです。「この分野の情報ならば、この人をチェックしておけばよい」と認識されれば、自分自身のブランドの誕生です。

ソーシャル時代において、そういった自分のブランドがもたらすものは、大きな影響力を持っています。その分野に関連する情報が集まってきたり、交友関係が拡がったり、新しい仕事の話が生まれたり、という、日常生活の外側にある出来事が起こりえます。私自身も、ブログによる情報発信が、今こうして本を書くことにつながっています。

本書はこういった自身のブランド作り、いわゆる「セルフ・ブランディング」についての本ではないので、アウトプットに関係する部分の基本的なことだけを紹介しておきます。セルフ・ブランディングの概要については、佐々木俊尚氏の『ネットがあれば履歴書はいらない―ウェブ時代のセルフブランディング術』(宝島社)が参考になります。

継続的な情報発信がブランディングの第一歩

こうしたブランディングにおけるアウトプットで重要なことは、「継続して発信すること」です。

ウェブ上では毎日大量に情報発信が行われています。そんな中で、一度や二度、情報発信しても、すぐに流れていってしまいます。これでは自身のブランド作りには役立ちません。

必要なのは「こういう情報を発信している人」と認知してもらうことです。そのように認知してもらえれば、「アウトプットをチェックしてみよう」と考えてもらえます。たとえば、ブログをRSSリーダーに登録してもらったり、Twitterでフォローしてもらったり、という行為がそれにあたります。そうしてもらえれば、自分とその人の間に「つながり」が生まれます。その情報のパイプラインがつながっていれば、広大なネットの海の中でも情報はしっかりと届くことになります。

最初に「こういう情報を発信している人」と認知してもらうためには、継続的な情報発信は欠かせません。過去から今に至るまで情報を発信しているから、これからのアウトプットを注目しようと考えるわけです。3カ月前に更新がストップしているブログをRSSリーダーに登録しようと思う人はあまりいないでしょう。

ブランディングの基本は、継続的なアウトプット活動にあります。また継続的な情報発信は、前述のアウトプット力のトレーニングにも重なる部分があります。

発信する情報は価値があれば何でもよい

ブランディングのためのアウトプットには何を出せばよいのかというと、「何でもよい」というのが一応の答えになります。方針としては、どのような情報を持っているのか、どんな分野に関心事があるのか、何ができるのか、どんな価値観を持っているのか、ということを伝えるのが基本になります。

勉強したこと、読んだ本、考えたこと、役立つ情報、参加したイベントの感想、使っているツールやアプリケーションの使い方、面白いサイトやブログの紹介、こういったものがアウトプットの材料になります。

Evernoteをメモ帳代わりに使い、さまざまな自分情報を蓄積していれば、こうしたアウトプットにも活用できるでしょう。

中には自分の中では当たり前すぎて、わざわざ書き出す必要がないと感じるものもあるかもしれません。しかし、情報の価値は自分では見えてこないことも多いものです。ショート・アウトプットの考え方と同じで、「とりあえず」情報を出していけば、意外なものに価値が出てくるかもしれません。

LIFE HACK 38

ブログによる情報発信の例

ブログとTwitterからはじめよう

やり方はいろいろありますが、まずブログを開設して、**Twitter**のアカウントを取得するのがスタートになるでしょう。ブログは無料で始められるサービスが山のようにあります。**Twitter**も無料で使えます。このあたりはクラウドサービスと同じ特徴があって、誰でも簡単に始ることができます。

両方のアカウントを取得したら、あとは定期的にブログを更新して、その情報を**Twitter**に流す、ということを繰り返していけば基本的な形は完成です。この場合、手動でブログ記事の**URL**を**Twitter**に入力することもできますし、ブログサービスによっては自動的につぶやきを流してくれるものもあります。このあたりの詳しい内容は本書のテーマから大きく外れますので、割愛しておきます。

いきなりブログを始めることを敷居が高いと感じるのであれば、ブログよりもさらに小さい場所から始めることも可能です。そういった用途に使えるものを、いくつか紹介しておきます。

マイクロブログ「Posterous」のススメ

ブログを作るのが面倒だと感じている人には、「**Posterous**」(**https://posterous.com/**)というブログサービスがあります。ミニブログやマイクロブログと呼ばれていますが、普通のブログと遜色ないものが作れます。

この**Posterous**の特徴は簡潔さです。サービスへの登録もメールだけで行うことがで

●Posterousを使ったブログ

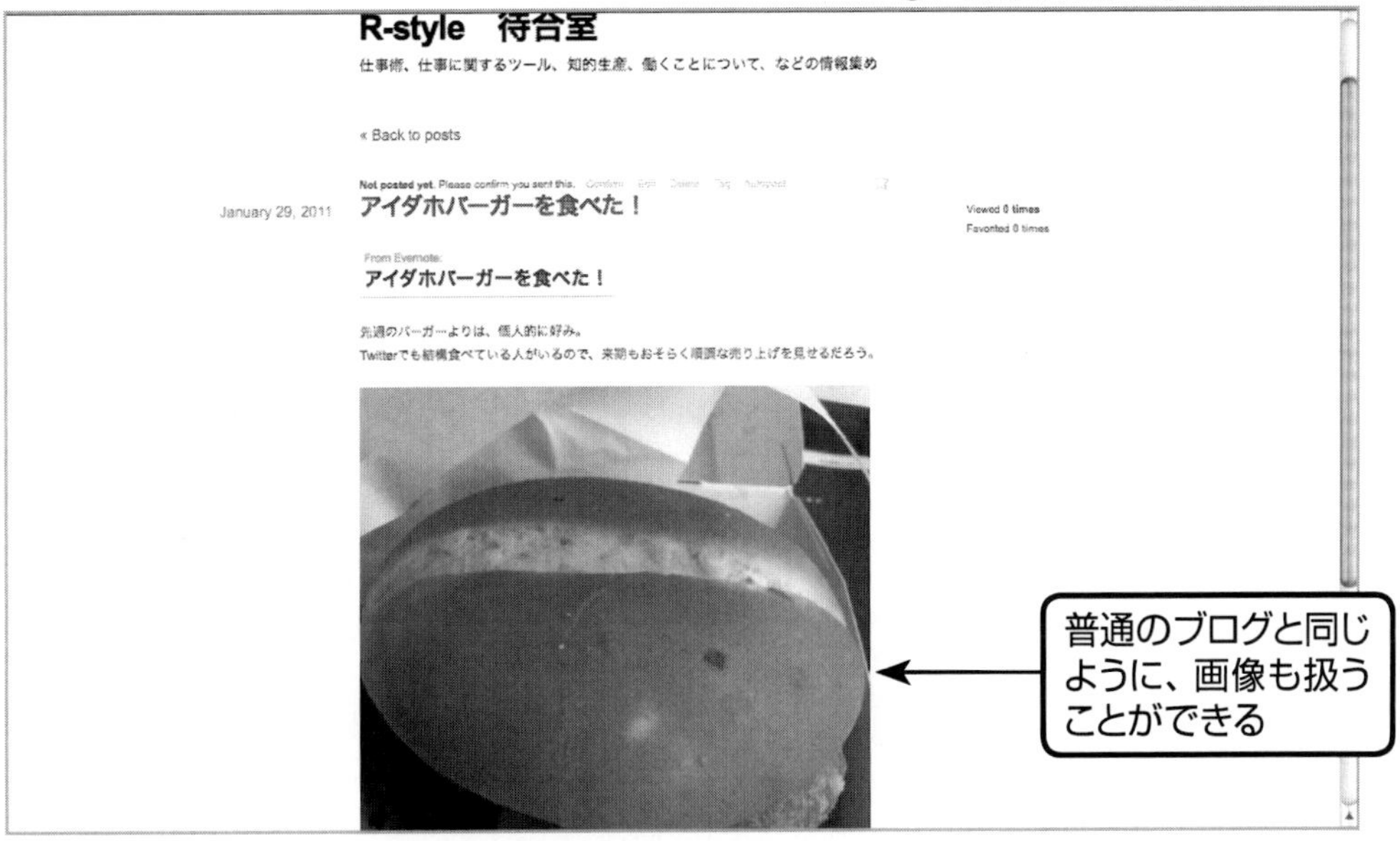
R-style 待合室
仕事術、仕事に関するツール、知的生産、働くことについて、などの情報集め
« Back to posts
January 29, 2011
アイダホバーガーを食べた！
Viewed 0 times
Favorited 0 times
From Evernote:
アイダホバーガーを食べた！
先週のバーガーよりは、個人的に好み。
Twitterでも結構食べている人がいるので、来期もおそらく順調な売り上げを見せるだろう。
普通のブログと同じように、画像も扱うことができる

●Posterousの管理画面

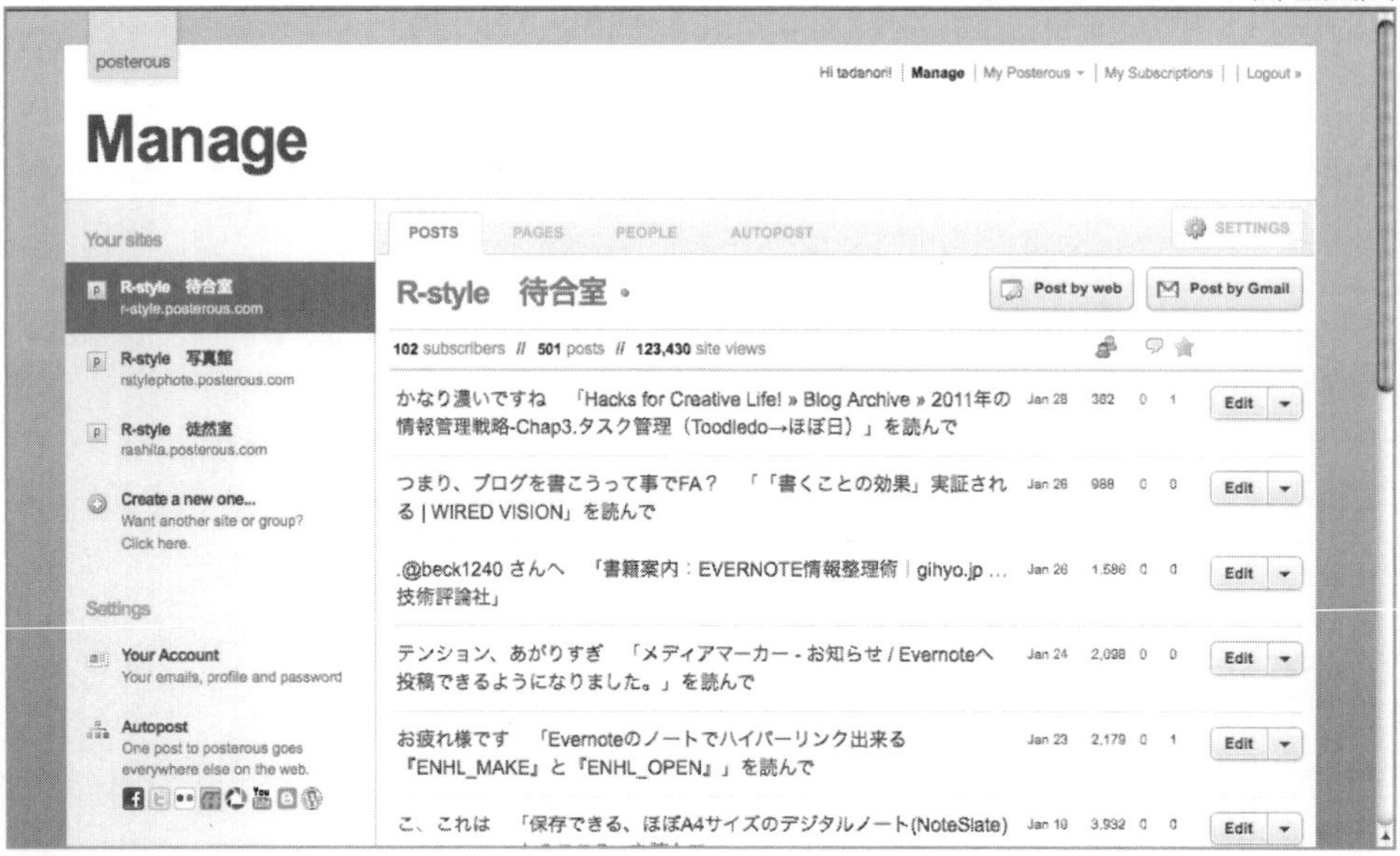

●Evernoteのメール機能を使ったPosterousへの投稿

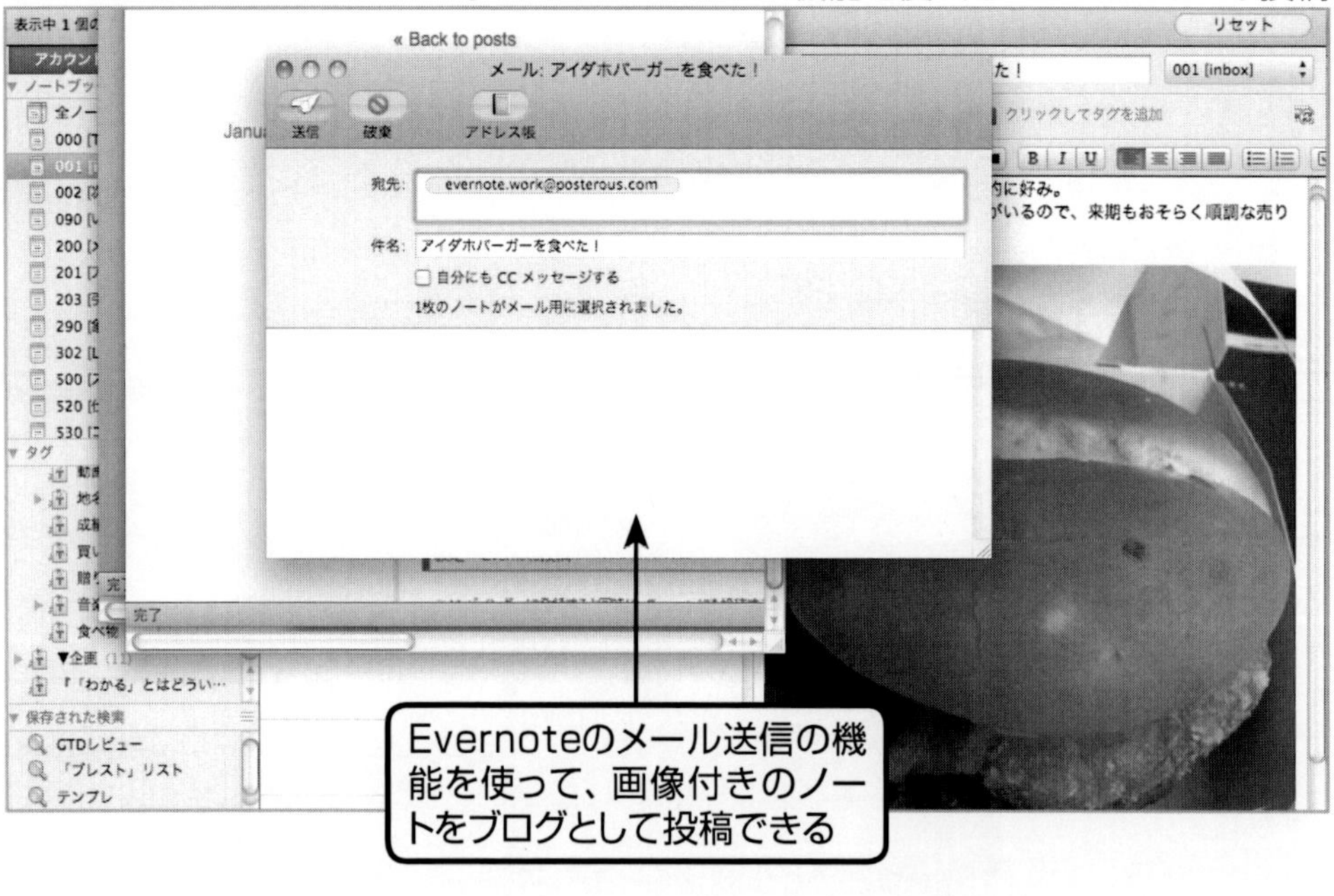

きます。また、ブログの更新も割り当てられたメールアドレスにメールを送ることで行えます。デザインやレイアウトも標準でいくつか用意されているので、とりあえず始めるには最適なブログサービスです。ブログの情報を**Twitter**に流す機能も付いています。

EvernoteのＰＣ用のクライアントには、ノートの内容をメールで送る機能があります。それを使えば**Evernote**で簡単にまとめた文章を**Posterous**へメールで投稿するといったことができるようになります。いちいちブラウザを立ち上げたり、管理者ページにログインする必要がないので、気軽に始めるにはちょうどよいでしょう。

「メディアマーカー」でミニ・レビュー

第３章で紹介した「メディアマーカー」(**http://mediamarker.net/**)は、簡単な書評ブログとして使うこともできます。読んだ本の感想や読書メモを「コメント」として保存すれば、それだけで小さい規模の「書評ブログ」になります。更新の情報を**Twitter**に流す機能も付いているので、ソーシャルに向けたアウトプットを行う場としては充分といえるでしょう。

◉メディアマーカーでの書評

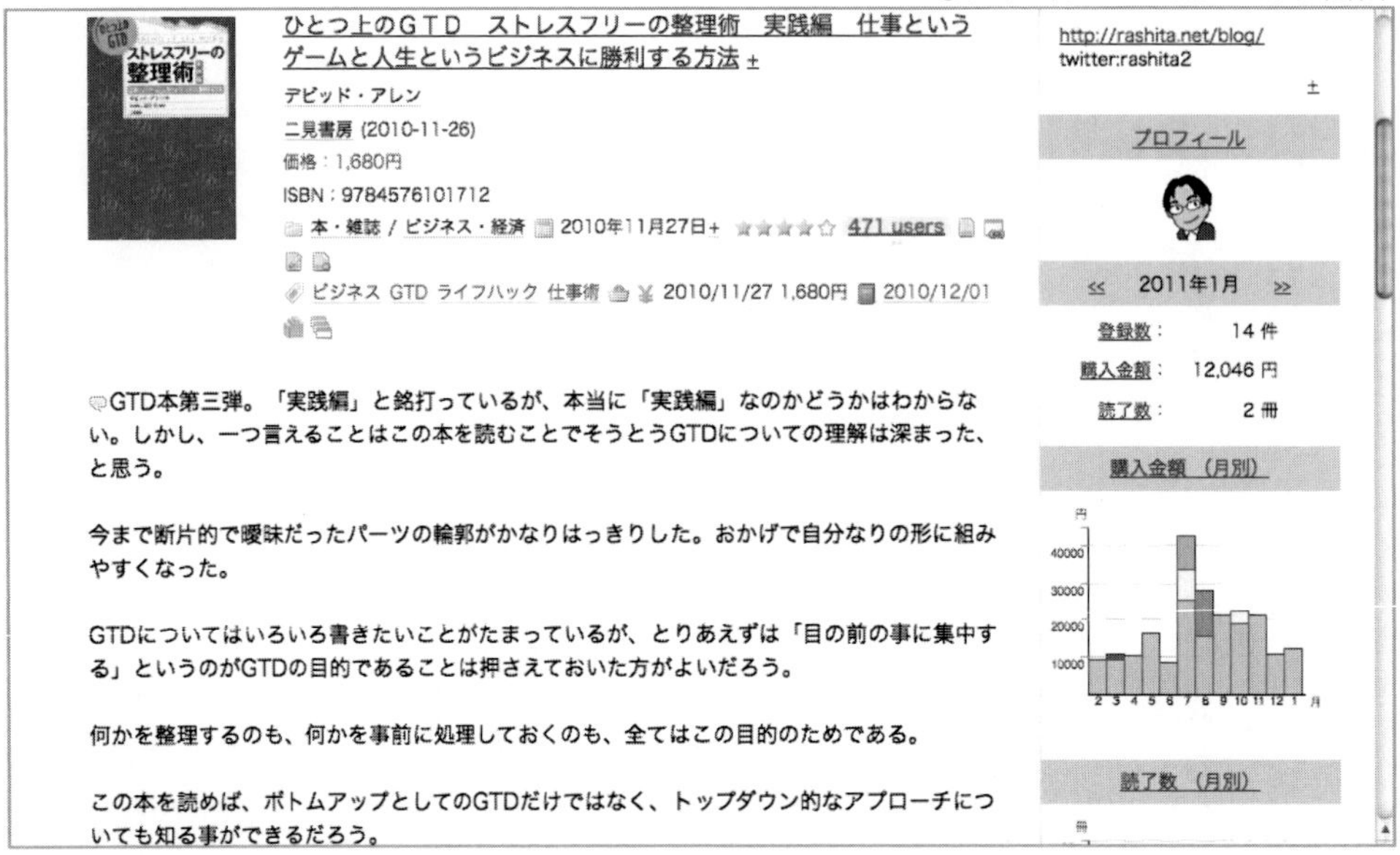

ひとつ上のＧＴＤ　ストレスフリーの整理術　実践編　仕事というゲームと人生というビジネスに勝利する方法
デビッド・アレン
二見書房 (2010-11-26)
価格：1,680円
ISBN：9784576101712
本・雑誌 / ビジネス・経済 2010年11月27日+ 471 users
ビジネス GTD ライフハック 仕事術 2010/11/27 1,680円 2010/12/01
GTD本第三弾。「実践編」と銘打っているが、本当に「実践編」なのかどうかはわからない。しかし、一つ言えることはこの本を読むことでそうとうGTDについての理解は深まった、と思う。
今まで断片的で曖昧だったパーツの輪郭がかなりはっきりした。おかげで自分なりの形に組みやすくなった。
GTDについてはいろいろ書きたいことがたまっているが、とりあえずは「目の前の事に集中する」というのがGTDの目的であることは押さえておいた方がよいだろう。
何かを整理するのも、何かを事前に処理しておくのも、全てはこの目的のためである。
この本を読めば、ボトムアップとしてのGTDだけではなく、トップダウン的なアプローチについても知る事ができるだろう。
http://rashita.net/blog/
twitter:rashita2
プロフィール
2011年1月
登録数：14 件
購入金額：12,046 円
読了数：2 冊
購入金額（月別）
読了数（月別）

◉Evernoteの共有ノートブックを使った書評

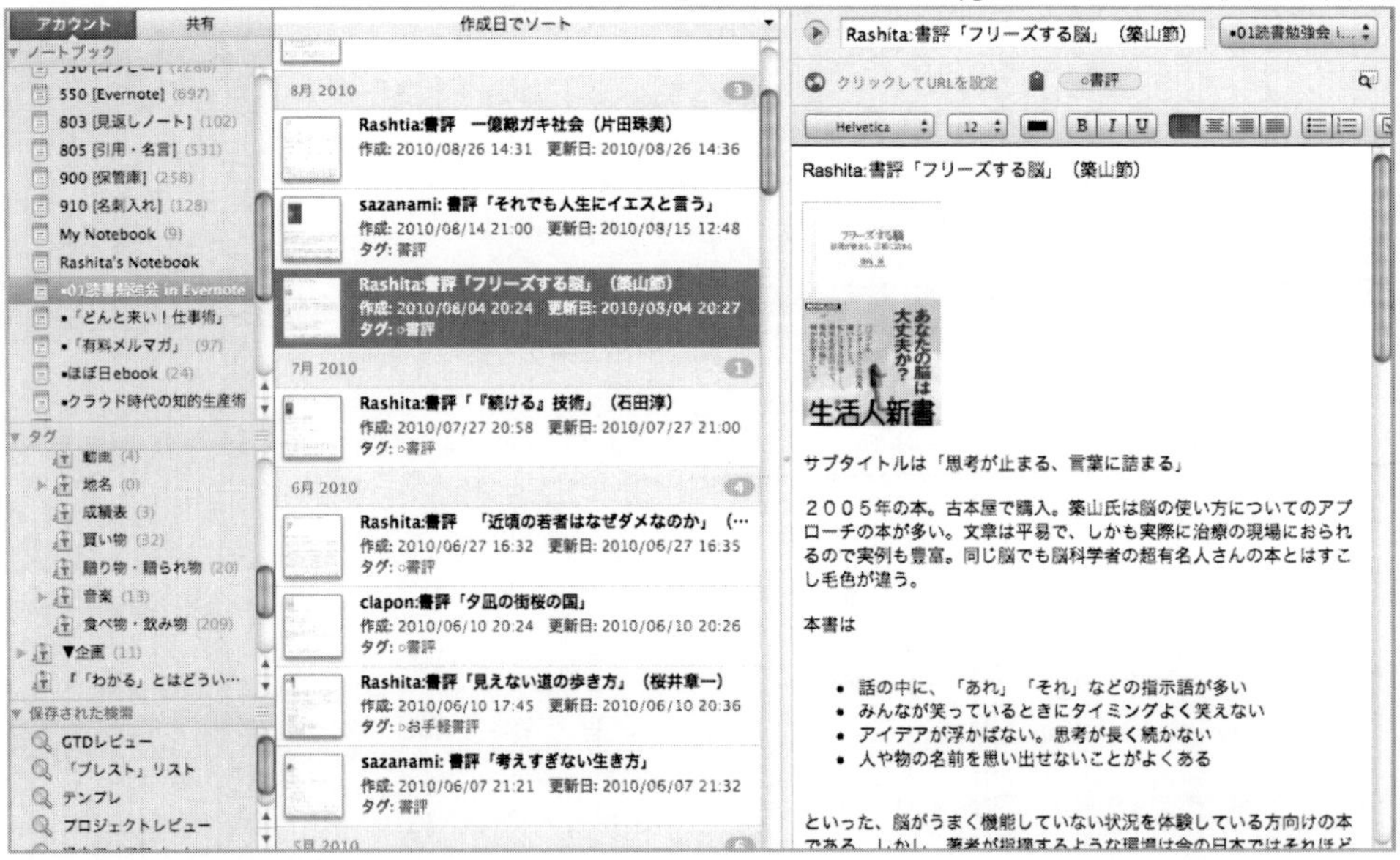

アカウント
共有
ノートブック
550 [Evernote]
803 [見返しノート]
805 [引用・名言]
900 [保管庫]
910 [名刺入れ]
My Notebook
Rashita's Notebook
•01読書勉強会 in Evernote
•「どんと来い！仕事術」
•「有料メルマガ」
•ほぼ日ebook
•クラウド時代の知的生産術
タグ
保存された検索
GTDレビュー
「プレスト」リスト
テンプレ
プロジェクトレビュー
作成日でソート
8月 2010
Rashtia:書評　一億総ガキ社会（片田珠美）
sazanami: 書評「それでも人生にイエスと言う」
Rashita:書評「フリーズする脳」（築山節）
7月 2010
Rashita:書評「『続ける』技術」（石田淳）
6月 2010
Rashita:書評　「近頃の若者はなぜダメなのか」（…
clapon:書評「夕凪の街桜の国」
Rashita:書評「見えない道の歩き方」（桜井章一）
sazanami: 書評「考えすぎない生き方」
Rashita:書評「フリーズする脳」（築山節）
サブタイトルは「思考が止まる、言葉に詰まる」
２００５年の本。古本屋で購入。築山氏は脳の使い方についてのアプローチの本が多い。文章は平易で、しかも実際に治療の現場におられるので実例も豊富。同じ脳でも脳科学者の超有名人さんの本とはすこし毛色が違う。
本書は
話の中に、「あれ」「それ」などの指示語が多い
みんなが笑っているときにタイミングよく笑えない
アイデアが浮かばない。思考が長く続かない
人や物の名前を思い出せないことがよくある
といった、脳がうまく機能していない状況を体験している方向けの本である。

また、本以外にも、アマゾンに登録されているアイテムなども登録できるので、単に書評だけではなくミニ・レビューブログにすることも可能です。

どんな本を読んでいるのか、どんなツールを使っているのか、というのはその人の価値観を表現するものです。こういった情報もブランディングには役立ちます。

Evernoteの共有ノートブックで情報発信

Evernoteには「共有ノートブック」という機能があります。共有する相手は、「世界中に共有」と「特定のユーザーと共有」の２つに分けられます。「世界中に共有」を選んだ場合は、ウェブページとしての**URL**が設定されて、ネットにつながる人ならば誰でも見られるようになります。

「特定のユーザーと共有」の場合は、相手にメールを送って招待し、相手が招待を受け入れれば、指定したノートブックを相手の**Evernote**と共有することができます。

前者はブログ的に使えますし、後者はメーリングリスト的に使うことが可能です。どちらにしても、情報発信のツールとして使うことができます。日常的に**Evernote**

に情報を蓄積しているならば、発信自体はかなり簡単になります。発信したいものを**Evernote**に書いて、それを共有用のノートブックに移動させて同期をかければ、それでアウトプットになります。

ただ、これはブログを始める前のお試しや、あるいはメインのブログに対するサブ的な位置付けとして捉えておいた方がよいでしょう。**Twitter**との連携の悪さや、閲覧する人が読みにくい、という問題があるので、これをメインに据えていくのは難しい面があるのも正直なところです。

LIFE HACK 39

アウトプットに適したクラウドツール

アウトプットでも活躍するクラウドツール

Evernoteはあくまで情報を蓄積するツールです。**Evernote**にもエディタ機能が付いていますが、現状では「高機能」とはいい難い状況です。また、文章以外の図版などのアウトプット手段も必要です。こういった**Evernote**ではフォローできないアウトプット手段を提供してくれるクラウドツールを紹介します。

Evernoteとこれらのクラウドツールを組み合わせて使うことで、アウトプットを効率的に進めていけるでしょう。

リッチテキストは「Googleドキュメント」

「文章を書く」という作業では**Google**の「**Google**ドキュメント」(**https://docs.google.com/**)が便利です。普通のテキストファイルだけではなく、文字を装飾できるリッチ

◉Googleドキュメントの編集画面

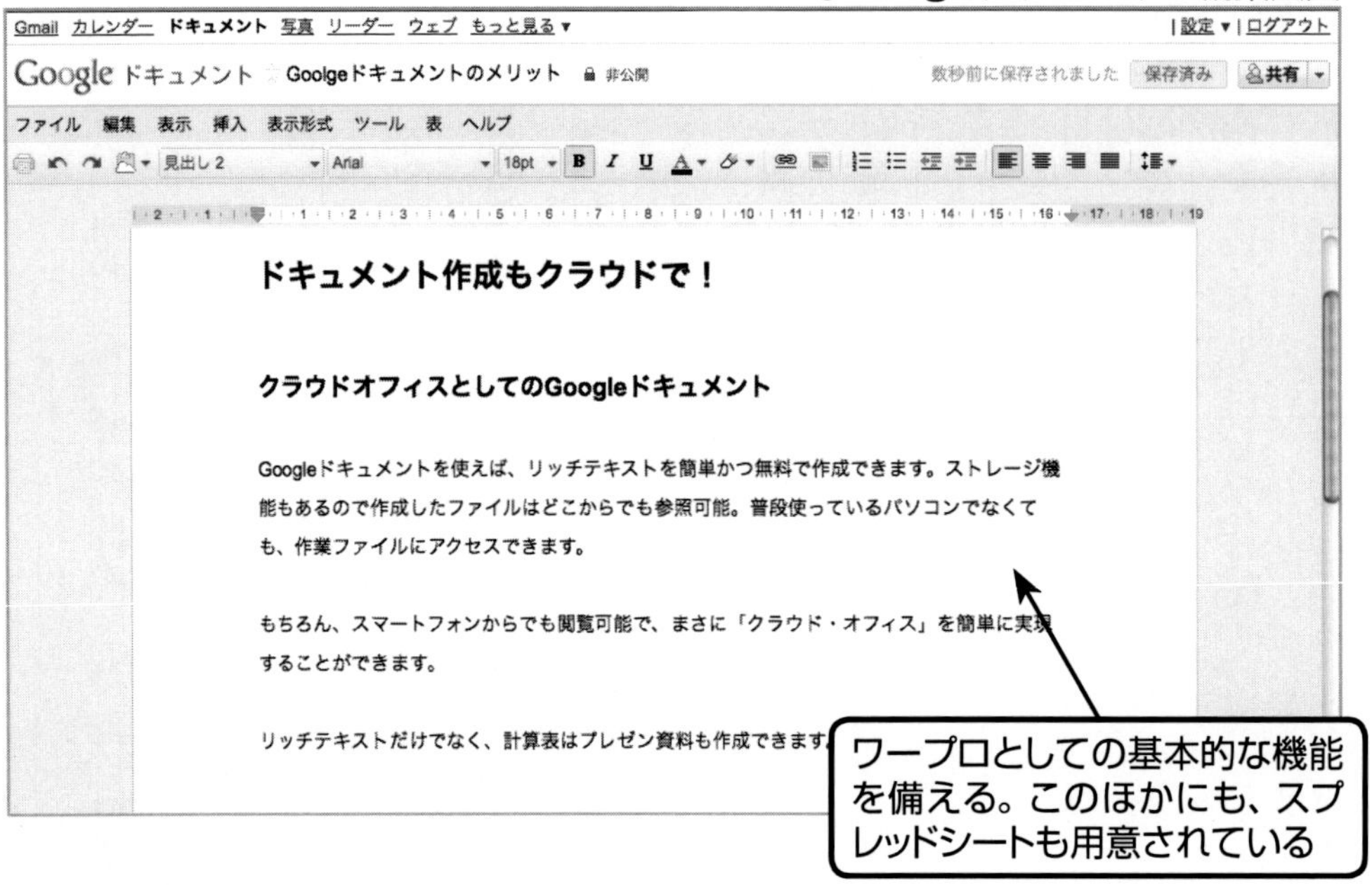

データはクラウド上に保管され、どこからでもアクセスできるほか、他者との共有・共同編集も可能だ

◉Googleドキュメントのリスト

テキストファイルも扱えます。**Microsoft**社の**Word**ほど強力ではないにしろ、必要充分の機能は装備されています。リッチテキストだけではなく、計算表やプレゼンテーションファイルの作成も可能です。

無料で登録でき、ウェブブラウザがあればどこでもデータの作成あるいは過去のデータにアクセスすることができます。自分のパソコン上で作成したデータをアップすることもできるので、ファイルストレージ的な使い方も可能です。

また、他の人と共同作業を行うこともできます。同じファイルを多数の人が編集できるだけでなく、リアルタイムの編集作業も可能です。チャットと並行して使えば、議事録を簡単に作ることもできます。

MindMeisterでマインドマップを作る

「**MindMeister**」(**http://www.mindmeister.com/ja**)はクラウドでマインドマップを作成・管理できるツールです。マインドマップとはトニー・ブザン氏が開発した図解技法の1つで、図の中央にメインとなるキーワードを書いて、そこから放射状に関係するキーワードを広げていく、というものです。

マインドマップは情報をまとめたり、自分のアイデアを整理するために使われています。普通のノートのように上から下に情報を書いただけでは、情報同士のつながりが見えにくかったり、全体像を一瞬で捉えにくいというデメリットがあります。マインドマップであれば、中心となるテーマと全体像が俯瞰できますし、それぞれのキーワードの関係性もすぐにつかめます。ＫＪ法でグループ化したデータ群を図化したり、ある企画について発想を広げていったりする際に便利な手法です。

このMindMeisterも基本は無料です。無料版の場合、保存できるマップの数は３枚までの制限がありますが、書く作業をMindMeisterで行い、完成したものは画像ファイルかPDF形式でEvernoteに保存する、という使い方であれば上限の枚数はさほど気になりません。もしツールが気に入って本格的に使いたくなった場合は、有料化して上限を取り払ったり、その他の機能を付け加えてみればよいでしょう。

クラウドツールであるMindMeisterはリアルタイムでの共同作業にも対応しています。遠隔地の複数人がアイデアを出し合ったり、企画の方向性を確認する、という

◉MindMeisterの画面

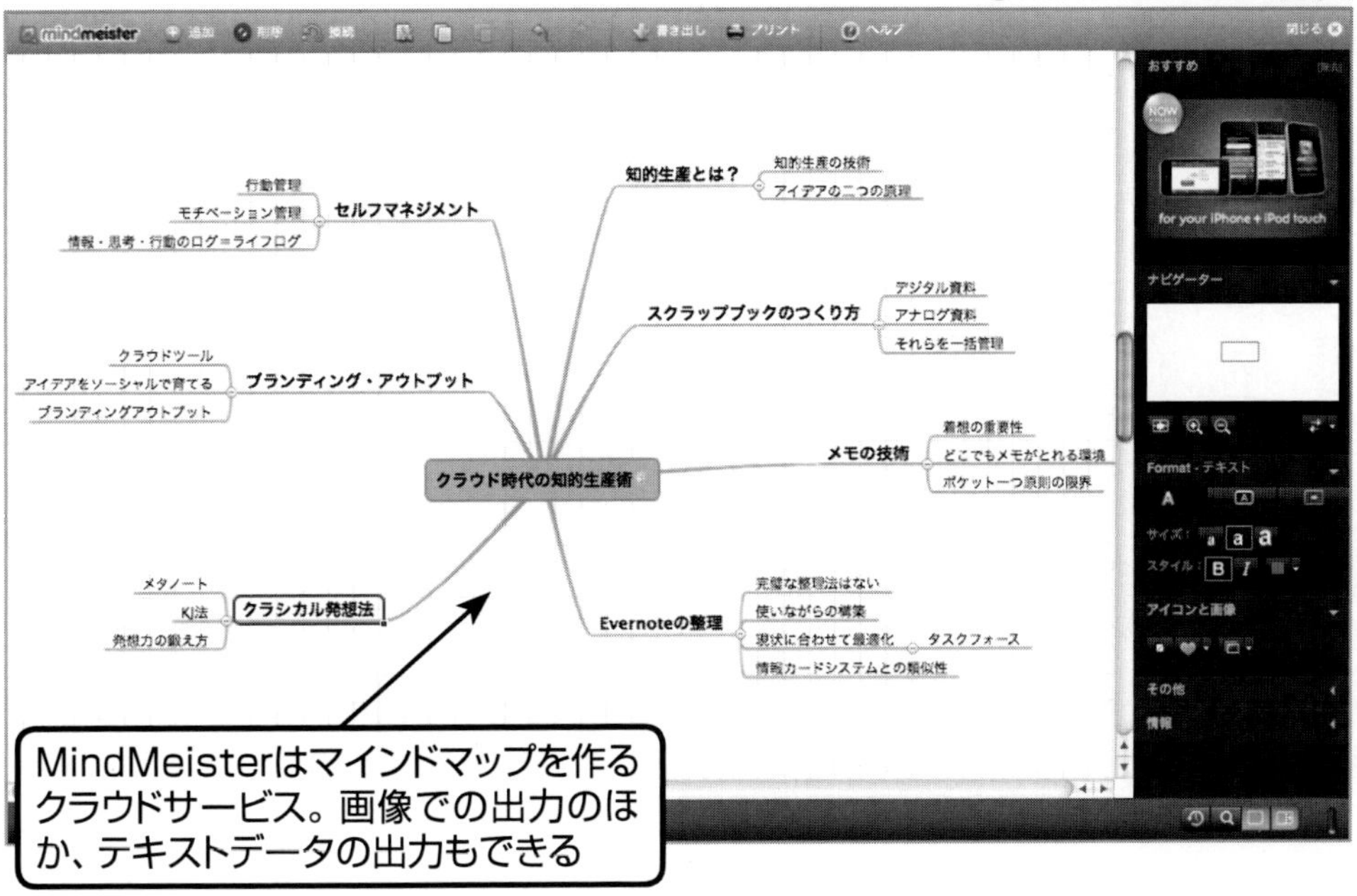

◉MindMeisterの構成をEvernoteに取り込む

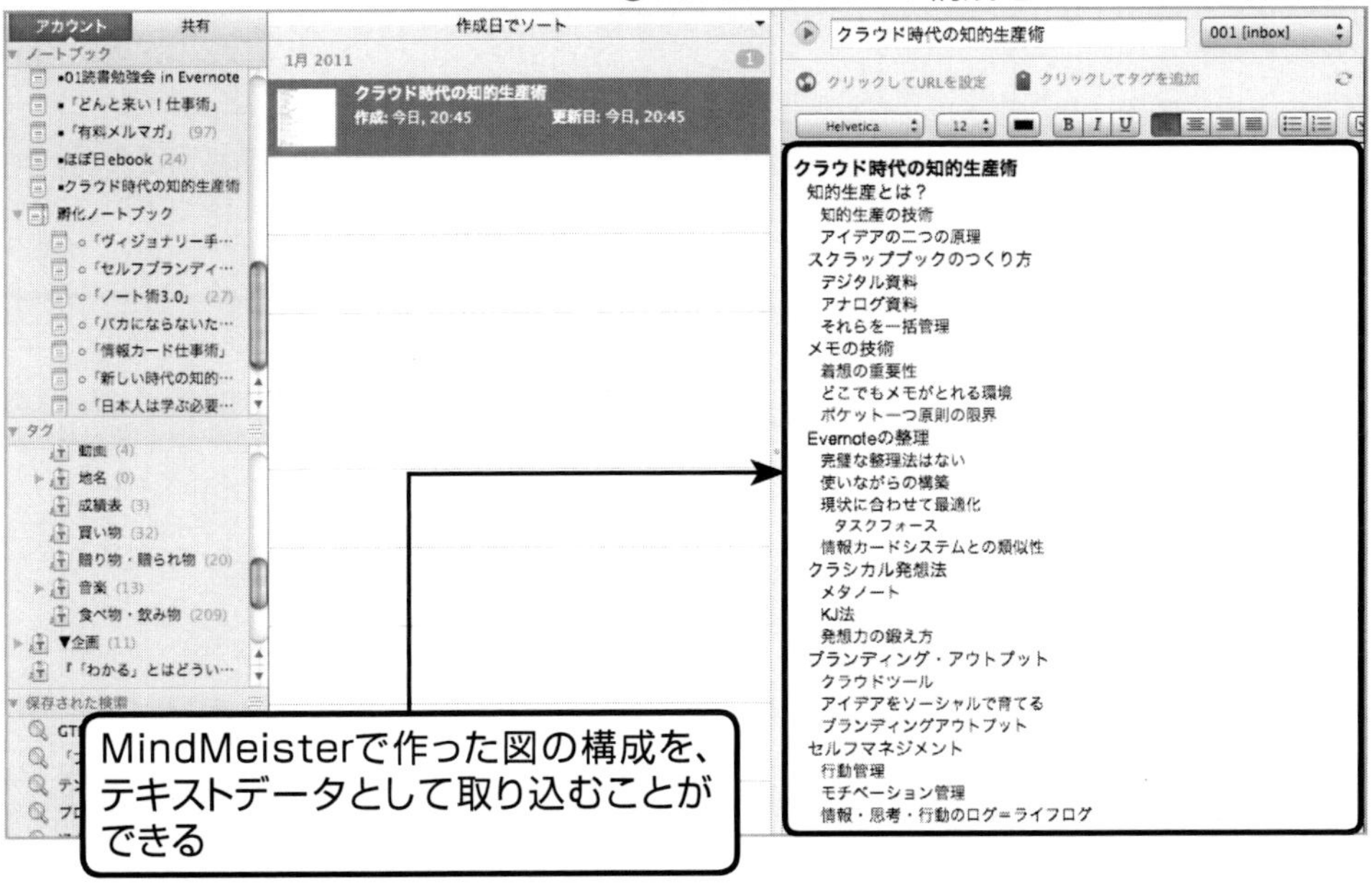

使い方も可能です。

現状のEvernoteは、この「リアルタイムでの共同作業」に関してはほとんど対応できてない状況です。そのあたりはこうした他のクラウドツールで補っていく必要があります。

マインドマップは、データをまとめるだけではなく読書メモ、講義メモ、議事録、とさまざまな用途に使うことができます。ビジネスパーソンであれば、ある程度の内容は身に付けておいて損はない手法です。マインドマップで解説した書籍はたくさん発売されているので、興味のある方は一度チェックしてみるとよいでしょう。

Cacooで図版を作成する

「Cacoo」(http://cacoo.com/)は図形作成用のクラウドツールです。サイトマップ、ワイアーフレーム、UML、ネットワーク図に使えるようにいくつかの図形が標準でセットされています。図形、矢印、人、というものもあるので、簡単な図ならばすぐに作成することができます。また他のクラウドツールと同様に他の人との共同作業もできるようになっています。

　このツールも無料バージョンと有料バージョンがあります。無料バージョンだと作成可能なシートの作成上限が25枚までになっており、出力できる形式も**PNG**形式のみです。

　また、無料バージョンでは、他の人と共有できるフォルダが1つだけという制限があったり、図の共同編集者の上限が決まっているという制約もあります。有料バージョン（月480円）に変えれば、これらの制約はすべてなくなります。

●Cacooの編集画面

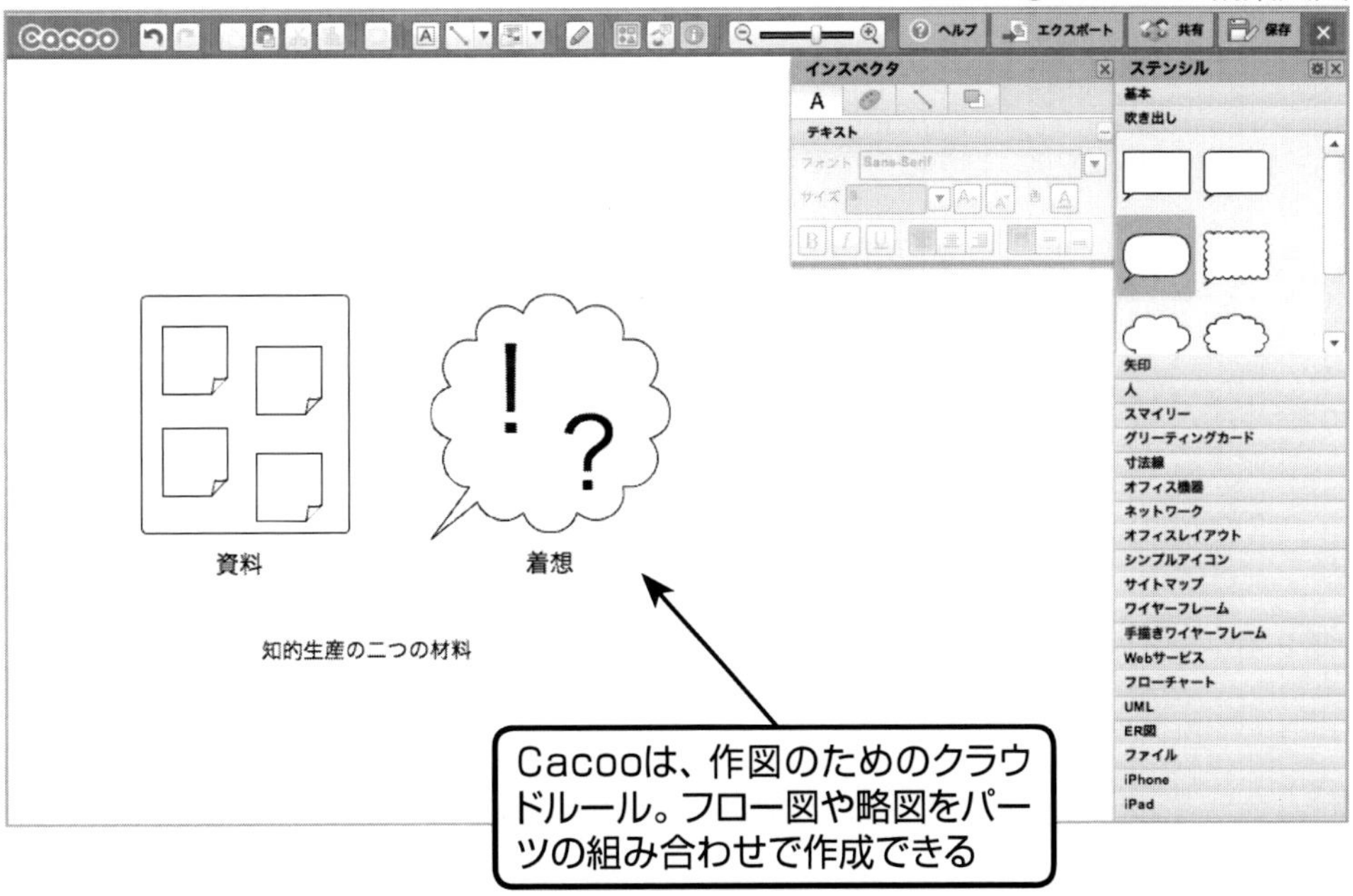
資料
着想
知的生産の二つの材料
Cacooは、作図のためのクラウドルール。フロー図や略図をパーツの組み合わせで作成できる

Dropboxで原稿を一元管理する

「Dropbox」（http://www.dropbox.com/）はオンラインストレージと呼ばれるクラウドサービスの1つです。同様のサービスには「ZumoDrive」「SugarSync」「SkyDrive」などがあります。それぞれのサービスには容量や価格、そして付随する機能に違いがあって、どれが優れているとはいい難い状況です。

Dropboxは直感的に使える点が魅力です。難しい設定などは特に必要ありません。ウェブ上からアプリケーションをダウンロードすると「Dropbox」という名前のフォルダが作成されます（Macの場合。Windowsの場合は「My Dropbox」フォルダ）。そこに入れたファイルが自動的にクラウド上にアップされ、データの同期が取られます。

複数のPC間でもDropboxさえインストールしておけば、フォルダの中身は同一に保たれます。また、iPhoneやiPadなどからも、そのフォルダにアクセスできます。こうした複数の端末間で同一のデータを扱えるメリット以外にも、ハードディスクがクラッシュしてしまった際のバックアップとしても使うことができます。

こういったファイルストレージはEvernoteと似たようなツールとして捉えられて

いますが、用途を分けることで並行して運用することができます。

一番わかりやすい分け方がワーキングファイル（作業中の文書）とアーカイブ（文書の保管）という分け方です。作成中の文章や書きかけの図案というファイルは**Dropbox**上に置いておき、作業を終えて当面は使う見込みがなくなったものを**Evernote**で保管するという使い方をしておけば、「今やるべきこと」はすべて**Dropbox**の中に入っていることになります。いちいち作業ファイルを探し回る手間が省けるだけでなく、「やるべきことリスト」としても機能させることができます。

●Dropboxのウェブページ

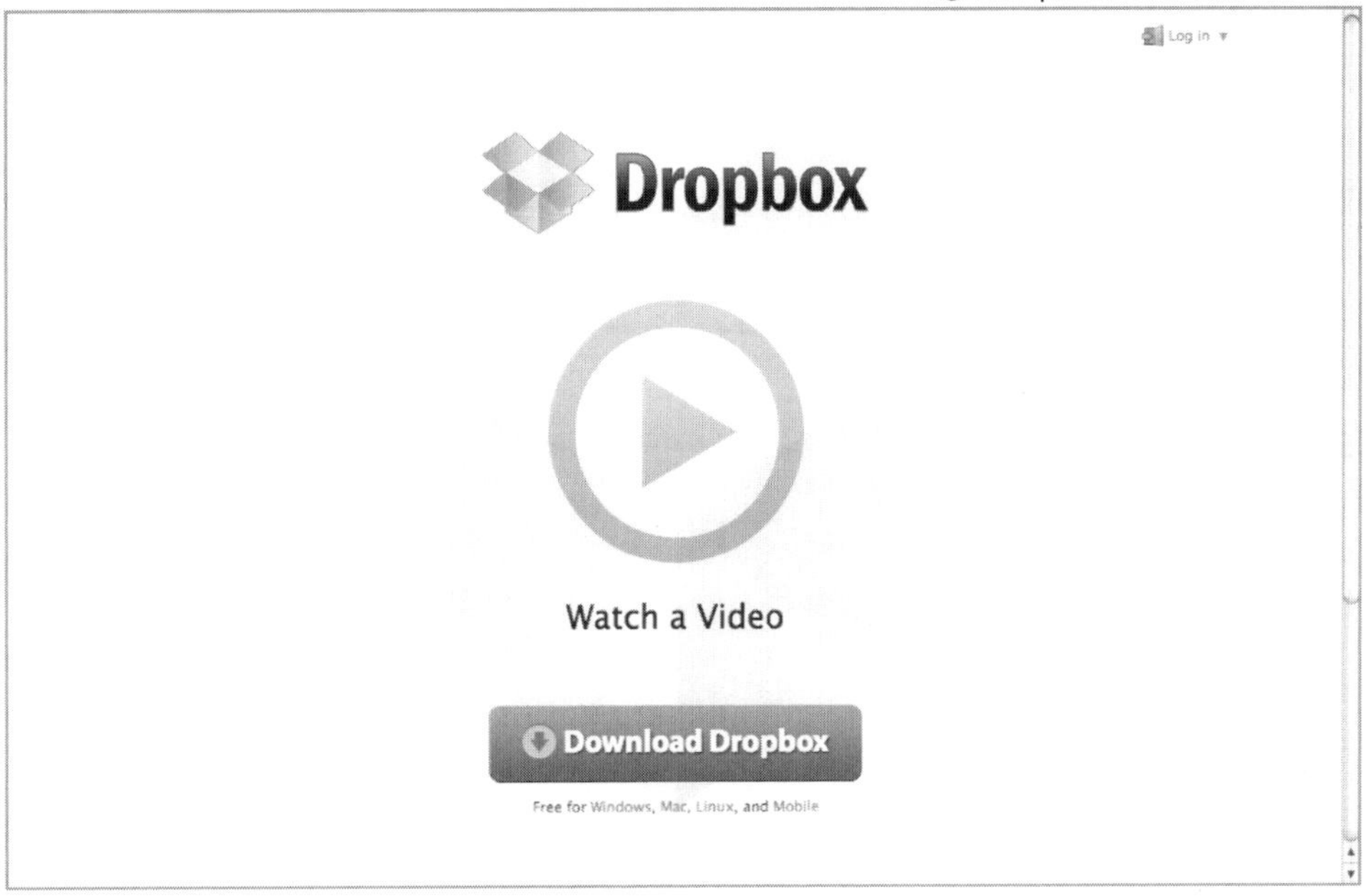

Dropbox の URL ▶ https://www.dropbox.com/

Evernoteを中心とした環境を作る

紹介したツールはあくまで現状において便利なツールです。クラウドツールは新しいものがどんどん登場していますし、機能改善の速度も既存のアプリケーションとは比べものになりません。半年もすればより使い勝手のよいものが登場していることは充分考えられます。

クラウドツールは基本的に無料で使えるので、新しいものを発見したらとりあえず使ってみるのが一番です。自分にとっての使い勝手は自分が確認するのが手っ取り早いことは間違いありません。

しかし、すべてのツールやアプリケーションを1つひとつ試している暇はないでしょう。クラウドツールや、新しいアプリケーションについて情報発信しているブログはそういう際に便利です。特に自分と近い方向性を持っている人をフォローしておくと大幅な時間の削減につなげられます。そういう人が評価し、紹介したものはとりあえず試してみる価値が高いといえます。

いくつかのツールを使い分けたり、あるいは乗り換えたりしているとデータが散らばってしまう可能性があるのは否めません。そういった場合でも作成したデータを**Evernote**に保存しておけば一元管理が可能です。すくなくともデータを探し回る手間はなくなります。

Evernoteと連携していなくても、テキストや画像ファイルあるいは**PDF**形式で書き出せるものが多いので、それを**Evernote**に保存しておけます。

データの保存場所として中心に**Evernote**を置き、その周りを他のクラウドツールで補佐する、というイメージで環境を作っていけばよいでしょう。

クラウドツールを使ったアウトプットまでの流れの例

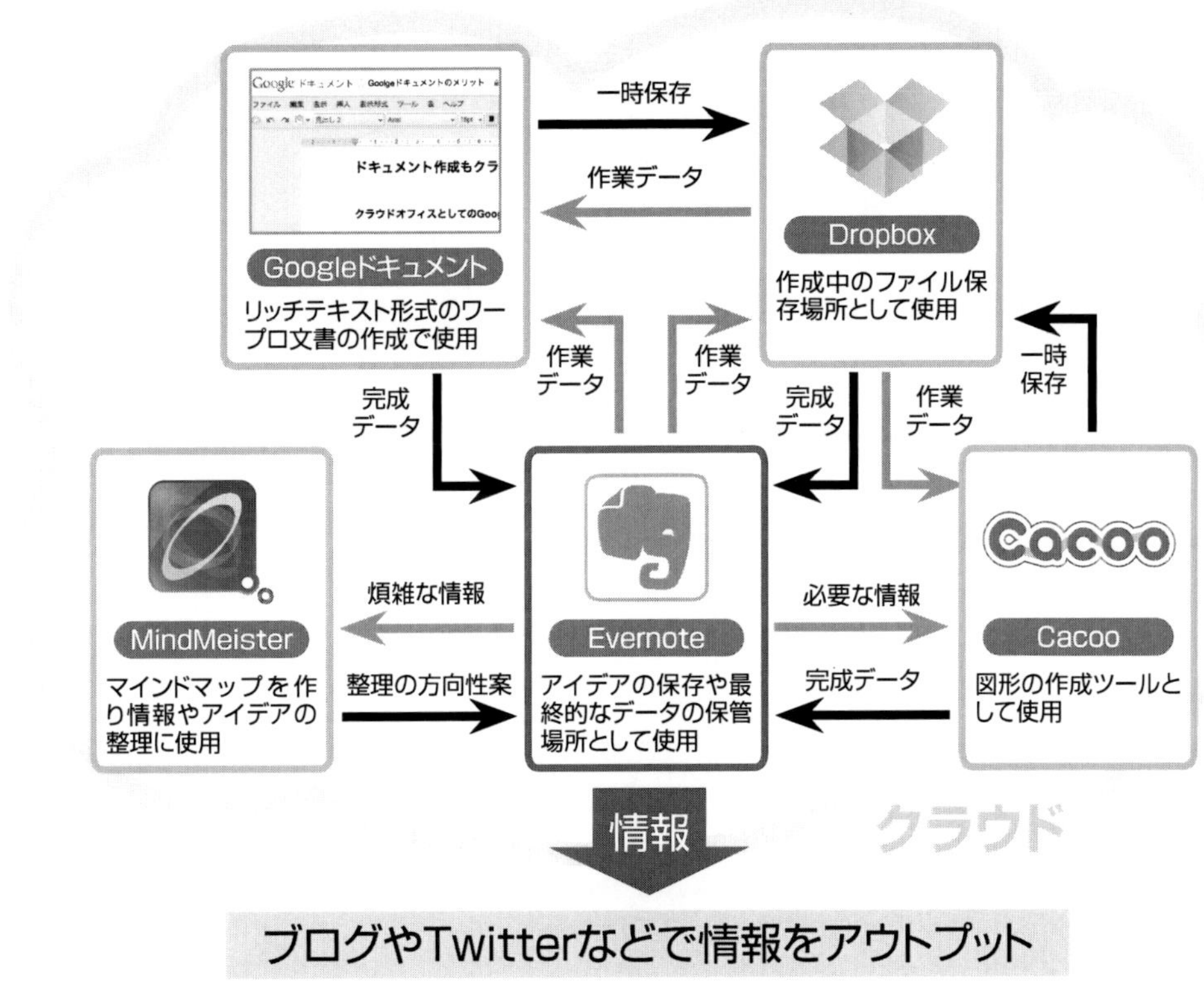

LIFE HACK 40

ソーシャル時代の「共有は力」

Evernoteが中心にあれば使うツールはなんでもよい

本章ではEvernoteの利用法から一歩離れて、その他のクラウドツールやブログでのアウトプットについて紹介してきました。クラウドツールの選択肢は多種多様です。自分の好みに合わせて、使いやすいツールを使っていけばよいでしょう。**Evernote**に最終的なデータを集約していれば、使うツールを途中で変えたとしても、一元管理は維持できます。

こうしたツールを活用して行うアウトプット・情報発信は、現代ではかなり大きな意味があります。これからの時代では、情報をたくさん持っている人ではなくて、積極的に自分の考えや手持ちの情報を発信していく人が主流になっていくでしょう。

知識は検索すればいくらでも見つけられます。そういう時代では単純な「知」というのは力を持ちません。情報が閉じ込められていた時代では通用した、「知は力」という概念が、ソーシャル時代では「共有は力」に移り変わっています。あまたに存在する情報の中から「これ面白いよ」と紹介することも、情報発信の1つになりえます。そういったことを積み重ねていくことが、やがて大きな力となってきます。

「共有は力」を活かす

最後にもう一度ドラッカーの言葉を取り上げます。「自らの成果を他の人に供給するということ」、この「他の人」というのがソーシャル時代ではとても多く存在することになります。以前では情報を持っていても、発信できる人は限られていました。著名人や学者という立場でないと、定期的にアウトプットする場を持つこともできなかったでしょうし、実際やったとしても受け取る人はごく小数でした。

現代では、無料かつ簡単に情報発信の場（セルフ・メディア）を持つことができます。そして、それが多くの人の目に触れる可能性を持っています。多くの人が自らの成果を活用してくれればくれるほど、その情報に付加価値を付けた、という自らの成果もまた高まっていくことになります。それが「共有は力」という言葉の意味です。

Column

ブログに何をどう書く？

「さあ、アウトプットをしてみましょう」と書きましたが、簡単に始められる人の方がおそらく少ないはずです。特に何をテーマにするのかは難しい問題です。

知的生産の一貫として行うならば、自分の専門分野にしている情報、あるいは自分が興味を持っていて、いま勉強している分野のアウトプットのどちらかが良いでしょう。

前者はもともと手持ちの情報が多いでしょうし、単純に差別化になる要素でもあります。しかし、あまり専門的すぎることは書きにくいかもせません。そういう場合は、自分が積極的に勉強したり、情報収集していることをまとめたり整理したものをアウトプットしていく方法があります。

学びを書き出していくことで、頭の中が整理されて、理解が深まることは良くあります。そういった情報をウェブに出していけば、後からその分野を勉強する人への手助けにもなります。

継続しているうちに、自分なりの考えが出てきたら、それに合わせてテーマの幅も広げていくというやり方が良いのではないでしょうか。アウトプットのテーマもマドルスルーの発想でいけます。

文章の書き方については、このコラム内で説明しきれませんが、できるだけ平易な表現で、わかりやすくまとめることを心がけるのがポイントになります。文章の長さ自体はいろいろありますが、だらだら続いている文章はあまり読まれません。

シンプルな文章表現については、『理系の作文技術』という本が参考になります。が、とりあえずはあまり気負わず書き始めるのが一番良いでしょう。

CHAPTER-7

セルフ・マネジメントとライフログ

LIFE HACK 41

知的生産者のためのセルフ・マネジメントとは

セルフ・マネジメントのポイントは「行動管理」と「メンテナンス管理」

これまでの章では知的生産の工程やその流れについて紹介してきました。こうした活動は実行に移してこそ価値があります。「実行しよう！」と思うだけでは意味がありません。

知的活動をうまく運用していくためには、自分の行動を俯瞰する視点が必要です。適切なスケジューリングやタスクを把握してこそ、それぞれの活動を適切に行えるようになります。これは「知的生産」に関係する行為だけではなくて、一般的な活動にもいえることです。クラウドツールはそういった行動管理にも使えます。

また、「行動管理」だけでは充分ではありません。行動を起こすためには「やる気」や「モチベーション」が必要です。目的地がわかっていても、ガソリンが入っていなければ目的地にたどり着けないように、心の中のガソリンを定期的に補給していくことも必要です。いわば自身のメンテナンス活動です。

このような「行動管理」と「メンテナンス管理」を合わせてセルフ・マネジメントと呼ぶことにします。自分自身を総合的に管理していくための手法がセルフ・マネジメントです。

知的生産者のベースはセルフ・マネジメント

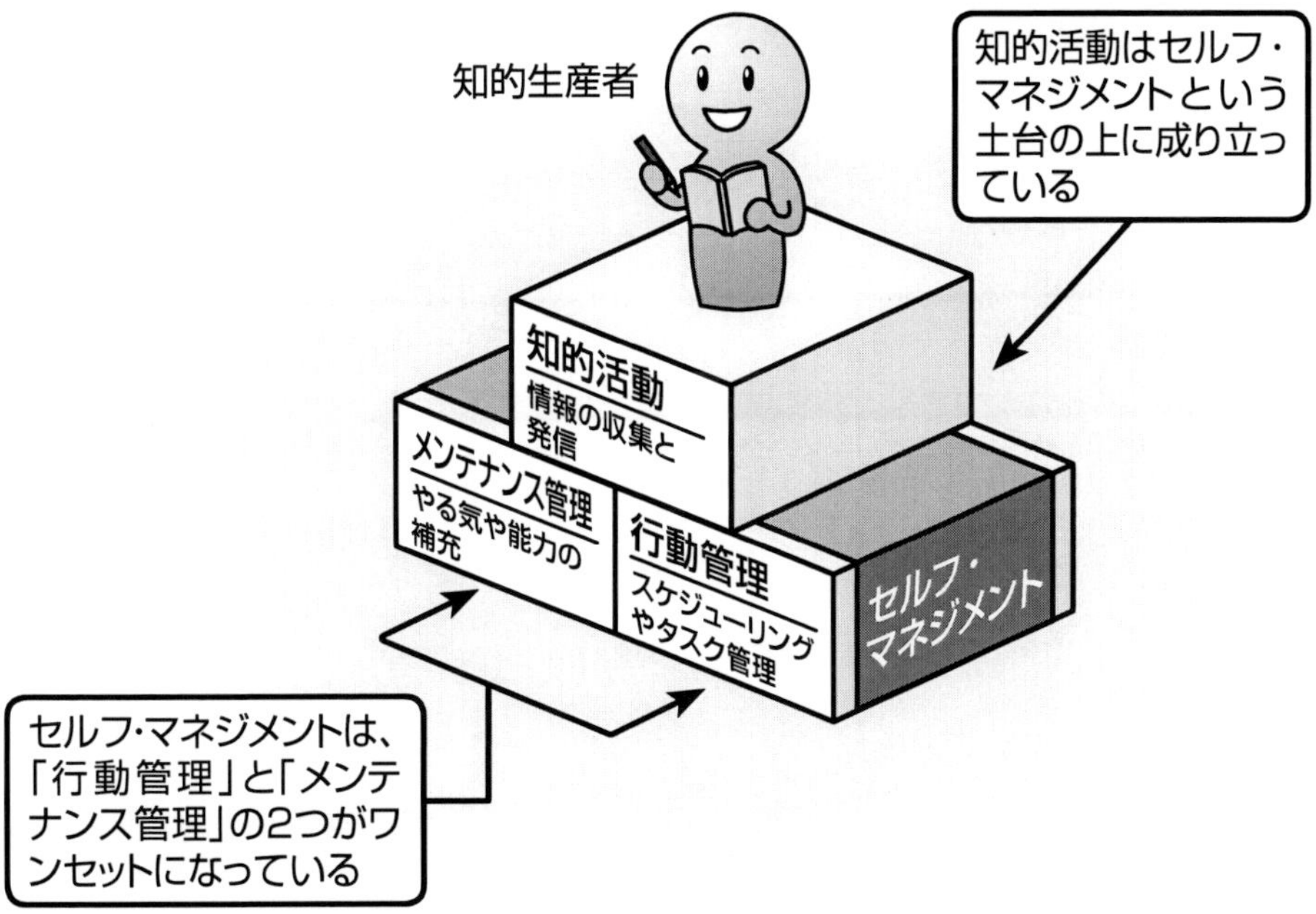
知的生産者
知的活動はセルフ・マネジメントという土台の上に成り立っている
知的活動
情報の収集と発信
メンテナンス管理
やる気や能力の補充
行動管理
スケジューリングやタスク管理
セルフ・マネジメント
セルフ・マネジメントは、「行動管理」と「メンテナンス管理」の2つがワンセットになっている

クラウドツールとEvernoteによるセルフ・マネジメント

既存のツールでは「手帳」や「ノート」がこのセルフ・マネジメントの役割を担っていました。これらのツールは持ち運びやすい、参照しやすい、書き込みしやすいという点で優れています。しかし、必ずしも「手帳」や「ノート」でなければならないわけではありません。スマートフォンとクラウドツールの組み合わせは強力な代用になりえます。単純に代用するだけでなく、紙のツールにはない機能も持っています。

本章ではセルフ・マネジメントに使えるクラウドツールとそのトピック、そして、**Evernote**との連携について紹介します。紹介するクラウドツールについては、具体的に解説してある書籍やブログが数多く存在しているので、興味のある方はそちらを参照してください。

また、**Evernote**と「ライフログ」の関係についても少しだけ触れてみます。

LIFE HACK 42

「行動管理」で知的生産の時間を確保する

スケジュール管理は「Googleカレンダー」

スケジュール管理は「Googleカレンダー」(https://www.google.com/calendar?hl=ja)が優れたツールです。機能は挙げればキリがありません。複数のスケジュール管理、予定の移動の容易さ、他の人との共有、というデジタルならではの機能が特徴ですが、アナログとの比較でいえば「リマインダー」の存在が強力です。

「リマインダー」は簡単にいえば、スケジュールを通知してくれるサービスです。あらかじめ設定をしておけば、指定の時間に携帯電話などへメールで直近のスケジュールを通知してくれます。

この機能を使えば、「予定をカレンダーに記入しておいたのに忘れる」という事態を避けることができます。スケジュール管理の目的から考えれば、この機能の有無は大きな差になります。

知的生産の面からいえば、他の人と会うアポイントメント以外にも、自分の時間を確保するためにもスケジューラーが役立ちます。自分自身とアポイントメントを取って、特定の時間を他の人との時間には使わないとあらかじめ決めておくのです。こうしておけば、集中的に考え事をする時間を確保することができます。

いくつか事例を紹介しておきます。

アイデア出し

私は週の区切りを月曜始まりにして予定を立てています。1週間の始まりの月曜日には、その週で書かなければならない原稿について「どんなことを書くのか」をまとめて考えるようにしています。あらかじめアイデア出しをしておくと、原稿を書く際にスムーズに取りかかれます。

こういうアイデア出し作業も自分自身とのアポイントメントとして扱います。予定の詳細には「何について考えるか」という項目が入ってきます。

この作業で出てきたアイデアは**Evernote**に保存し、原稿を書く際に参照できるようにしておきます。

アイデアレビュー

第5章で紹介したアイデアを見返す作業も自分とのアポイントメントとしてスケジュールに組み込んでおきます。私の場合であれば**Evernote**の「メタ・ノート」というノートブックを見ていって追記できるものを書き込んでいったり、「アイデア・ノート」のノートブックをざっと見返して「メタ・ノート」に格上げできるアイデアはないかを探したりします。こういった「アイデアレビュー」の作業は週1回程度で行っています。

また、ノートブックの構成についい

◉Googleカレンダー

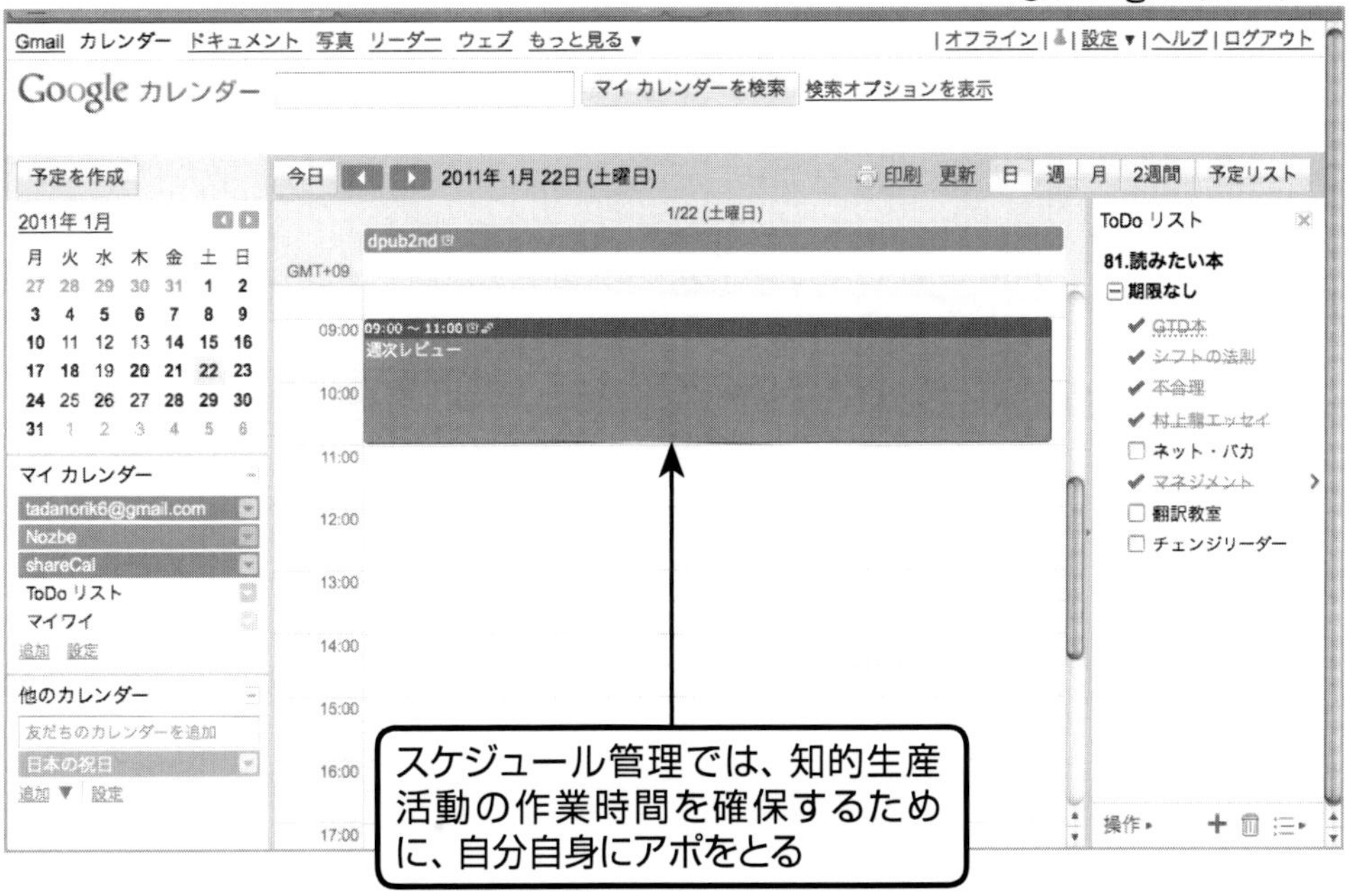

ての検討も月1回程度のペースで実施しています。
この月1回のレビューでは新しいノートブックを作ったり、使用済みのノートブックを削除したりという作業を行います。「メタ・ノート」ノートブックに入っているアイデアを企画準備専用のノートブック・スタック「孵化ノートブック」に移動させる、という作業がその一例です。

ブログの締め切り

第6章でアウトプット先としてブログを持ってみることを紹介しました。定期的に更新していくためには、「締め切り」の存在は重要です。私のブログは毎日更新なのでスケジューラーでの締め切り管理はしていませんが、週に何回、あるいは月に何回といった頻度で更新しようと考えているのであれば、スケジューラーで締め切りを管理した方がよいでしょう。

このように必要な作業に取り組む時間を自分で先に押さえておきます。そうしないと時間はどんどん浪費されます。他人に使われる時間もあれば、自分で消費してしまう時間もあります。それを意識的に止める工夫が必要です。

また単に時間を押さえるだけではなく、リマインダーを使うことによって作業そのものを忘れる可能性がぐっと減ります。この2つがスケジュール管理のメリットです。

LIFE HACK 43

仕事を効率よくこなすための「タスク管理」

多種多様なタスク管理アプリがある

クラウドツールで一番よく目にするのが、タスク管理（やるべき仕事の時間管理）アプリケーションです。ここでは、私が使っているのも含めて3つ紹介しますが、それ以外にもタスク管理アプリはたくさんあり、使い勝手もさまざまです。ここで紹介する3つを参考にしつつ、自分に合ったアプリを探してみるとよいでしょう。

簡単なタスク管理は「Googleタスク」

もっともシンプルなタスク管理アプリケーションが、「**Googleタスク**」（**https://mail.google.com/tasks/canvas**）です。これは単独のアプリケーションではなくて**Gmail**や**Google**カレンダーの付属ツールとして存在しています。**Google**カレンダーによるスケジュール管理と合わせるとその週や月にすべきことが「一覧」できるようになります。またGmailやGoogleカレンダーから切り離して、タスクだけを表示させることも可能です。

やるべきことをリストに書き出していき、タスクを終えたらチェックマークを入れる、というだけの単純な機能で直感的に使いやすいメリットがあります。

リストが複数管理できるので、並行で進めているプロジェクトごとに分けてリストを作ることもできます。とにかく単純にタスクを管理したい、という場合に最適なアプリケーションです。

Googleタスクのリストを Evernoteに保存するには、ウェブブラウザを立ち上げ

◉Googleタスクの画面

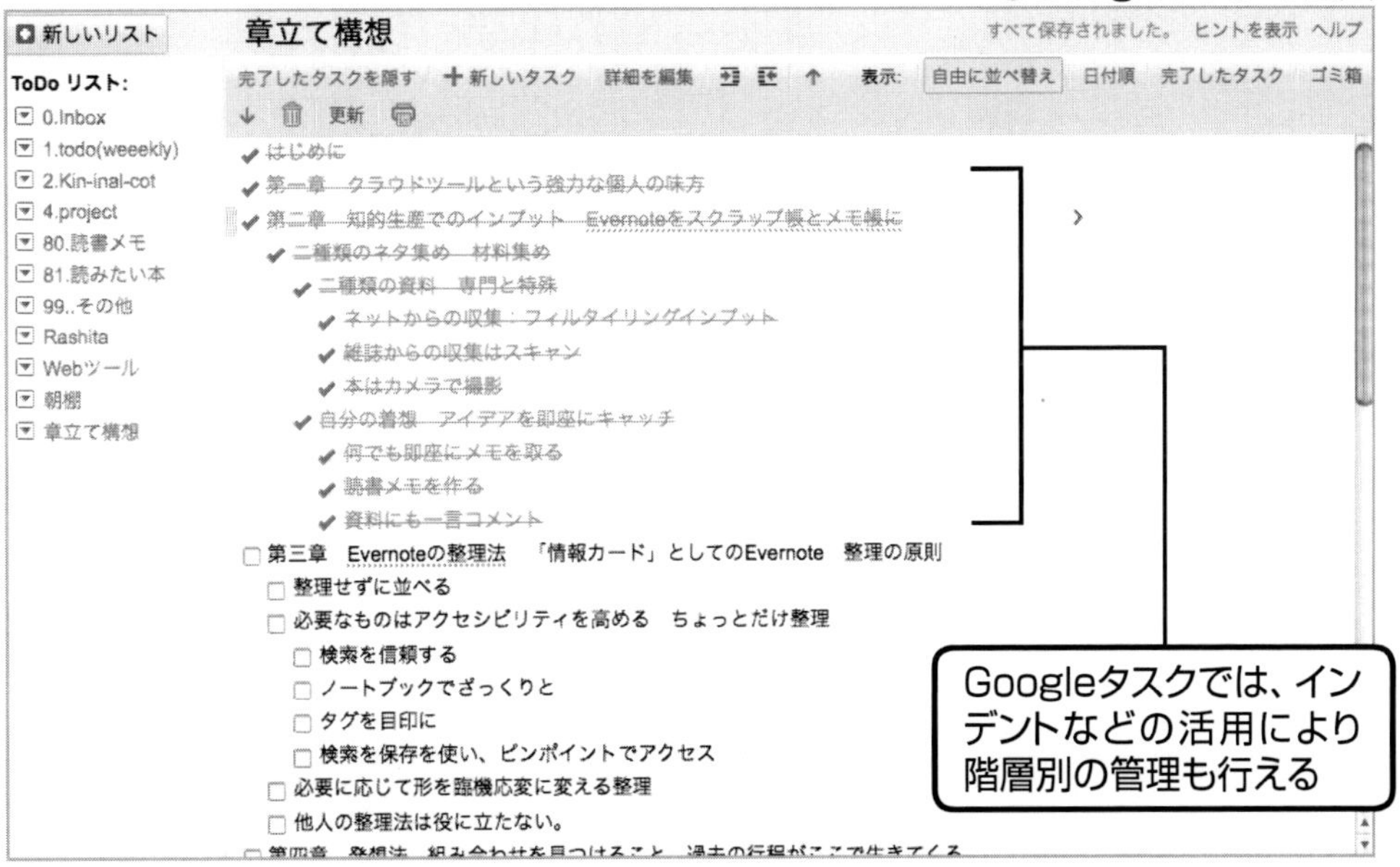

て、リストの印刷を活用します。印刷ボタンを押すか「**Todo**リストを印刷する」を選択すれば、別のウィンドウでリストが表示されます。それを**Web**クリッパーで取り込めば**Evernote**にリストを送ることができます。

こうしたリストを保存しておけば後々役に立つ可能性があります。

iPhoneでGoogleタスクを管理

iPhoneからの参照には「**GoTasks**」という無料アプリケーションが便利です。リストの参照や追記、終了したタスクにチェックマークを入れることができます。

◉Googleカレンダーでタスクを追加する

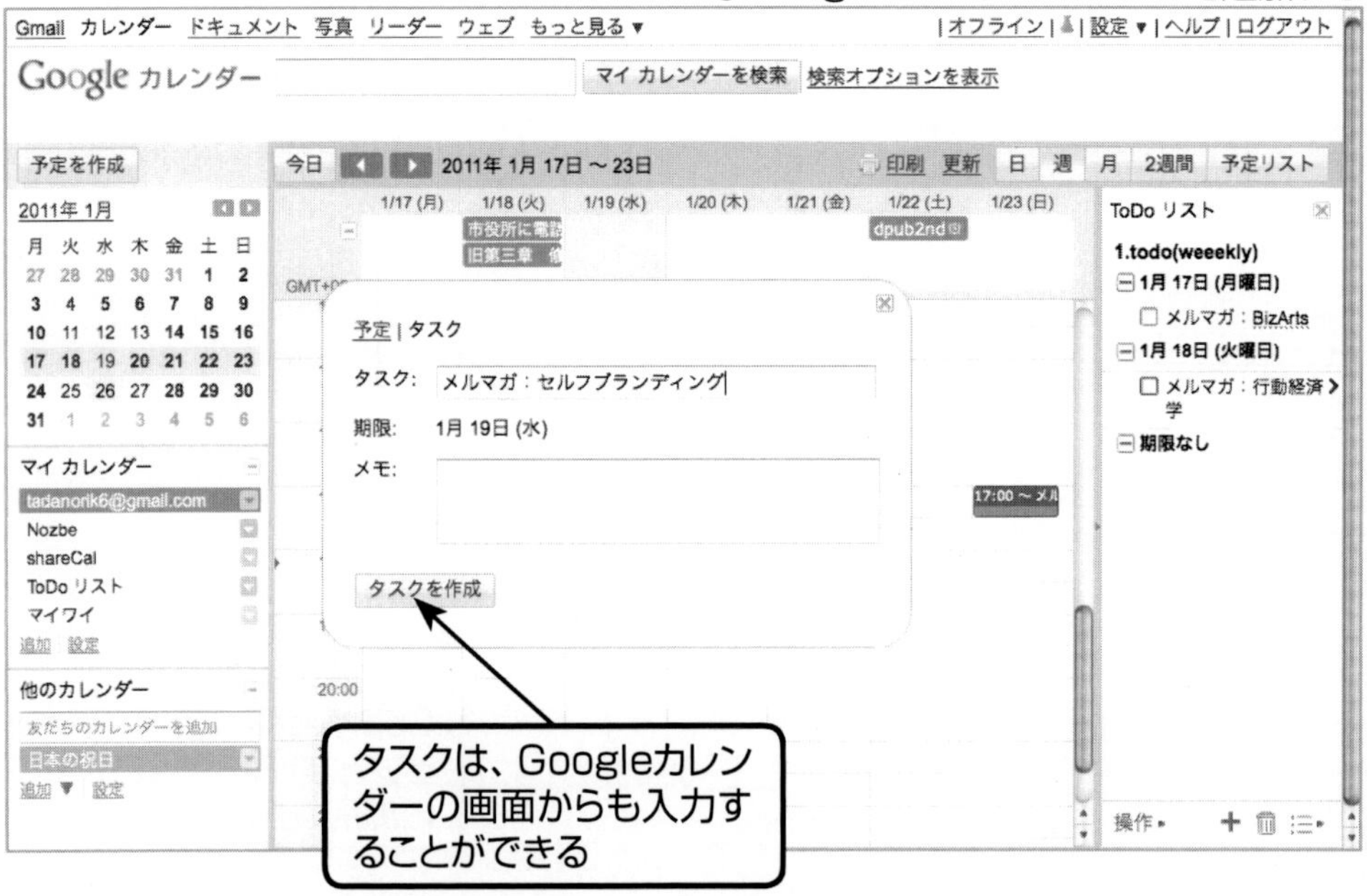

Googleタスクのデータを Evernoteに保存する

Googleタスクのデータを Evernoteに保存するには次のようにします。あらかじめウェブブラウザにGoogleタスクのリストを表示させておきます。

1 リストの表示とWebクリッパーでの取り込み

❶ [Todoリストを印刷する」を選択すると、タスクの一覧と印刷のダイアログボックスが表示されるので、[キャンセル]ボタンをクリックします。
❷ [Webクリッパー]ボタンをクリックします。

2 Evernoteへのデータの取り込み

❶ Evernoteにデータが取り込まれます。

「GoTasks」は非常にシンプルなツールなので、単体ではEvernoteとの連携はできません。

Evernoteとの連携が可能な「Nozbe」

Evernoteとの連携が標準で装備されているのが「Nozbe」(http://www.nozbe.com/)です。プロジェクトごとにタスクを設定し、それらの参考情報をEvernoteから引っ張ってくることができます。具体的にはプロジェクト名と同名のタグが付いているノートを同期する機能です。

この機能を使えば、原稿に関する参考情報や資料はEvernoteで収集し、タスクは

●GoTasksの画面

GoTasks
対応機種：iPhone、iPod touch、iPad互換、iOS 4.0 以降
価格：無料
App Storeカテゴリ：仕事効率化
© 2010 Evgeniy Shurakov

◉Nozbeのタスク表示画面

Nozbe
Next Actions
Projects:
読書したい本 読書メモ
「クラウド時代の知的生産術」
その他
Go to completed projects »
「クラウド時代の知的生産術」
Actions (to-do tasks) | completed actions
New Action
図版作成
参考文献確認
コラム完成
新三章完成
第五章完成
はじめに完成
おわりに完成
第一章修正
第四章修正
rashita (logout)
You are using FREE 5-project plan
Upgrade today to get 100s of projects, contexts and tons of file storage for just a few bucks per month.
Search!
Calendar
Contexts:
Writing
Creating
Thinking
Nozbeではプロジェクトごとにタスクを管理することができる

◉NozbeでのEvernoteのノートを表示する

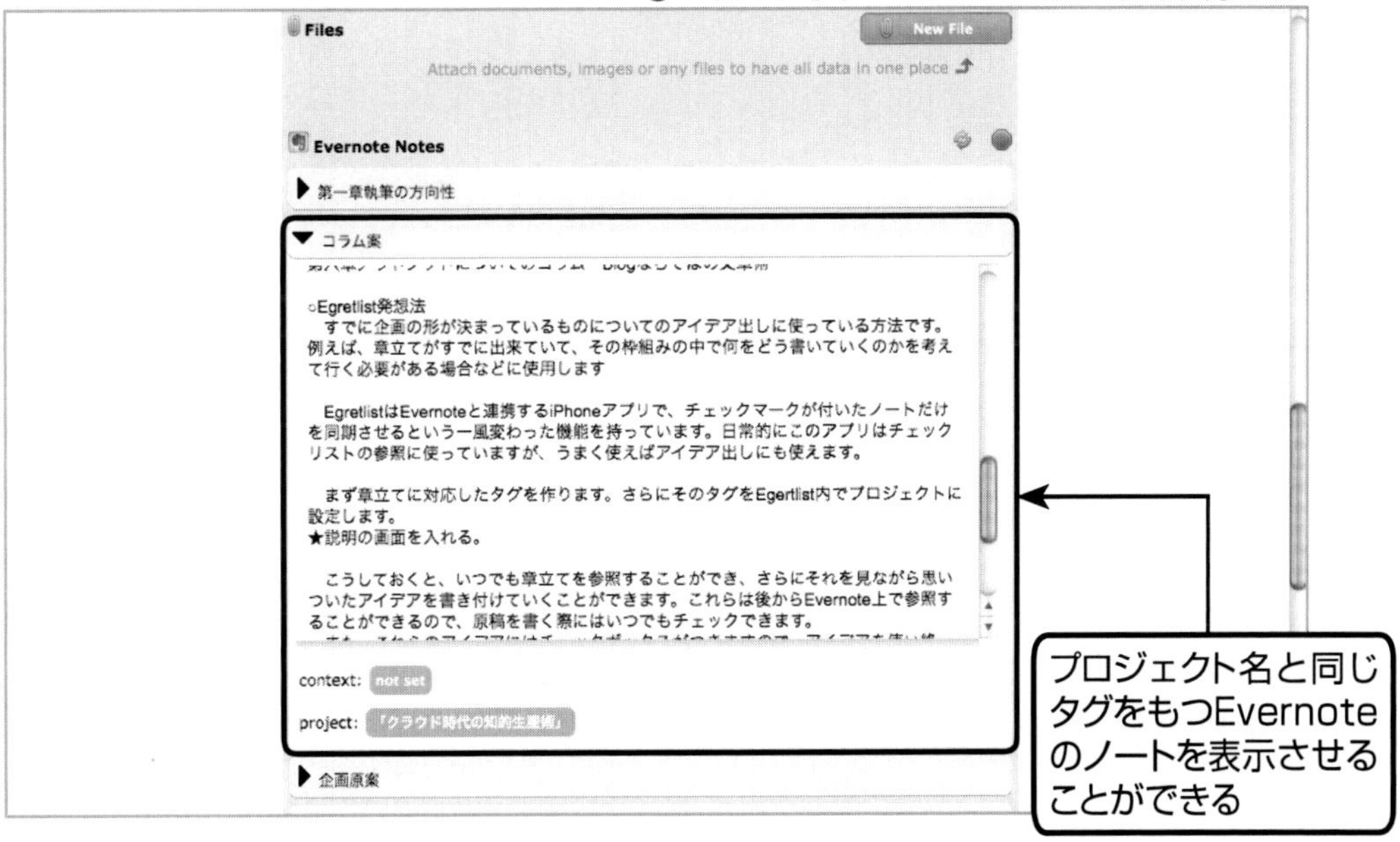
Files
New File
Attach documents, images or any files to have all data in one place
Evernote Notes
第一章執筆の方向性
コラム案
○Egretlist発想法
すでに企画の形が決まっているものについてのアイデア出しに使っている方法です。例えば、章立てがすでに出来ていて、その枠組みの中で何をどう書いていくのかを考えて行く必要がある場合などに使用します
EgretlistはEvernoteと連携するiPhoneアプリで、チェックマークが付いたノートだけを同期させるという一風変わった機能を持っています。日常的にこのアプリはチェックリストの参照に使っていますが、うまく使えばアイデア出しにも使えます。
まず章立てに対応したタグを作ります。さらにそのタグをEgertlist内でプロジェクトに設定します。
★説明の画面を入れる。
こうしておくと、いつでも章立てを参照することができ、さらにそれを見ながら思いついたアイデアを書き付けていくことができます。これらは後からEvernote上で参照することができるので、原稿を書く際にはいつでもチェックできます。
context: not set
project: 「クラウド時代の知的生産術」
企画原案
プロジェクト名と同じタグをもつEvernoteのノートを表示させることができる

Nozbeで管理するという使い分けができます。

日課管理は「Remember The Milk」

毎日繰り返される予定は、スケジュールとして**Google**カレンダーに登録すると項目が増えてカレンダーが見にくくなります。複数のカレンダーで使い分けるというやり方もありますが、「**Remember The Milk**（以下、**RTM**）」（**http://www.rememberthemilk.com/?hl=ja**）というタスク管理ツールを使えば、細かい条件設定と多数のリマインダー指定を行うことができます。

私は「日課」を**RTM**で管理しています。日課といっても本当に毎日するべきことと、平日だけ毎日するべきことなどバリエーションがあります。そのあたりの条件設定ができるので**RTM**は便利です。

ほぼ毎日更新のブログの締め切りや第5章で紹介した「一人ブレスト」などが日課として登録されています。

●RTMの日課の表示画面

今日の日課が一覧で表示される

●RTMのデータをEvernoteに取り込む

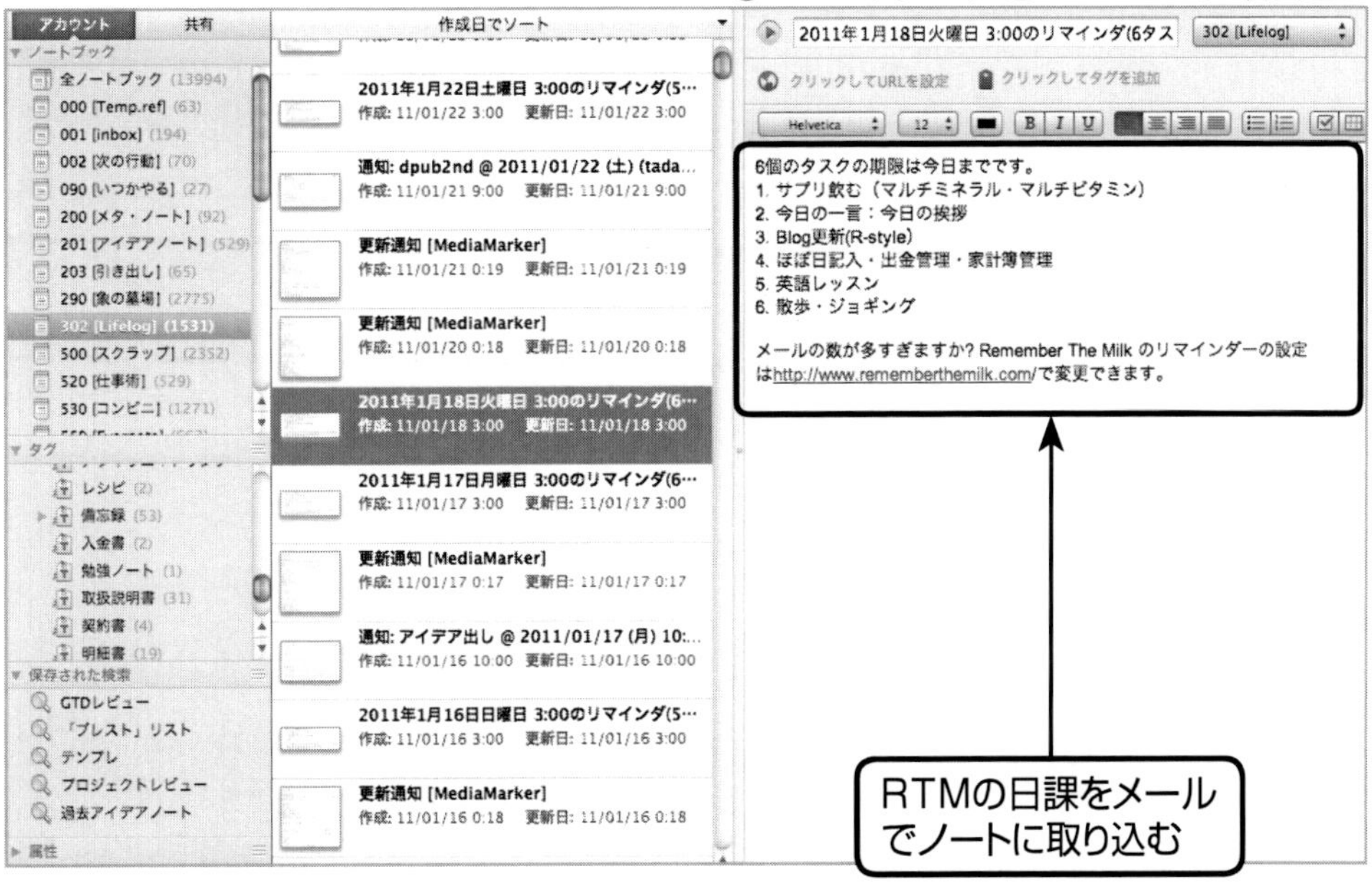
RTMの日課をメールでノートに取り込む

日課は毎日1枚のノートにまとめられ、メールによるリマインダー機能を使って**Evernote**の**inbox**へ送られるように設定してあります。同様のことを**Google**カレンダーで実行すると、タスクの個数分のノートが送られてくるため手間がかかります。この点が日課管理に**RTM**が向いている点でもあります。

このノートは**Evernote**に保存されており、一種のライフログとしても機能します。

LIFE HACK 44

行動管理の記録をEvernoteに残すメリット

作業記録のログを残すことの意味合い

行動管理において重要なポイントは記録を残しておくことです。それは現在の行動には直接影響を与えないかもしれませんが、長期的に行動管理のレベルを上げていくために必要な行為です。

作業記録などのログを保存しておくことには3つのメリットがあります。

タスクリストの再利用による省力化

ある種のプロジェクトに必要なタスクを一度リストアップしておけば、次回、似たようなプロジェクトを行う際にタスクリストを再利用することができます。そのまま使わなくても、参考になる場合は多いでしょう。

作業時間の記録を元に時間見積もりの高精度化

1日あたりの作業量や、プロジェクトを終えるのにかかった時間などは、状況が似ていれば再現性があるはずです。1日あたりにできる作業量の目安ができていれば、1日の予定や1週間分のスケジュールが組みやすくなるはずです。プロジェクトの場合も同様で、過去のデータを参照すれば中長期のプロジェクトでも大まかな目安が立てやすくなるでしょう。

フィードバックによる業務改善

「やろうと思っていたけれどもできなかった」タスクがいくつか発生しているときは、そのままにしておくと延々と先送りされることになりかねません。確保した作業時間が少なかったのか、あるいはそもそも準備不足だったのか、と何かしらの理由があるはずです。それを放置していたのではいくら予定を立てていても、うまく機能するはずがありません。

改善の手を打つためにも、このようなデータを保存しておく必要があります。

「年」という単位を超えて行動記録を保存する

こういったログの使い方は、ビジネスパーソンであれば「手帳」で実行してきたものです。かのドラッカーも作業記録を残すこと、目標を残すことの重要性を指摘していますが、「手帳」の使い方でも、単に将来の予定を記録しておくだけではなく、それらを保存しておき、あとから参照やフィードバックの材料にすることでさらに活用することができます。

デジタルデータの場合は、「終わったもの」は目に入りにくいので、意識的に実施していく必要があります。その点さえ踏まえておけば、手帳とは違い、「年」という単位を超えてデータを保存できるクラウドは、使い方次第で手帳以上の存在になりえます。

セルフ・マネジメント用のクラウドツールを複数種類使い分けていたとしても、最終的にログを**Evernote**に送る仕組みを作っておけば、データを見失う心配はありません。あとはそれを活用して、自らのセルフ・マネジメントを改善していくだけです。

LIFE HACK 45

知的生産のモチベーションを維持する「メンテナンス管理」

メンテナンス管理の位置付けとは

実際に行動し生産に結びつけていく作業の管理ではなく、行動するためのエネルギーを生み出したり、生産力そのものを高めていくのが「メンテナンス管理」です。

たとえば心に残った名言を手帳に書き写すといったことをしている人は多いはずです。あるいは本を読んで学んだことをノートにまとめていく作業をしている人も多いでしょう。前者は行動を起こすためのエネルギーを高める目的で、後者は生産能力そのものを高めていく行為です。直接的な生産行動ではないが、その環境を整えるというのがメンテナンス管理です。

手帳やノートだけではなく**Evernote**でも同じような使い方ができます。

こういったメンテナンスの際のポイントは、次の2つです。

● 常に目に入るようにしておく
● 定期的に見返すようにする

いくつか具体例を紹介してみます。

レバレッジ・メモでインプリンティング

書籍から何かを吸収する場合に、有効な方法の1つが読書メモを作ることです。本田直之氏が提唱する「レバレッジ・メモ」はその読書メモをより先鋭化させたものです。

レバレッジ・メモの作り方は簡単です。読書中、気になったところに傍線を引くなどしてチェックをしておき、読了後にチェックした部分だけを抜き出したテキストファイルを作る、というものです。それを印刷して持ち歩き、隙間時間にでも読み返し内容を頭にたたき込むという使い方をします。

このレバレッジ・メモも**Evernote**に保存しておけば、見返したいときにいつでも参照することができます。

自分マインドマップで方向性を確認

第5章で紹介したマインドマップはセルフ・マネジメントにおいても活用できます。中心に自分の名前を書いて、そこから「目標」「課題」「やるべきこと」「不安」というノード（枝）を伸ばしていき、自分の考えていることを引き出していくという使い方です。こういう作業を一度しておくと、現状を俯瞰し、そこからどのような方向に進みたいと考えているのかが見えてきます。

頭の中にある間はモヤモヤしているイメージは、紙に書き出すと明確にすることができます。単に明確にするだけでなく、書き出したものを**Evernote**に保存し

●MindMeisterで自分マインドマップを作る

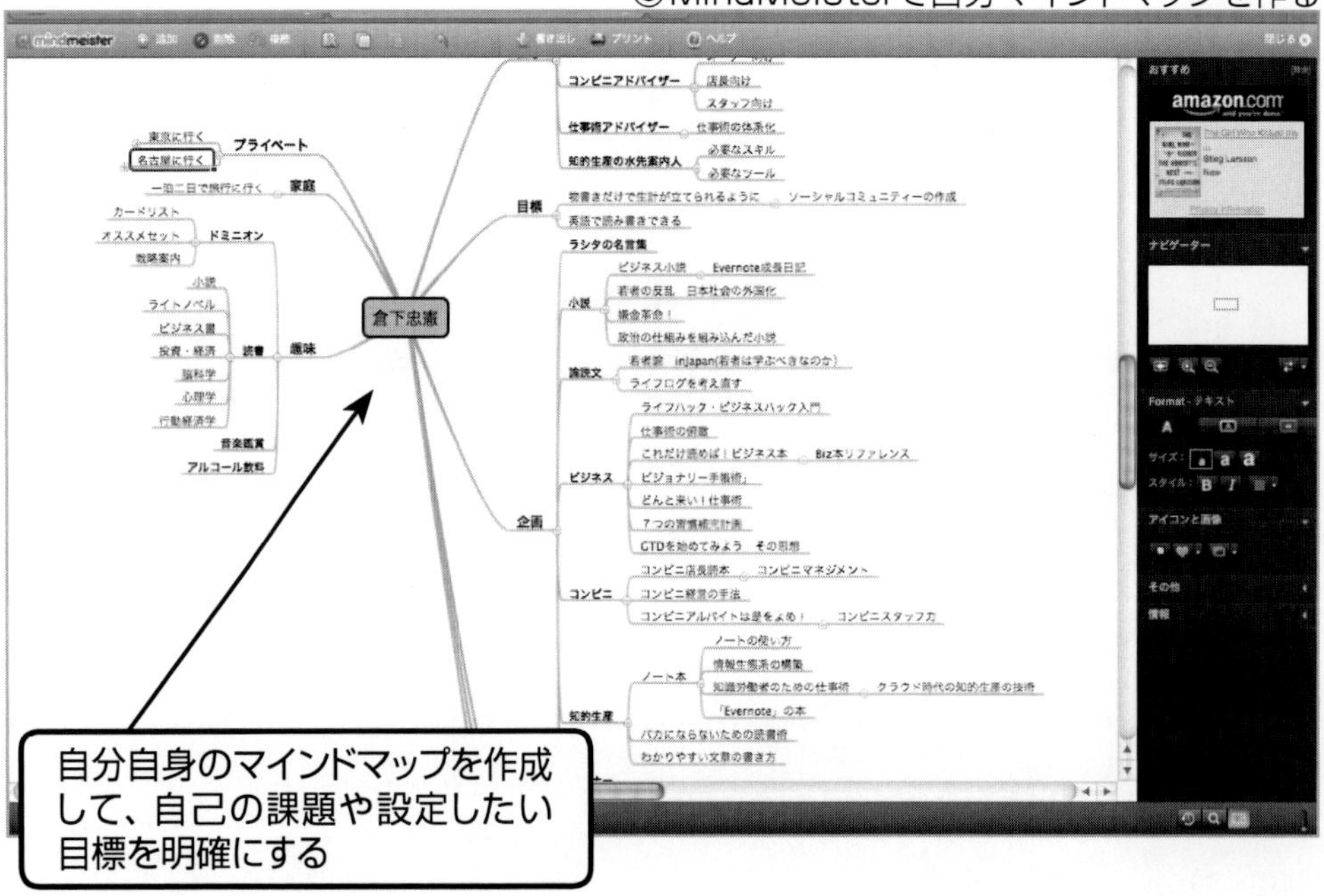
倉下忠憲
目標
企画
自分自身のマインドマップを作成して、自己の課題や設定したい目標を明確にする

◉自分マインドマップをEvernoteに取り込む

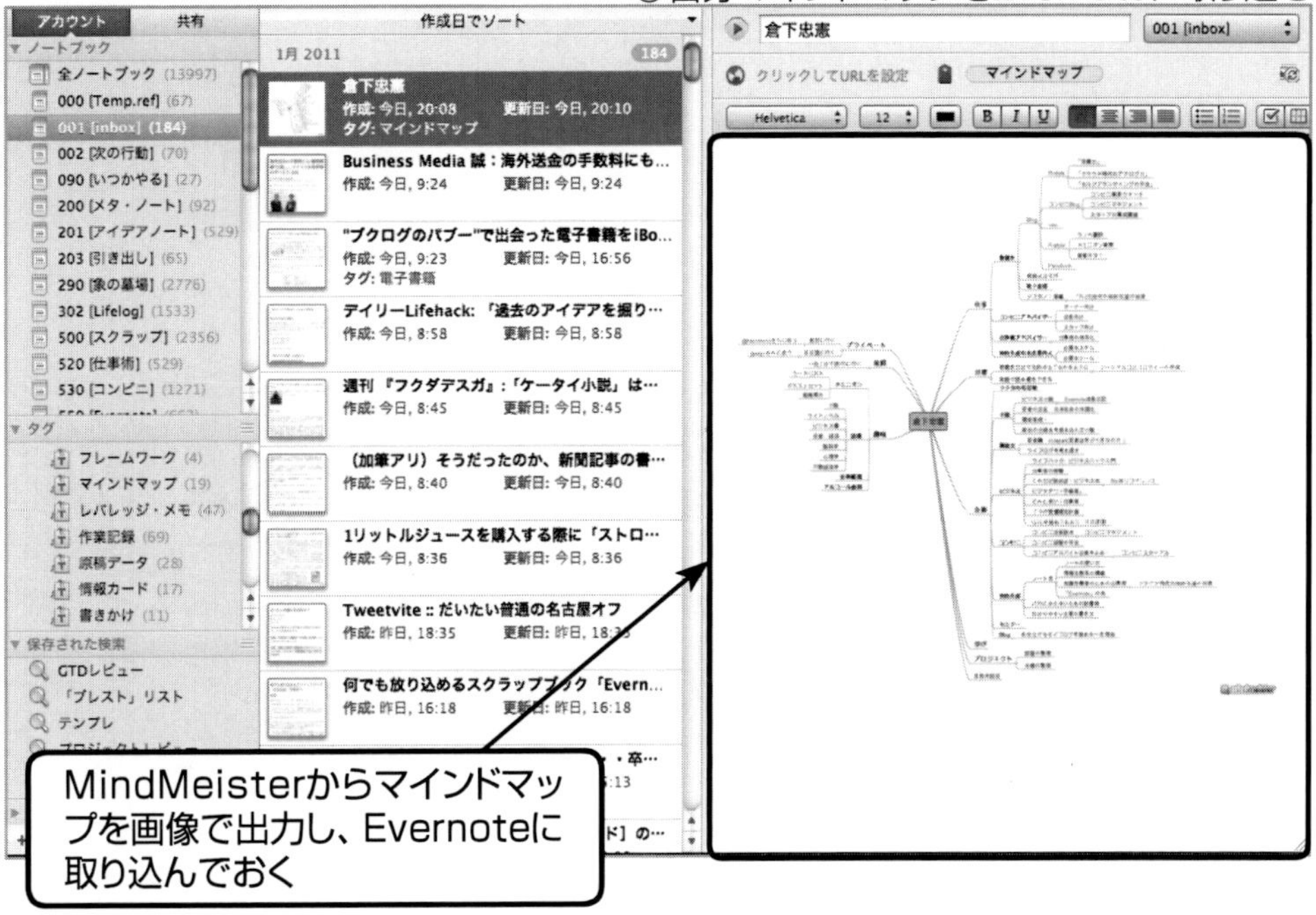

◉過去の自分マインドマップを見る

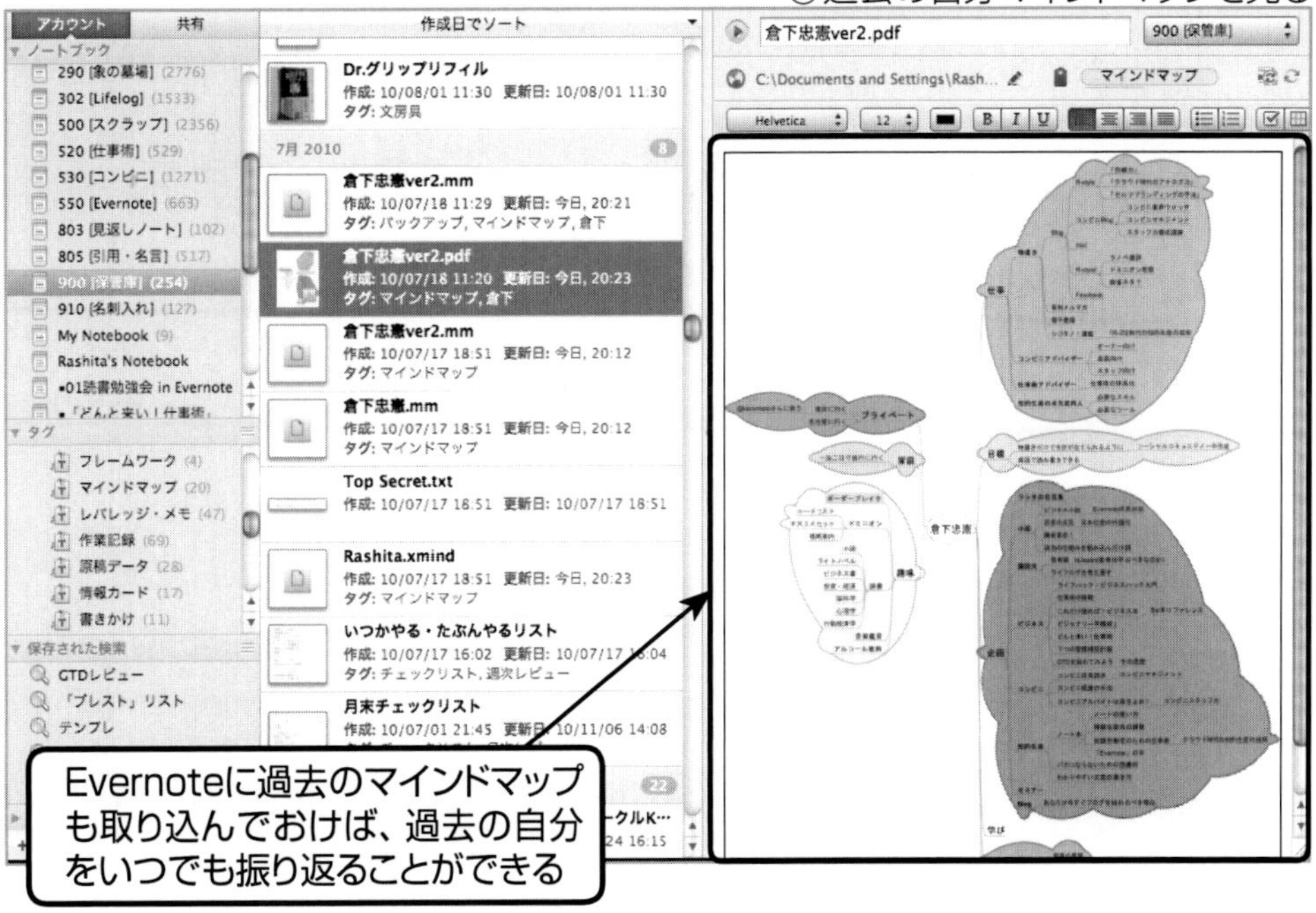

ておけば、いつでもそれを確認することができます。

第5章で紹介した「MindMeister」などのデジタルツールを使えばJpegやPDF形式で書き出してEvernoteでそのまま保存できます。紙に書くのであれば完成後にスキャンしておけばよいでしょう。

このような「自分マインドマップ」を見返すことにより、考えなければならない課題や設定したい目標を思い出すことができます。これは行動のためのエネルギーを得るだけでなく、予定や計画を考える場合に役立てることもできます。

アウトプットのフィードバックをエゴサーチで収集

「エゴサーチ」は、佐々木俊尚氏の『ネットがあれば履歴書はいらない―ウェブ時代のセルフブランディング術』(宝島社)で紹介されている言葉ですが、自分の名前や出版物で検索し、ネット上にどのような反応があがっているのかを確認する方法です。

私の場合は、自分の名前やブログ名、あるいは書いた本のタイトルをGoogleアラートのキーワードに設定してあります。これによって自分の書いたことがウェブ上でどのような反応をもたらしているのかを知ることができます。

これらの情報もEvernoteに保存しておきます。よい感想はモチベーションアップに、厳しい批評は反省の材料に活かすことができます。

専用のノートブックに入れるか、あるいはタグを付けてそれを検索する条件を保存しておけば、いつでもそれらを見返すことができます。

自分の指針をクレドカードで管理

クレドカードといえばリッツ・カールトンの「ゴールドスタンダード」が有名です。従業員は4つ折りの名刺サイズのカードを常に持ち歩き、日常業務で参照します。カードには企業の理念に沿った、具体的な行動指針が書かれています。その指針に従って従業員が自ら具体的な行動を考える、というのがクレドカードの使い方です。

基本的にクレドは企業において用いられるものですが、個人版を作って自らの行動基準を保つためにも使えます。

小さなカードであることのメリットは、持ち歩きやすい、参照しやすいという点です。スマートフォンであれば同様の効果があります。あるいは実際にカードを作っ

◉[クレド]タグの一覧

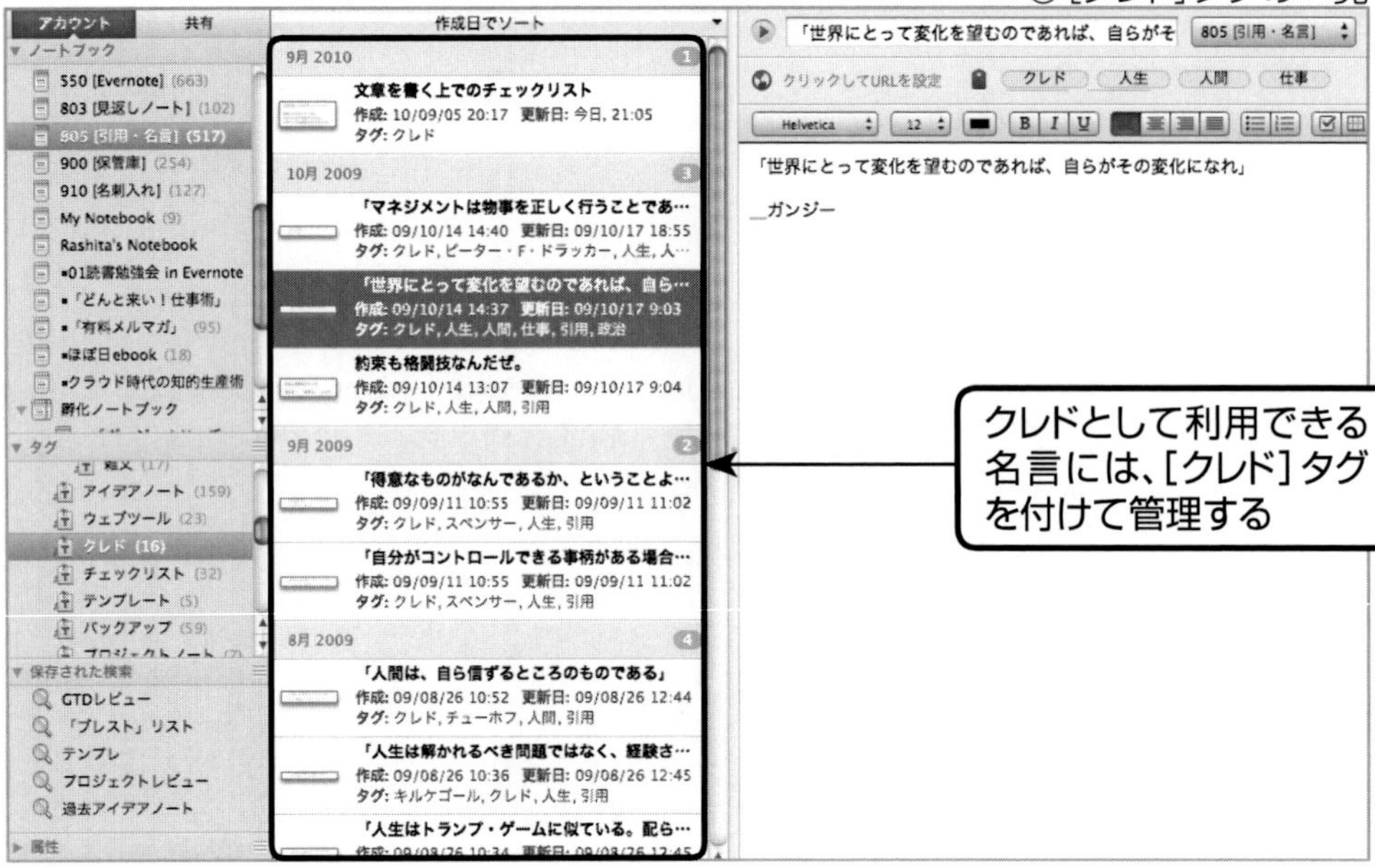
クレドとして利用できる名言には、[クレド]タグを付けて管理する

◉クレドカード

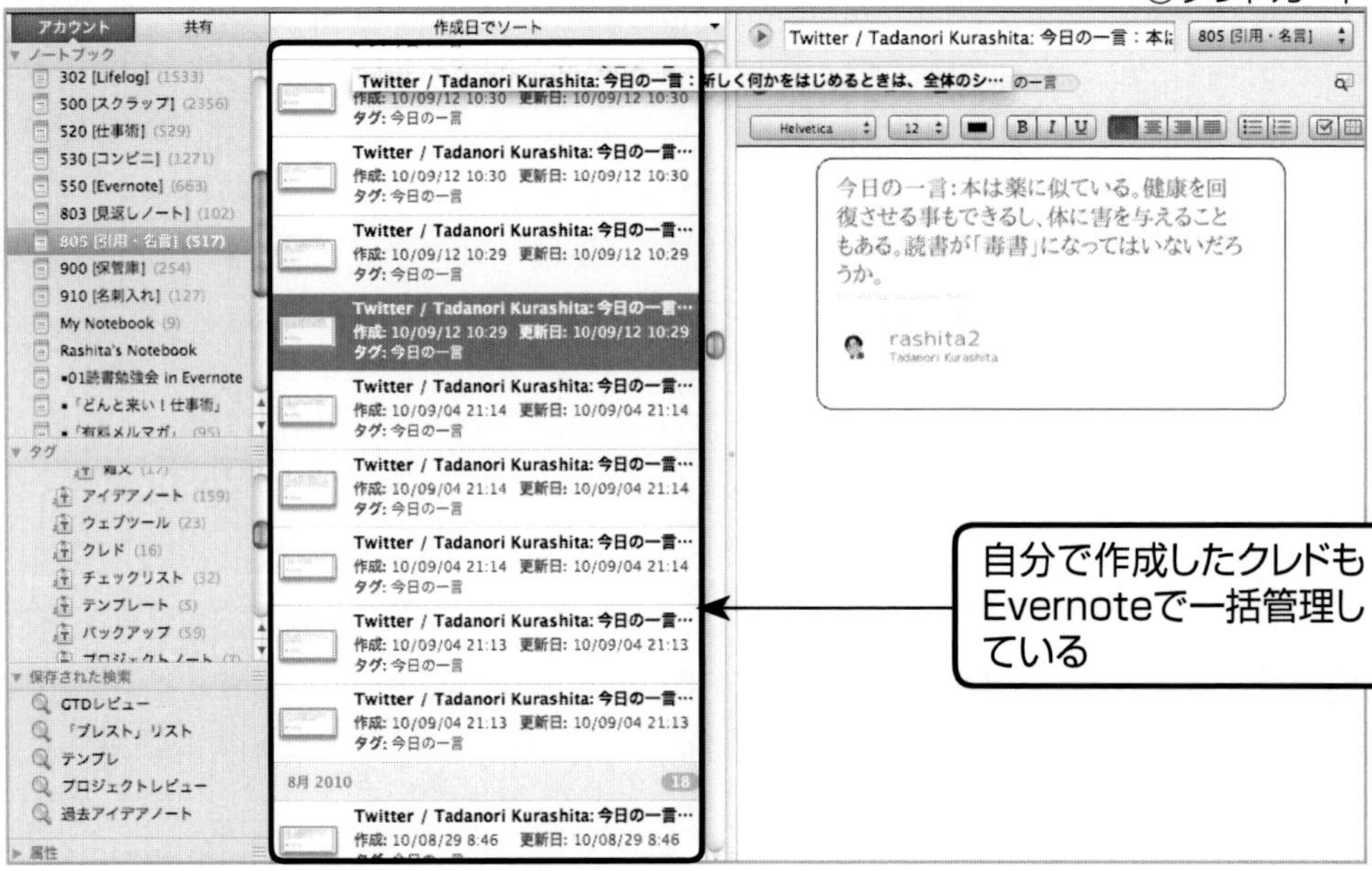
自分で作成したクレドもEvernoteで一括管理している

てEvernoteにスキャンしてもよいでしょう。

このクレドカードに書き込む項目は、レバレッジ・メモの中でも特に重要だと思ったものとなります。レバレッジ・メモに書き出した内容の中で自分の行動指針にしたいものがあれば、このクレドカードに書き写しておくわけです。レバレッジ・メモ自体は時間が経てば枚数が増えていくため、毎回すべてに目を通すわけにはいかなくなります。重要なもののみを抜き出してクレドとして保存しておき、毎日それに目を通すことにより、行動指針を見失わないようにするわけです。

また、自分を俯瞰したマインドマップからもクレドに書き込むことは見つけられます。「こうなりたい」「こういうことをしたい」という目標が出てきたときも、クレドカードに書き写しておけばよいでしょう。

重要なのは、これらをなるべく目に付きやすい場所に置いておくことです。一時的によいなと思ったことでも、人間の脳はすぐにそれを忘れてしまいます。達成したいと思うことや、自分なりに定めた行動基準を守ろうと思えば、できるだけ目に付くようにして、いつでも見られるようにしておく必要があります。

こうしたクレドカードは進化していくものです。状況や自分のレベルに合わせて内容が変わることは珍しくありません。**Evernote**に保存しておけば、そういったクレドの歴史も残ることになります。時々過去のクレドを見返せば初心に立ち返ることができるでしょう。

見返しのための仕組み作り

実際の運用法としては、毎朝1回はそれらのノートを見るという仕組みを作るのがよいでしょう。たとえば「クレドノート」という名前のノートブックを作り、そこにクレドカードや最近読んだ本のレバレッジ・メモを入れておきます。あとは実際に1日1回確認するだけです。

こういう場合に使えるのが、本章の最初の方で紹介したリマインダーです。ノートブックを作っただけでは、ノートブックを見返すこと自体を忘れてしまう可能性があります。そこで、スケジュール管理ツールやタスク管理ツールを使って、その行動を毎朝通知するように設定しておきます。

毎日見る情報を選り分けておき、さらに「見返す」という行動をリマインダーに設定する。この2つがそろって初めて見返すための仕組み作りができます。どちらかが欠けていると、「うっかり忘れる」「探すのが面倒」といった理由で見返しが行われなくなってしまいます。

クレドカード以外の場合でも、**Evernote**に溜め込んだ情報で、定期的に見返したいものがある場合は、こういった仕組みを作っておくことです。

LIFE HACK 46

総合的な情報としてのライフログ

ここまでで多くのデータをEvernoteに入れることを紹介してきました。あるカテゴリの情報だけではなく、「スクラップ帳」「メモ帳」「アイデア帳」「情報カード」「手帳」「ノート」という自分に関するデータを総合的に保存できるのがEvernoteの魅力です。

『ライフログのすすめ―人生の「すべて」をデジタルに記録する！』（ゴードン・ベル、ジム・ゲメル著、早川書房）という本の中で登場した、まったく新しい「ライフログ」という考え方は、いまだにはっきりした実像を持っていません。おそらく実践している人により持っている印象は異なるでしょう。

私たちの人生（ライフ）を構成しているのは、一体、何でしょうか。私が考えるに、接した情報、考えた思考、取った行動、これらすべてが人生を構成しています。人生の記録を残す、ライフログという行為は情報・思考・行動のすべてを保存していく行為だといえるのではないでしょうか。

日常的に使う情報を保存しておくだけで**Evernote**は知的生産ツールとして抜群の活躍をしてくれます。しかし、それ以外の自分情報も合わせてログを保存していけば、他の誰のものでもない「自分データベース」を作り出すことができます。

その「自分データベース」が真の意味で、どのような価値を持ちうるのかは、正直なところ未知数です。技術の革新がもたらす変化は大きく、それを予想することはできません。

1ついえることがあるとすれば、今まで人類が手にしたことがないものになるだろう、ということです。

保存しておけばよかった、と後悔しても「過去」を取り戻すことはできません。そうであれば、手軽に保存できるものは保存しておけばよいのではないでしょうか。

LIFE HACK 47

長期にわたって知的生産活動を維持するために

悪循環から抜け出す仕組みを作る

本章ではセルフ・マネジメントとライフログについて紹介しました。これらは直接生産を行う活動ではないものの、「知的生産」のサイクルを長期的に回していくためには欠かしてはならないものです。

セルフ・マネジメントに使えるクラウドツールもすでに大量に存在しています。それぞれが独自の機能を持っているので、それらについて本書でフォローしていくことはできませんが、基本的に無料であるため、実際にいくつか試してみるのがよいでしょう。それぞれのツールの特性を見極めて自分なりの使い方を見つけてください。

Evernoteに集めた情報と同じように、これらのツールも自分の行動を補佐したり、促すために存在しています。タスク管理でも単純にタスク管理ツールにタスクを入力したらそれで終わりというわけではありません。タスク管理はタスクを管理するのが目的ではなく、それによって実際に行動を起こすのが目的です。

「情報を集めたら終わり」のルーチンから抜け出すために、自分なりの仕組みが必要なように、タスク管理ツールを使いこなす仕組みが必要である、というのは意識しておいた方がよいでしょう。

ライフログは気負わず身近なところから始める

最後にライフログについて紹介しました。身の回りの情報をインプットしていくだけでなく、行動を上から見る視点とそれに時間的厚みを加えることで、「自分の人生」に関するログができあがっていきます。

最初から大げさな記録を取ることではなく、身の回りの写真を1日1枚撮影し、**Evernote**に保存しておくことからでも始めることはできます。あるいは日記を書いたり、行動記録を残しておくことでもよいでしょう。「とりあえず」の気持ちで始めてみてはいかがでしょうか。

おわりに

Evernoteを使って知的生産をいかに行っていくかが、が本書のテーマでした。その具体的なやり方については画一的な答えなどありません。もし、画一的に使ってしまえばEvernoteが持つ本来の魅力を殺してしまうことになります。自分の使いたいように使える自由度を持っているからこそ、Evernoteというツールが知的生産に有用に使えるのです。

『知的生産の技術』の中で梅棹氏は、次のように書いています。

> カード・システムのためのカードは、多様な知的作業のどれにもたえられるような多目的カードでなければならない。よけいなものをつけわえるほど、その用途はせばめられるのである。

Evernoteはまさにこの「多目的カード」です。シンプルな構成と使用方法にあらかじめ枠の設定されていないデジタル情報管理ツールはいままで無かったでしょう。

この自由度の高い設計のおかげで、**Evernote**はクラウド時代の知的生産ツールと呼びうる存在になっていると思います。

このツールを型にはめられたやり方で整理・運用する必要はまったくありません。むしろ、型にはめられた使い方しかできないようならば、「知的生産」などできない、といってしまってもよいでしょう。新しい使い方を見つける、自分なりのやり方を考えるのは「発想」の一種です。そう考えると、**Evernote**の使い方すらも「知的生産」の対象といえるのかもしれません。

本書が**Evernote**の使い方を見つける上で何かしらの参考に、あるいは自ら情報発信していくことのきっかけになれば著者としては望外の喜びです。本書中たびたび「とりあえず」という言葉を使いましたが、**Evernote**を使うのも、**Twitter**のアカウントを取得するもの、ブログを開設するのもすべて無料で始めることができます。途中でやめたとしても誰かに迷惑をかけるわけでもありません。身構えずに「とりあえず」始めてみるのがよいと思います。

最後になりましたが、タイトなスケジュールの中、筆の遅い筆者をサポートしてくださった編集者の三浦聡様には感謝の言葉もありません。また、こうして**Evernote**について書くことができたのも、C＆R研究所代表取締役の池田武人様のおかげです。

この本を書く上で協力してくださったすべての皆様、**Twitter**やブログを通じて**Evernote**に関する貴重な情報を交換してくださった皆様、そして、私が何を書いているのかあまりわかっていないながらも、いつも温かい目で見守ってくれる妻に最大級の感謝の気持ちを述べて**MacBookAir**を閉じたいと思います。

倉下忠憲

2011年1月

●参考文献

『知的生産の技術』梅棹忠夫（著）（岩波書店）
『梅棹忠夫　語る』小山修三（著）（日本経済新聞出版社）
『「知」のソフトウェア』立花隆（著）（講談社現代新書）
『現場主義の知的生産法』関満博（著）（ちくま新書）
『思考の整理学』　外山滋比古（著）（ちくま文庫）
『「どこでもオフィス」仕事術―効率・集中・アイデアを生む「ノマドワーキング」実践法』中谷健一（著）（ダイヤモンド社）
『仕事するのにオフィスはいらない』佐々木俊尚（著）（光文社新書）
『ネットがあれば履歴書はいらない―ウェブ時代のセルフブランディング術』　佐々木俊尚（著）（宝島社新書）
『ぼくらの頭脳の鍛え方』　立花隆　佐藤優（著）（文春新書）
『**Google**時代の情報整理術』ダグラス・Ｃ・メリル　ジェイムズ・Ａ・マーティン（著）（ハヤカワ新書**juice**）
『街場のメディア論』内田樹（著）（光文社新書）
『「超」整理法―情報検索と発想の新システム』野口悠紀雄（著）（中央公論社）
『マインドマップ超入門』トニー・ブザン（著）（ディスカヴァー・トゥエンティワン）
『マネジメント―基本と原則【エッセンシャル版】』Ｐ・Ｆ・ドラッカー（著）（ダイヤモンド社）
『なぜか、「仕事がうまくいく人」の習慣』ケリー・グリーソン（著）（ＰＨＰ文庫）
『デザイン思考は世界を変える』ティム・ブラウン（著）（ハヤカワ新書**juice**）
『ウィキノミクス　マスコラボレーションによる開発・生産の世紀へ』ドン・タプスコット　アンソニー・Ｄ・ウィリアムズ（著）
（日経ＢＰ社）
『**Evernote**ハンドブック―いつでも、どこでも使える「第２の脳」徹底活用法』（電子書籍）
堀正岳　佐々木正悟　大橋悦夫（著）　**URL http://evernotebook.com/**

■著者紹介

倉下《くらした》　忠憲《ただのり》　1980年、京都生まれ。ブログ「R-style」「コンビニブログ」主宰。24時間仕事が動き続けているコンビニ業界で働きながら、マネジメントや効率よい仕事のやり方・時間管理・タスク管理についての研究を実地的に進める。現在はブログや有料メルマガを運営するフリーランスのライター兼コンビニアドバイザー。著書に『EVERNOTE「超」仕事術』『クラウド時代のハイブリッド手帳術』（どちらも小社刊）などがある。

●ブログ「R-style」
http://rashita.net/blog/
●ブログ「コンビニブログ」
http://rashita.jugem.jp/

■本書について

●本書に記述されている製品名は、一般に各メーカーの商標または登録商標です。なお、本書では™、©、®は割愛しています。
●本書は2011年1月現在の情報で記述されています。
●本書は著者・編集者が実際に操作した結果を慎重に検討し、著述・編集しています。ただし、本書の記述内容に関わる運用結果にまつわるあらゆる損害・障害につきましては、責任を負いませんのであらかじめご了承ください。

編集担当：吉成明久 / カバーデザイン：秋田勘助（オフィス・エドモント）

目にやさしい大活字
EVERNOTE「超」知的生産術

2015年1月9日　初版発行

著　者　倉下忠憲
発行者　池田武人
発行所　株式会社　シーアンドアール研究所
本　社　新潟県新潟市北区西名目所4083-6（〒950-3122）
電話　025-259-4293　FAX　025-258-2801

ISBN978-4-86354-766-7 C3055